W0255121

Leitfäden der angewandten Informatik

 B. G. Teubner Stuttgart

Leitfäden der angewandten Informatik

A.-T. Schreiner
System-Programmierung in UNIX
Teil 1: Werkzeuge

Leitfäden der angewandten Informatik

Herausgegeben von

Prof. Dr. L. Richter, Zürich
Prof. Dr. W. Stucky, Karlsruhe

Die Bände dieser Reihe sind allen Methoden und Ergebnissen der Informatik gewidmet, die für die praktische Anwendung von Bedeutung sind. Besonderer Wert wird dabei auf die Darstellung dieser Methoden und Ergebnisse in einer allgemein verständlichen, dennoch exakten und präzisen Form gelegt. Die Reihe soll einerseits dem Fachmann eines anderen Gebietes, der sich mit Problemen der Datenverarbeitung beschäftigen muß, selbst aber keine Fachinformatik-Ausbildung besitzt, das für seine Praxis relevante Informatikwissen vermitteln; andererseits soll dem Informatiker, der auf einem dieser Anwendungsgebiete tätig werden will, ein Überblick über die Anwendungen der Informatikmethoden in diesem Gebiet gegeben werden. Für Praktiker, wie Programmierer, Systemanalytiker, Organisatoren und andere, stellen die Bände Hilfsmittel zur Lösung von Problemen der täglichen Praxis bereit; darüber hinaus sind die Veröffentlichungen zur Weiterbildung gedacht.

System-Programmierung in UNIX

Teil 1: Werkzeuge

Von Axel-Tobias Schreiner, Ph. D.
Professor an der Universität Ulm

Mit zahlreichen Beispielen und einer
ausführlichen Beschreibung von C

 B. G. Teubner Stuttgart 1984

Prof. Axel-Tobias Schreiner, Ph. D.

Geboren 1947 in Aalen. 1968 Vordiplom (Mathematik) in Stuttgart, 1969 Master of
Science (Mathematik) in DeKalb (Illinois) an der Northern Illinois University,
1974 Doctor of Philosophy (Computer Science) in Urbana (Illinois) bei H. G.
Friedman Jr. mit einer Arbeit über eine Systemimplementierungssprache. 1975 Ha-
bilitation (angew. Mathematik-Informatik) in Ulm. Seit 1976 Wiss. Rat und Professor, Leiter der Sektion Informatik der Universität Ulm. Seit 1975 verschiedene
Gastprofessuren in Urbana.

CIP-Kurztitelaufnahme der Deutschen Bibliothek

Schreiner, Axel-Tobias:
System-Programmierung in UNIX / von Axel-Tobias Schreiner. - Stuttgart: Teubner
  (Leitfäden der angewandten Informatik)
Teil 1. Werkzeuge: mit zahlr. Beispielen u. e. ausführl. Beschreibung von C. - 1984.

ISBN 978-3-519-02470-5   ISBN 978-3-663-01416-4 (eBook)
DOI 10.1007/978-3-663-01416-4

© B. G. Teubner, Stuttgart 1984

Gesamtherstellung: Druckerei Appl, Wemding
Umschlaggestaltung: W. Koch, Sindelfingen

Vorwort

Das vorliegende Buch ist der erste von zwei Bänden, die zusammen eine Ausarbeitung der *Software* Vorlesungen bilden, die ich jeweils im zweiten Studienjahr im Nebenfach Informatik an der Universität Ulm anbiete. Die Vorlesungen führen in *maschinennahe* Programmierung ein. Dabei bedeutet maschinennahe Programmierung eigentlich nur zum Teil die Beherrschung aller Bestandteile einer spezifischen Maschine. Viel wichtiger erscheint mir, daß darüber hinaus auch das Betriebssystem, in unserem Fall also UNIX,[1] als Teil der gegebenen Maschine betrachtet werden muß. Ich spreche deshalb lieber von *systemnaher* Programmierung.

Im ersten Band werden die Werkzeuge vorgestellt, mit denen man typischerweise systemnahe Programmierung betreibt. Im zweiten Band wird dann mit diesen Werkzeugen der Umgang mit einem Betriebssystem erprobt. Beide Bände zusammen illustrieren den Unterbau, auf dem die sogenannte *problemorientierte* Programmierung erfolgt. Dem angehenden Software-Ingenieur soll in diesen Vorlesungen auch ein Gefühl für die Machbarkeit und Effizienz seiner problemorientierten Programme vermittelt werden.

Der Leser sollte eine höhere Programmiersprache, zum Beispiel Pascal, einfache Datenstrukturen und problemorientierte Programmierung bereits einigermaßen beherrschen. Die Programmbcispiele beziehen sich ohne ausführliche Erklärungen auf Algorithmen, die üblicherweise in einer Vorlesung über problemorientierte Programmierung und Datenstrukturen besprochen werden.

Zur systemnahen Programmierung setzte man früher vorwiegend Maschinensprache ein, vernünftigerweise wenigstens unter Verwendung eines Assemblers. Der Lernaufwand dazu ist erheblich, meistens spezifisch für eine einzige Maschine, und, wie das Beispiel UNIX zeigt, absolut vermeidbar. In diesem Band werden deshalb Maschinenarchitekturen und Assembler nur noch so weit vermittelt, daß die unterliegenden Prinzipien erkennbar werden. Der Leser sollte dann in der Lage sein, sich im Notfall in einen spezifischen Assembler ohne größeren Aufwand einarbeiten zu können.

Das erste Kapitel schildert die typische Hardware-Struktur von Computern. Wir konzentrieren uns dabei auf die Aspekte, die für einen normalen Benutzer wichtig sind, also auf das Format der arithmetischen Befehle, Speicheradressierung, und Sprungbefehle. Wir betrachten dabei allgemeine und typische Konstruktionen und ignorieren insbesondere alle Details, die *memory management* und die Programmierung peripherer Geräte betreffen; diese werden im zweiten Band angesprochen.

Im zweiten Kapitel wird die Verwendung eines typischen Assemblers erläutert. Dies geschieht an Hand einer Reihe von lauffähigen Programmen, die für die in Kapitel 1 besprochenen Maschinen bestimmt sind. Damit wir uns wiederum auf die weitverbreiteten Prinzipien beschränken können, wird *nad* verwendet, ein Assembler, der

---

[1] UNIX ist ein eingetragenes Warenzeichen der Bell Laboratories. Das UNIX Betriebssystem wird (für Europa) in Lizenz vergeben durch UNIX Europe limited, London.

mit einem Maschinensimulator gekoppelt ist und schon auf verschiedenen UNIX Systemen eingesetzt wurde.

Im Anhang A werden die mathematischen Grundlagen der Darstellung und Manipulation von ganzen Zahlen in Computern vorgestellt. Die Benutzung des *nad* Systems ist im Anhang B im Stil einer Herstellerbeschreibung dokumentiert. Das System macht einen einheitlichen Assembler für eine Reihe von Maschinenmodellen verfügbar. Im Anhang C wird *tec* beschrieben, eine Umgebung in der die Code-Generierung für algebraische Formeln als Baumtraversierung formuliert und ausprobiert werden kann. *nad* und *tec* können vom Autor auf Magnetband bezogen werden.

Das dritte Kapitel zeigt, welch enorme Hilfestellung selbst ein sehr einfacher Makroprozessor dem Assembler-Programmierer geben kann. Als Beispiel dient hier der in UNIX verfügbare *m4* Makroprozessor, der dem *nad* System vorgeschaltet werden kann. *m4* wird im Anhang D im Detail beschrieben. Das Kapitel zeigt mit einfachen Beispielen den typischen Einsatz eines Makroprozessors zur teilweisen Generierung von Assembler-Programmen: Einhaltung von Programmierstandards, Ersatz von Befehlen, Definition und Dokumentation von Schnittstellen, eine Spracherweiterung zur Verwaltung von Adreßkonstanten, und schließlich die Implementierung von Kontrollstrukturen. *m4* ist sprachunabhängig; das Kapitel dient deshalb zugleich auch als Einführung in die Programmiertechniken für einen solchen allgemeinen Makroprozessor.

Den wichtigsten Bestandteil und Abschluß des ersten Bandes bildet eine Einführung in die Programmiersprache C, die heute auf vielen Rechnern nicht nur unter UNIX zur Verfügung steht. Im vierten Kapitel wird C zunächst als eine mehr oder weniger alternative Schreibweise von Pascal oder ähnlichen Sprachen vorgestellt. Zeigerwerte und ihr Zusammenhang mit Vektoren werden im fünften Kapitel erläutert. Erfahrungsgemäß ist dies der komplizierteste Aspekt von C. Das sechste Kapitel beschreibt eine der stärksten Seiten von C: die Konstruktion von Programmen, die aus mehreren getrennt übersetzten Quelldateien bestehen. Das siebte Kapitel präsentiert schließlich die Datentypkonstruktionen Struktur (**struct**) und Variante (**union**). Am Schluß des Kapitels befinden sich zwei größere Programmbeispiele: Datenerfassung mit Bildschirmmasken und ein kleiner Tischrechner.

Die gesamte Einführung in C erfolgt an Hand einer Reihe von lauffähigen Programmen. Anhang E enthält eine mehr formale Beschreibung der Sprache C; die erst nach 1977 zum Sprachumfang hinzugefügten Datentypen **void** und **enum** werden dort auch berücksichtigt. Die Sprachbeschreibung beruht auf dem Original von Dennis Ritchie in [Ker78a] und [Bel82b], wurde aber neu organisiert, dadurch gestrafft und hoffentlich leichter zugänglich.

Ich glaube daß ein Buch wie das vorliegende primär das Ziel verfolgen sollte, den Leser auf das Studium der Originalliteratur vorzubereiten. Dies ist besonders wichtig, wenn man in eine neue Programmiersprache einführt: langfristig muß der Leser in die Lage versetzt werden, neue Sprachen direkt aus den Sprachbeschreibungen zu lernen. Im vierten bis siebten Kapitel wird C relativ informell diskutiert; im Anhang

E befinden sich daher Tabellen, die die Kapitel 4 bis 7, den Anhang E und die ursprüngliche Sprachbeschreibung untereinander verbinden. Dem Leser wird empfohlen, an Hand dieser Tabellen, spätestens mit Beginn des fünften Kapitels, die nötigen Details in der C Sprachbeschreibung nachzuschlagen.

Eine Reihe von Personen und Institutionen haben mich bei der Ausarbeitung dieses Materials unterstützt, und ich bin ihnen dafür dankbar. Speziell zu erwähnen sind meine Ulmer Studenten und meine Mitarbeiter Dr. Ernst Janich, Thomas Mandry und früher Dr. Herbert Pesch, mit denen diese Unterlagen erarbeitet wurden. Dennis Ritchie kommentierte meine ersten Versuche, eine 'eigene' C Grammatik zu erstellen, und Paul Richards lieferte die Daten für C auf einem Motorola 68000 System.

Die Ulmer Fakultät für Naturwissenschaften und Mathematik entließ mich nur sehr ungern für ein Forschungssemster nach Urbana. Das Department of Computer Science der University of Illinois verfügt über eine ausgezeichnete Berkeley-UNIX Umgebung, und es war höchst erfreulich, dort wieder arbeiten zu dürfen.

Das Buch entstand mit Hilfe der UNIX Systeme im Department of Computer Science der University of Illinois und in der Sektion Informatik der Universität Ulm.

Ramsau, Ostern 1984   Axel T. Schreiner

Inhaltsverzeichnis

Kapitel 1: Rechnerarchitekturen

1.1 Architektur im Großen

Die nachstehende Abbildung zeigt den prinzipiellen Aufbau eines Computers im Großen. Er besteht aus einer Zentraleinheit (*central processing unit* oder *CPU*), an die Hauptspeicher (*memory*) und periphere Geräte wie zum Beispiel Plattenspeicher, Drucker oder Bildschirme angeschlossen sind. Im allgemeinen werden die peripheren Geräte von einem speziellen Rechner (*input/output processor* oder *channel*) gesteuert, um die Zentraleinheit für die eigentlichen Rechenarbeiten möglichst freizustellen.

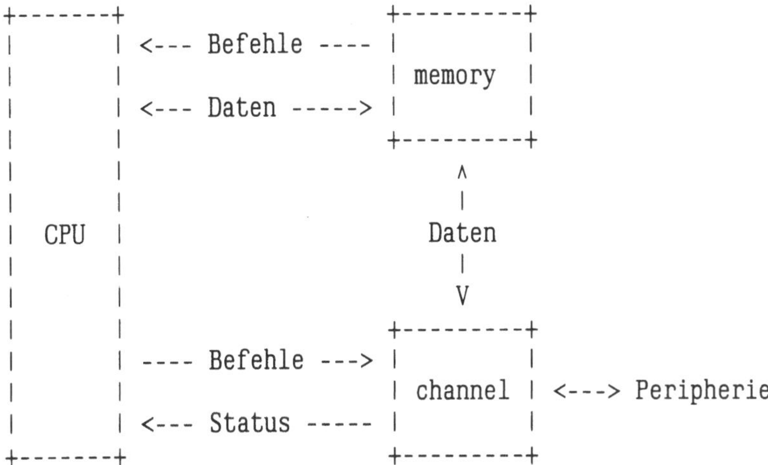

```
+-------+                  +---------+
|       | <--- Befehle ---- |         |
|       |                  | memory  |
|       | <--- Daten ----->  |         |
|       |                  +---------+
|       |                       ^
|       |                       |
| CPU   |                     Daten
|       |                       |
|       |                       V
|       |                  +---------+
|       | ---- Befehle ---> |         |
|       |                  | channel | <---> Peripherie
|       | <--- Status ----- |         |
+-------+                  +---------+
```

Nach John von Neumann werden Befehle und Daten im gleichen Speicher abgelegt. Prinzipiell kann sich also ein Programm selbst modifizieren, indem es seine Befehle als Daten betrachtet. Dies ist allerdings in höheren Programmiersprachen nicht möglich, und auch bei Benutzung von Maschinensprache heute nicht mehr üblich: wenn sich Programme nicht selbst modifizieren, können die gleichen Programmspeicherbereiche gleichzeitig von mehreren Anwendungen genutzt werden. Manche Computer markieren Befehle und Daten im Speicher mit verschiedenen *Typenkennungen*, um unabsichtliche Modifikationen erkennen und vermeiden zu können.

Programme können nur ausgeführt werden, wenn sie sich im Hauptspeicher befinden. Alle arithmetischen Operationen finden in der Zentraleinheit statt, die benötigten Daten müssen sich ebenfalls im Hauptspeicher befinden. Das Betriebssystem kontrolliert den *channel* und besorgt den Transport von Daten und Programmen zwischen Peripherie und Hauptspeicher; damit ist auch für eine gewisse Unabhängigkeit der Programme von der jeweiligen Rechnerperipherie gesorgt.

1.2 Architektur im Kleinen

Im Folgenden gehen wir davon aus, daß sich ein Programm im Hauptspeicher befindet, und Daten verarbeitet, die ebenfalls bereits im Hauptspeicher stehen. Um den Ablauf eines solchen Programms zu verstehen, muß man die Feinstruktur der Zentraleinheit betrachten. Eine typische Anordnung ist die folgende:

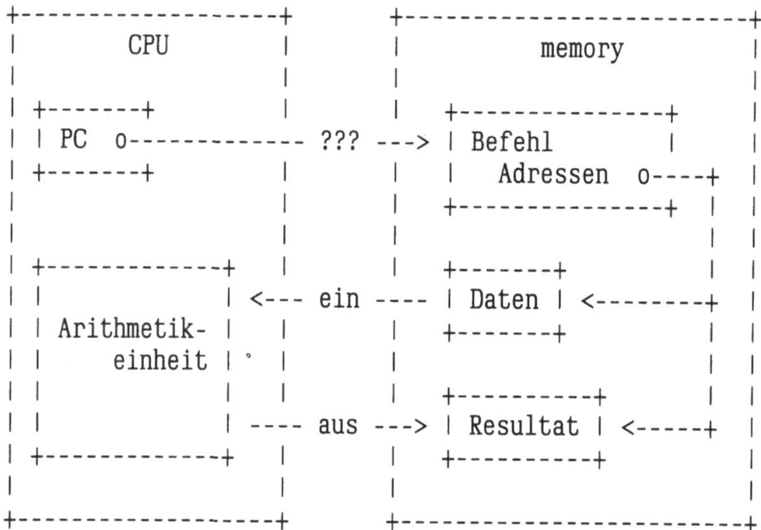

```
+-----------------+      +----------------------+
|     CPU         |      |        memory        |
|                 |      |                      |
| +-------+       |      |  +--------------+    |
| | PC  o----------- ??? --->| Befehl       |    |
| +-------+       |      |  |  Adressen  o----+ |
|                 |      |  +--------------+  | |
|                 |      |                    | |
| +-----------+   |      |  +-------+        | |
| |           | <--- ein ----| Daten | <--------+ |
| | Arithmetik-|   |      |  +-------+        | |
| |    einheit | ° |      |                   | |
| |           |   |      |  +---------+      | |
| |           | ---- aus --->| Resultat | <-----+ |
| +-----------+   |      |  +---------+        |
|                 |      |                      |
+-----------------+      +----------------------+
```

In der Zentraleinheit befindet sich ein Programmzähler (*program counter* oder *PC*) sowie eine Arithmetikeinheit (*arithmetic logic unit* oder *ALU*). Der Programmzähler designiert einen Befehl im Hauptspeicher, etwa *addiere zwei Zahlen*. Der Befehl verweist dazu normalerweise auf die zu bearbeitenden Daten, die ebenfalls im Hauptspeicher stehen.

Die Zentraleinheit holt den Befehl aus dem Hauptspeicher, decodiert ihn, führt die Daten der Arithmetikeinheit zu, führt den Befehl in der Arithmetikeinheit aus, legt das Resultat entsprechend dem Befehl ab, und sorgt schließlich dafür, daß der Programmzähler einen neuen Befehl designiert. Dieser Befehlszyklus entspricht etwa folgender Pascal-Programmskizze:

```
repeat
{fetch}                   {?? existiert memory[pc]}
                          {?? verwendbar als Befehl}
        befehl := memory[pc];
        pc := pc + length(befehl);
```

```
{decode}
        operation := op(befehl);
                      {?? existiert operation}
        case typ(operation) of
        binaer: begin
                ergebnis := eadresse(befehl);
                links := ladresse(befehl);
                rechts := radresse(befehl)
                        {?? existieren die Adressen}
                        {?? verwendbar als Daten}
                end;
        sprung: ziel := zadresse(befehl);
        {...}
        end;
{execute}
        case operation of
        add:    memory[ergebnis] :=
                memory[links] + memory[rechts];
                        {?? Resultat darstellbar}
        sprung: pc := ziel;
        {...}
        end;
until operation = halt;
```

Die Decodierung ist durch Funktionsaufrufe angedeutet worden: **length()** – Befehlslänge, **op()** – eigentlicher Befehl, **typ()** – Befehlsklasse, **eadresse()** – Ergebnisadresse, **ladresse()** – Adresse des linken Operanden, **radresse()** – Adresse des rechten Operanden, **zadresse()** – Adresse des Sprungziels. Die Skizze zeigt auch die möglichen Fehler, die gegebenenfalls zum Abbruch des Programms, also zum Stillstand des Computers, führen würden.

Im *fetch* Zyklus wird ein Befehl aus dem Hauptspeicher geholt. Anschließend wird der Programmzähler auf den nachfolgenden Befehl eingestellt. Es ist dabei durchaus üblich, daß die möglichen Befehle verschieden lang sind.

Im *decode* Zyklus wird aus dem Befehl die verlangte Operation decodiert. Außerdem werden die zur Ausführung der Operation eventuell nötigen weiteren Adressen bestimmt.

Im *execute* Zyklus schließlich wird der Befehl ausgeführt, beispielsweise wird ein arithmetisches Resultat berechnet und gespeichert.

1.3 Typische Maschinen

Die Rechnerarchitekturen unterscheiden sich vornehmlich in der Art und Anzahl der Adressen für die Arithmetikbefehle.

1.3.1 0-Adreß-Maschine

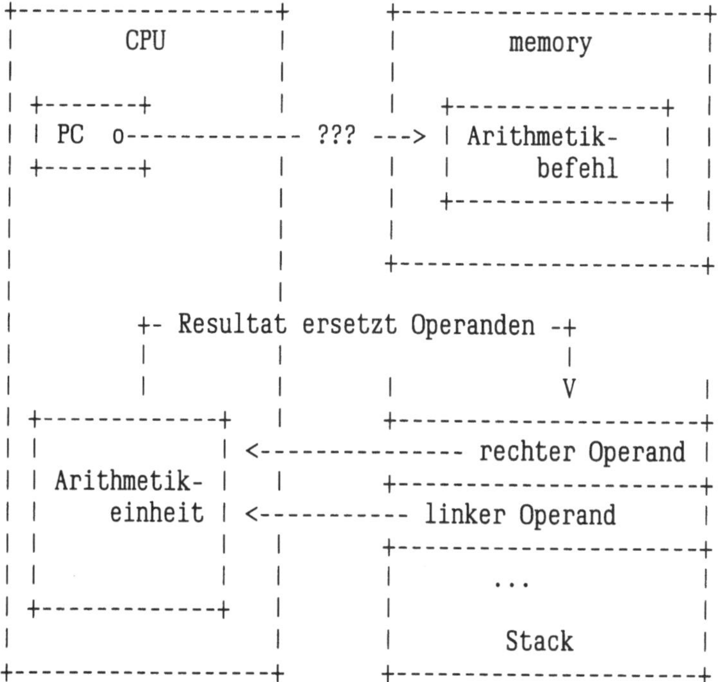

Arithmetikbefehle wirken auf einen Stack und benötigen folglich keine expliziten Adressen. Es muß allerdings zusätzliche Befehle geben (**load** und **store**), die Daten aus dem Speicher auf den Stack bringen und umgekehrt.

Diese Architektur finden wir etwa bei den Taschenrechnern von Hewlett Packard, oder bei den Rechnern, die von interpretativen Pascal-Systemen simuliert werden (*P-Code*).

1.3.2 1-Adreß-Maschine

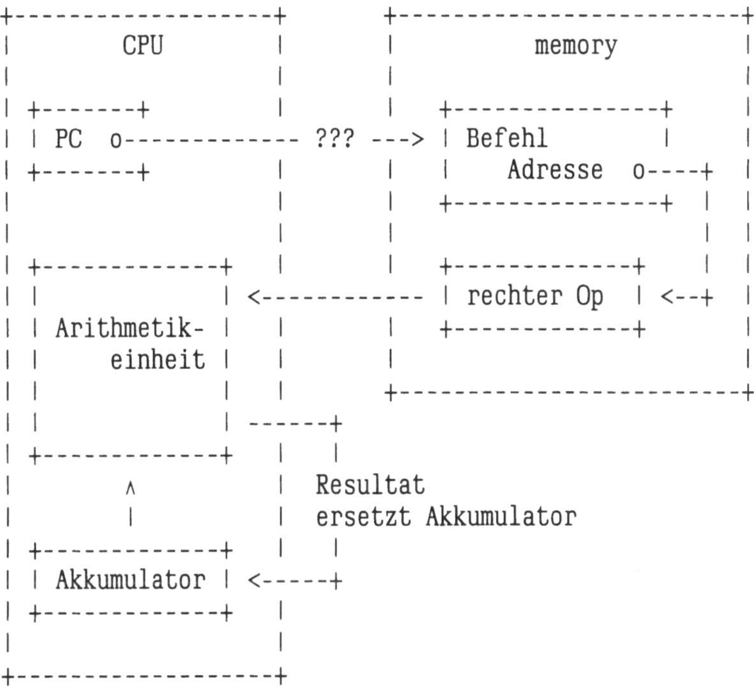

Arithmetikbefehle designieren jeweils den rechten Operanden explizit. Der linke Operand befindet sich im Akkumulator, einem Teil der Zentraleinheit. Zusätzlich gibt es wieder **load** und **store** Befehle, um den Akkumulator aus dem Speicher zu laden und umgekehrt. Das Resultat ersetzt den Inhalt des Akkumulators.

Diese Architektur ist typisch für (ältere) Taschenrechner, (steinalte) Computer wie etwa den TR440 sowie manche Mikroprozessoren.

1.3.3   2-Adreß-Maschine

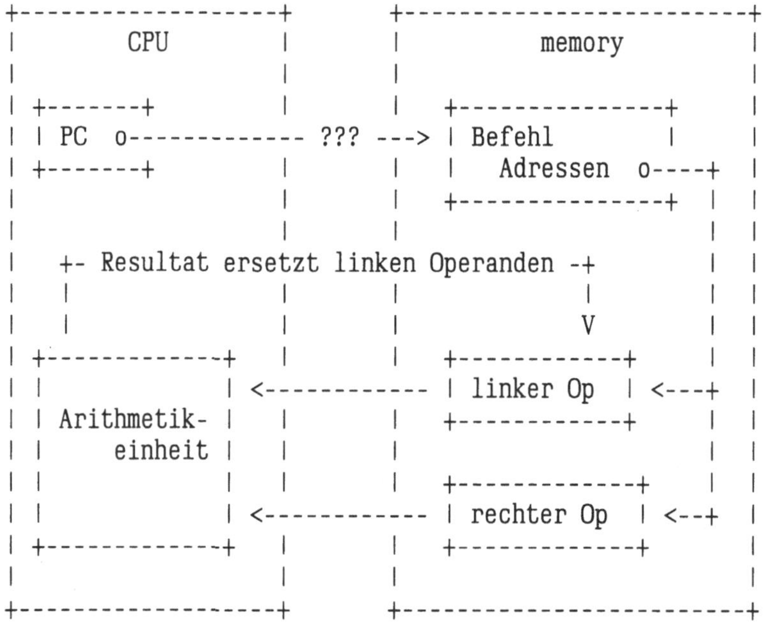

Arithmetikbefehle designieren jeweils beide Operanden explizit. Das Resultat ersetzt einen der beiden Operanden. In Variationen ist diese Architektur sehr weit verbreitet; die Digital Equipment PDP-11 Minicomputer Familie beruht (fast) auf einer reinen 2-Adreß-Architektur.

1.3.4   Registermaschine

Die Registermaschine ist eine Kombination aus 1-Adreß- und 2-Adreß-Maschine. In der Zentraleinheit gibt es mehrere (i.a. acht oder sechzehn) Speicherplätze (*Register*), die alle als Akkumulator benutzt werden können. Arithmetikbefehle designieren jeweils explizit den rechten Operanden im Speicher sowie ein Register als linken Operanden und gleichzeitig Resultat. Befehle für diese Maschine benötigen weniger Platz als Befehle für eine volle 2-Adreß-Maschine; allerdings ist die Programmierung etwas mühsamer.

Diese Architektur ist sehr weit verbreitet. Typische Vertreter sind vor allem die Mitglieder der IBM System/360 Familie sowie ihre Nachfolger, die Perkin-Elmer 32-Bit Systeme, und der Motorola 68000 Mikroprozessor.

1.3.5 3-Adreß-Maschine

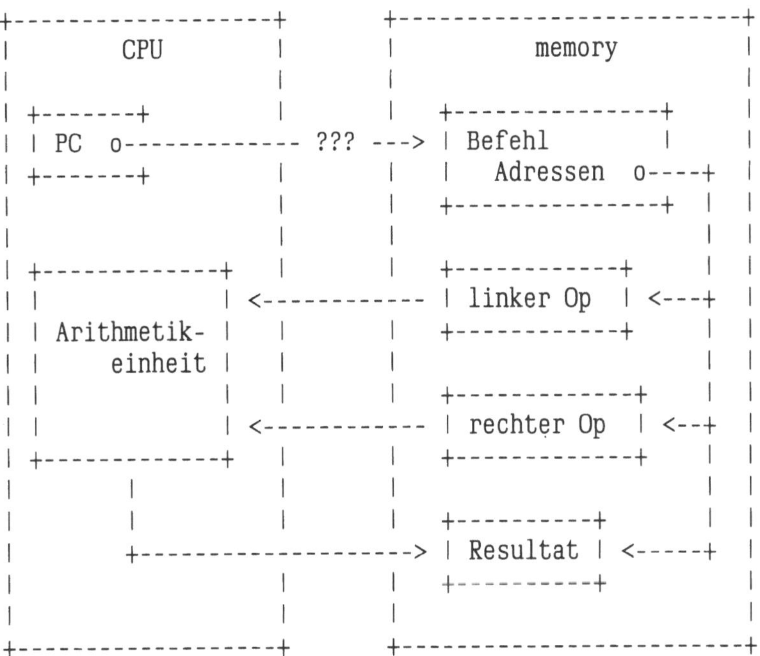

Arithmetikbefehle designieren jeweils beide Operanden und das Resultat explizit. Diese Architektur ist (heute) praktisch nicht mehr existent; Programme für 3-Adreß-Maschinen benötigen im allgemeinen mehr Platz als die äquivalenten Programme für 2-Adreß-Maschinen.

1.4 Adressierung

Der Hauptspeicher ist ein Vektor von Speicherzellen. Eine Adresse ist prinzipiell ein Index in diesen Vektor und bezeichnet eine oder mehrere Speicherzellen als Operand eines Befehls. Arithmetikbefehle fassen im allgemeinen zwei oder vier Speicherzellen zu einem *Wort* mit entsprechend größerer Kapazität oder Genauigkeit zusammen. Die Adresse des Worts muß meist durch die Länge des Worts dividierbar sein (*alignment*).

Die kleinste mögliche Informationsmenge ist ein *Bit*, symbolisiert als **true/false** oder **1/0**. Um viel Information adressieren zu können, besteht eine Speicherzelle im allgemeinen aus mehreren Bits. Normalerweise kann eine Speicherzelle genau ein druckbares Zeichen darstellen. Je nach Generation des Computers werden dazu sechs bis acht Bits benötigt. Diese Informationsmenge nennt man ein *Byte*. Zugriff auf ein einzelnes Bit ist meist nur mit speziellen Befehlen (*Bit-Verknüpfungen*) möglich.

Zur Codierung von Adressen in Maschinenbefehlen gibt es verschiedene Methoden, je nach verfügbarem Platz und erwünschter Flexibilität der Programmierung.

1.4.1 Direkte Adressen

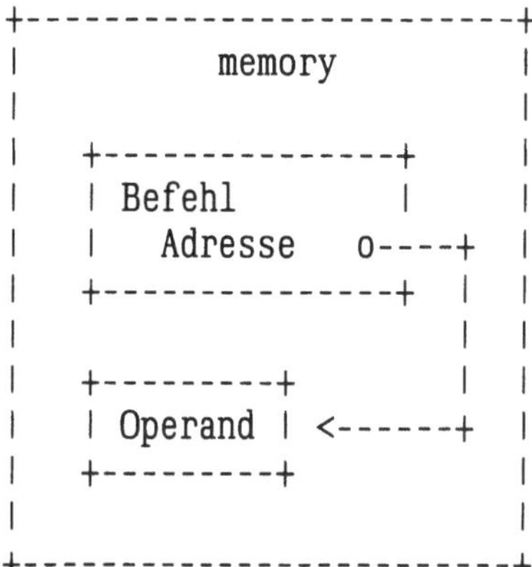

Bei direkter oder absoluter Adressierung enthält der Maschinenbefehl selbst den Index der zu bearbeitenden Speicherzelle. Diese direkte Adresse benötigt relativ viel Platz, ist aber dafür sofort nach Decodierung des Befehls verfügbar. Direkte Adressen verwendet man etwa zum Zugriff auf globale skalare Variablen.

1.4.2 Indirekte Adressen

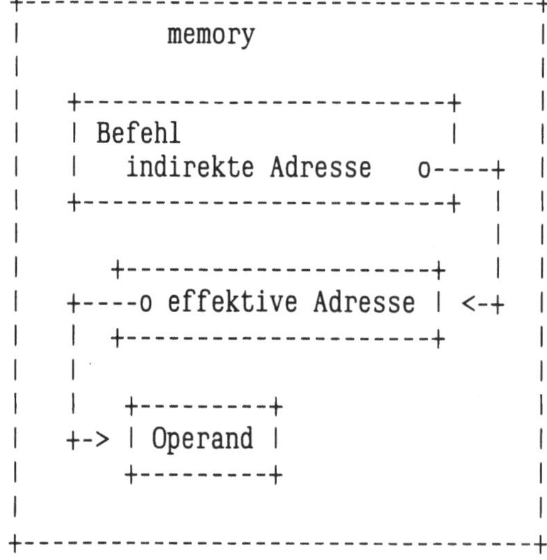

Bei indirekter Adressierung enthält der Maschinenbefehl die Adresse, bei der im Hauptspeicher dann die *Adresse* der zu bearbeitenden Speicherzelle steht. Je nach Codierung der beteiligten Adressen benötigt auch die indirekte Adressierung viel Platz. Sie ist außerdem relativ langsam, weil nach Decodierung des Befehls zunächst nochmals eine Adresse aus dem Hauptspeicher geholt werden muß, bevor die endgültige, sogenannte effektive Adresse bekannt ist.

Der Vorteil der indirekten Adressierung liegt darin, daß die effektive Adresse als Datenwort im Hauptspeicher steht und folglich etwa mit Arithmetikbefehlen selbst manipuliert werden kann. Indirekte Adressen dienen deshalb oft zur Verarbeitung von Vektoren und zum Zugriff auf Parameter einer Prozedur.

Es ist denkbar, daß die effektive Adresse selbst wieder eine indirekte Adresse ist. Varianten dieser Technik sorgen etwa im *P-Code* oder im Lilith Computer für sehr einfache Mechanismen zur Implementierung von Pascal oder Modula-2; wenn sie nicht mikroprogrammiert ist, ist die Technik aber relativ ineffizient.

1.4.3 Indexadressen

Eine andere Möglichkeit zur Verarbeitung von Vektoren sind Indexadressen; sie kommen speziell auf Registermaschinen vor. Die effektive Adresse entsteht als Summe aus einer direkten Adresse im Befehl und dem Inhalt eines oder mehrerer Register. Je nach Kapazität des Adreßfeldes im Befehl spricht man von einer Adresse, oder einem *offset* oder *displacement* im Befehl, und einem Basis- oder Indexregister. Da die Register durch Arithmetikbefehle verändert werden können, ist eine Verarbeitung von Vektoren leicht möglich.

1.4.4 Relative Adressen

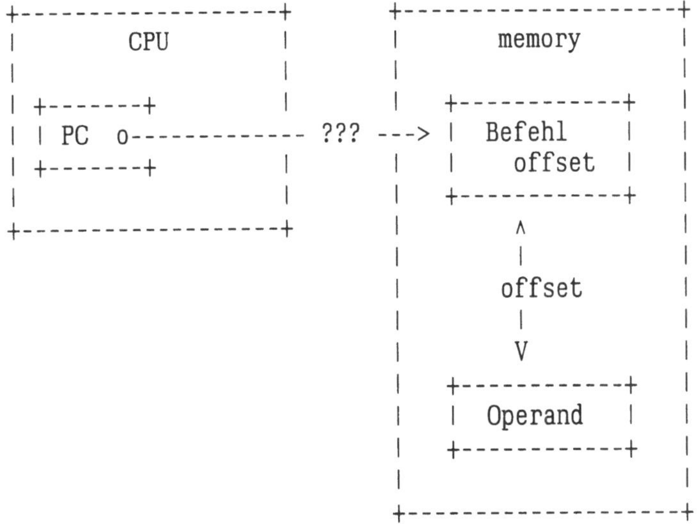

```
+-------------------+        +-------------------+
|      CPU          |        |      memory       |
|                   |        |                   |
|  +-------+        |        |  +-----------+    |
|  | PC  o------------- ??? --->  | Befehl    |   |
|  +-------+        |        |  |   offset  |    |
|                   |        |  +-----------+    |
+-------------------+        |        ^          |
                             |        |          |
                             |      offset       |
                             |        |          |
                             |        V          |
                             |  +-----------+    |
                             |  | Operand   |    |
                             |  +-----------+    |
                             |                   |
                             +-------------------+
```

Wenn bei Indexadressierung der Programmzähler als Basisregister dient, spricht man von relativen Adressen, denn im Befehl steht dann der Abstand zwischen dem Befehl und dem betroffenen Operanden. Bei der Berechnung vom **offset** muß man berücksichtigen, daß der Programmzähler nach dem *fetch* Zyklus (siehe Abschnitt 1.2) bereits auf den nachfolgenden Befehl zeigt: **offset** enthält also die Länge des Befehls selbst nicht.

Relative Adressen benutzt man meist zur Adressierung von Konstanten in der Nähe des Befehls sowie für (kurze) Sprünge. Sie haben die Eigenschaften direkter Adressen, benötigen aber weniger Platz, und ändern sich nicht, wenn man das Programm (also Befehl *und* Operand zusammen) im Speicher verlagert. Dieser *position independent code* spielt in manchen Komponenten eines Betriebssystems eine große Rolle.

1.4.5 Stack-Adressen

Kommerziell verfügbare Rechner besitzen keinen Stack im Stil der 0-Adreß-Maschine. Ein Stack wird im allgemeinen dadurch realisiert, daß ein Register auf die (belegte oder gerade noch freie) Stack-Spitze im Hauptspeicher zeigt. Zugriff auf den Stack erfolgt dann durch indirekte Adressierung oder Indexadressierung mit Hilfe dieses Registers.

Die üblichen Stack-Operationen ergeben sich zum Beispiel, wenn der Registerinhalt zuerst verringert und dann als indirekte Adresse eines Resultats verwendet wird. Umgekehrt muß dann das Register zuerst als indirekte Adresse für einen Operanden verwendet und anschließend entsprechend vergrößert werden.

Bei manchen Computern (zum Beispiel bei der PDP-11) gibt es die sogenannte *autoincrement* und *autodecrement* Adressierung, bei der diese Registermanipulation automatisch als Teil der Adreßberechnung erfolgt.

1.5 Sprungbefehle

Im Abschnitt 1.2 wurde der Befehlszyklus eines Computers erläutert. Daraus ging hervor, daß Befehle normalerweise in der Reihenfolge verarbeitet werden, in der sie im Speicher stehen.

Sprungbefehle dienen dazu, die Reihenfolge zu beeinflussen, in der die Befehle ausgeführt werden. Dies ist ganz einfach dadurch möglich, daß eine Zuweisung an den Programmzähler erfolgt.

Wenn der Programmzähler in Abhängigkeit von einer Bedingung, etwa dem Resultat einer vorhergehenden arithmetischen Operation, verändert werden kann, spricht man von bedingten Sprüngen; der Computer kann dann Entscheidungen treffen. Mit bedingten Sprüngen werden die Kontrollstrukturen der höheren Programmiersprachen realisiert.

Unterprogramme können konstruiert werden, wenn es eine Möglichkeit gibt, den Programmzähler im Speicher oder in einem Register abzulegen und später wieder entsprechend zu laden. Speziell für rekursive Routinen ideal ist dabei natürlich eine Stack-Disziplin in den betreffenden Befehlen; diese kann aber auch leicht durch entsprechende Codierung realisiert werden.

1.6 Werkzeuge zur Programmierung

Die Zentraleinheit führt Befehle aus, die sich im Hauptspeicher befinden. Diese Maschinenbefehle sind sehr elementar, und müssen als Bit-Muster vorliegen. *Assembler* sind Programme, die eine Repräsentierung von Maschinenbefehlen als Text in diese Bit-Muster verwandeln. Das nächste Kapitel schildert die typischen Techniken beim Einsatz von Assemblern.

Direkt in einzelnen Maschinenbefehlen programmiert man prinzipiell eigentlich nur, um Assembler und Übersetzer für höhere Sprachen zu realisieren.

Je nach Flexibilität der höheren Sprache ist es gelegentlich notwendig, für sehr spezielle Anwendungen Unterprogramme anzuschließen, die direkt in Maschinenbefehlen – natürlich unter Verwendung eines Assemblers – formuliert sind. Dies ist oft der Fall, wenn besondere periphere Geräte angesprochen werden sollen; manchmal versucht man dadurch auch sehr zeitkritische Teile eines Programms effizienter zu machen. Werden mehrere höhere Sprachen in einem Programm eingesetzt, so muß der Übergang zwischen Routinen, die in verschiedenen Sprachen formuliert wurden, meist direkt in Maschinenbefehlen programmiert werden.

Ein Computer-System wird normalerweise von verschiedenen Teilnehmern scheinbar gleichzeitig zur Ausführung von verschiedenen Programmen benutzt. Dem *Betriebssystem* fällt die Aufgabe zu, die Teilnehmer dabei voneinander zu isolieren, und die Betriebsmittel – Rechenzeit der Zentraleinheit, Platz und Zugriff in der Peripherie – fair zu verteilen.

Das Betriebssystem ist eine Gruppe von Programmen, die zur Lösung dieser Aufgabe zusammenarbeiten, und die dazu normalerweise die totale Kontrolle über die Peripherie übernehmen. Es ist heute üblich, daß auch Betriebssysteme weitgehend in geeigneten höheren Sprachen formuliert werden.

Kapitel 2: Assembler-Programmierung

2.1 Aufgaben eines Assemblers

Maschinenbefehle stehen im gleichen Speicher wie die Daten, die sie bearbeiten. Zur Bearbeitung durch die Zentraleinheit müssen die Maschinenbefehle folglich als Zahlen – oder eigentlich Bit-Muster – codiert sein. Beispielsweise entspricht dem Befehl

```
load     'Register 7','Adresse 1024'
```

bei einem Perkin-Elmer 32-Bit System im Speicher die dezimale Zahl 1.483.736.064, beziehungsweise das Bit-Muster

```
                 Operation  Ziel Index  Adresse

     in Basis 2     0101 1000  0111  0000  0000 0100 0000 0000
     in Basis 16       5    8     7     0     0    4    0    0
```

Es ist ebenso unzumutbar wie unvernünftig, wenn ein Programmierer diese Bit-Muster selbst erzeugen und als Zahlen in den Computer eingeben muß. Die Assembler,[1] die ihm diese Arbeit abnehmen, gibt es fast so lange, wie es Computer gibt.

Maschinenbefehle sind aus der Sicht des Benutzers die einfachsten Aktionen, die ein Computer ausführen kann. Ihre Übersetzung in Bit-Muster ist im allgemeinen problemlos mit einer entsprechenden Tabelle und ein bißchen Textverarbeitung zu realisieren. Ein Assembler dient darüber hinaus jedoch dazu, die Reservierung von Speicherflächen, die Konstruktion von Programmteilen wie zum Beispiel Unterprogrammen, und die Berechnung und Verwaltung von Adressen erheblich zu vereinfachen.

Wenn ein Computer auf der Ebene von Maschinenbefehlen programmiert wird, kontrolliert der Programmierer die Verwendung jeder einzelnen Speicherzelle und die Ausführung jeder einzelnen Operation. Umgekehrt hat er dadurch möglicherweise beachtliche Probleme bei der Modifikation von Programmen. Betrachten wir, wie die Bewertung einer algebraischen Formel auf einer 1-Adreß-Maschine naiv codiert werden könnte:

---

[1] Streng genommen müßte man über *Assembler-Sprache, in Assembler-Sprache geschriebene* Programme und über *Assemblierer* sprechen. Wir folgen stattdessen dem allgemeinen Sprachgebrauch und benutzen *Assembler* um *Assembler-Programme* übersetzen zu lassen.

```
*         A = B * (C + D * E - F / G);

          load     5          acc = F
          div      6                / G
          store    7          F/G temporaer speichern
          load     3          acc = D
          mul      4                * E
          add      2                + C
          sub      7                - F/G
          mul      1          acc = acc * B
          store    0          Resultat nach A
```

Das Programm wäre ohne den Kommentar unverständlich und es ist ohne eine Tabelle der für Daten belegten Speicherzellen später nicht mehr modifizierbar. Das Beispiel geht außerdem davon aus, daß die arithmetischen Daten jeweils eine Speicherzelle belegen und ab Zelle 0 abgelegt sind; bei den gebräuchlichen Computern ist dies selten der Fall.

Eine wesentlich vernünftigere Lösung der gleichen Aufgabe ist folgende:

```
*         A = B * (C + D * E - F / G);


* ------ Daten

A         dsf      1          Platz fuer A
B         dcf      10         Platz und Wert fuer B
C         dcf      20         ...
D         dcf      30
E         dcf      40
F         dcf      50
G         dcf      60
temp      dsf      1          Zwischenergebnis


* ------ Programm

start     load     F
          div      G
          store    temp
          load     D
          mul      E
          add      C
          sub      temp
          mul      B
          store    A
```

Die Maschinenbefehle verweisen jetzt auf die Daten mit Hilfe von symbolischen Adressen, und für die verwendeten Speicherzellen gibt es explizite Deklarationen, zum Teil sogar mit Initialisierung. Der erste ausführbare Maschinenbefehl ist mit einem Namen markiert worden.

Das Übersetzungsproblem für den Assembler ist jetzt natürlich schwieriger, denn es muß eine Verwaltung für die symbolischen Adressen geben. Dieses Programm ist aber einigermaßen verständlich, und zusätzliche Daten, beispielsweise, können eingefügt werden, ohne daß das ganze Programm umgeschrieben werden muß, denn die korrekte Bewertung der Adressen ist jetzt Sache des Assemblers.

Im einfachsten Fall sind symbolische Adressen Namen für Positionen im übersetzten Programm. Sie werden vereinbart, indem der gewünschte Name als Marke, meist am Anfang einer Quellzeile, geschrieben wird; der Name bezeichnet dann eindeutig die Position im Speicher, in die diese Quellzeile übersetzt wird.

Der Assembler verarbeitet alle Anweisungen zeilenweise, und legt Maschinenbefehle und Speicherdefinitionen exakt in der Reihenfolge ab, die der Programmierer angibt. Der Programmierer verliert also keineswegs die Kontrolle über die Ausnutzung der Maschine. So muß er zum Beispiel dafür Sorge tragen, daß Maschinenbefehle und Daten so angeordnet sind, daß nicht versehentlich bei Ausführung des Programms der Programmzähler auf Daten statt auf Maschinenbefehle zeigt, und so versucht wird, Daten zur Ausführung zu bringen.

Assembler verfügen normalerweise nicht über Code-Generatoren für algebraische Ausdrücke. Wie das vorhergehende Beispiel zeigt, muß der Programmierer Formeln in einzelne Maschinenbefehle zerlegen und auch die entsprechenden Speicherzellen für Zwischenergebnisse benennen. Bei korrekter Benutzung der Assembler-Anweisungen zum Reservieren von Speicherzellen kann der Programmierer dabei jedoch im allgemeinen einige Details ignorieren, wie zum Beispiel den exakten Platzbedarf für einen arithmetischen Wert.

2.2   Euklid's Algorithmus

Euklid's Algorithmus dient zur Berechnung des größten gemeinsamen Teilers **ggT** zweier positiver Zahlen **x** und **y**. Es gilt

Bedingung	Relation
$x = y$	$ggT(x, y) = x$
$x > y$	$ggT(x, y) = ggT(x - y, y)$
$x < y$	$ggT(x, y) = ggT(x, y - x)$

In den letzten beiden Regeln verringert sich die Summe der Argumente. Da die Argumente stets positiv bleiben, terminiert das Verfahren. Eine nicht-rekursive Formulierung zeigt das folgende Nassi-Shneiderman Diagramm:

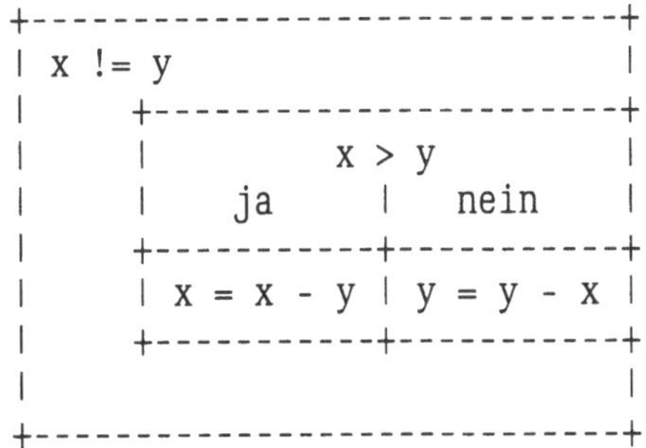

```
+------------------------------+
| x != y                       |
|     +------------------------+
|     |        x > y           |
|     |   ja     |   nein      |
|     +----------+----------+
|     | x = x - y | y = y - x |
|     +----------+----------+
|                             |
+------------------------------+
```

Betrachten wir zuerst ein entsprechendes Programm für eine 0-Adreß-Maschine:

```
* euklid.0 -- Euklid's Algorithmus -- 0-Adress

loop      load      x
          load      y
          sub                   top = x - y
          bz        ende        weil x == y == ggT(x,y)
          bm        fix         weil x < y

          store     x           x = x - y
          b         loop

fix       store     y           y = x - y, also < 0
          load      null        top = Konstante 0
          load      y
          sub                   top = - y, also > 0
          store     y           y = - y, also altes_y - x
          b         loop

ende      print     x
          leave

* ------ Daten

x         dcf       36
y         dcf       54
null      dcf       0
          end       loop
```

Um **x** mit **y** zu vergleichen, wird die Differenz gebildet. Gebräuchliche Computer verfügen oft auch über eine **compare** Anweisung, bei der nicht-destruktiv verglichen werden kann.

Bedingte Sprünge klären dann, ob diese Differenz null oder positiv ist. Man beachte dabei, daß dasselbe Resultat mit mehreren Sprüngen geprüft werden kann.

Eine positive Differenz kann, wie im Algorithmus gefordert, sofort zugewiesen werden. Bei einer negativen Differenz muß man zunächst das Vorzeichen umkehren, etwa durch Subtraktion von 0. Unter Umständen steht auch ein **negate** Maschinenbefehl zur Umkehr des Vorzeichens zur Verfügung.

Ein unbedingter Sprung sorgt schließlich für eine Wiederholung des Ablaufs.

Das Verfahren bricht ab, wenn die Differenz 0 wird. Jetzt wird noch das Resultat ausgegeben, und die Ausführung des Programms kann beendet werden.

print und **read** sind normalerweise nicht als Maschinenbefehle verfügbar. Hierin liegt für Anfänger eine der hauptsächlichen Schwierigkeiten der Assembler-Programmierung; im wesentlichen müßte man für formatierte Eingabe und Ausgabe nämlich auf geeignete Unterprogramme einer höheren Programmiersprache durch Simulation entsprechender Aufrufe zugreifen.

leave ist im allgemeinen eine Aufforderung an das Betriebssystem, die Ausführung des Programms zu beenden. Hierbei handelt es sich heute meist um einen Maschinenbefehl (**svc**).

In Analogie zum vorliegenden Programm können wir nun Programme für die anderen Maschinenmodelle sehr leicht formulieren: bei der 1-Adreß-Maschine befindet sich das Resultat jeweils im Akkumulator. Die Umkehr des Vorzeichens ist hier etwas leichter.

```
* euklid.1 -- Euklid's Algorithmus -- 1-Adress

loop      load     x              acc = x
loopy     sub      y              acc = x - y
          bz       ende           weil x == y == ggT(x,y)
          bm       fix            weil x < y

          store    x              x = x - y
          b        loopy          weil noch acc == x

fix       load     y
          sub      x
          store    y
          b        loop           weil acc != x

ende      print    x
          leave
```

```
*  ------ Daten

x           dcf         36
y           dcf         54

            end         loop
```

Das Programm für die 2-Adreß-Maschine ist noch etwas kompakter, da eine Reihe von **store** Operationen eingespart werden können – sie finden als Nebeneffekt der arithmetischen Operationen statt.

```
* euklid.2 -- Euklid's Algorithmus -- 2-Adress

loop        sub         x,y         x = x - y
            bz          ende        weil y == ggT(x,y)
            bp          loop

            add         x,y         x = altes_x
            sub         y,x         y = y - x
            b           loop

ende        print       y
            leave

*  ------ Daten

x           dcf         36
y           dcf         54

            end         loop
```

Eine 3-Adreß-Maschine kann sehr leicht zur Simulation einer 2-Adreß-Maschine verwendet werden: man muß nur für eine Quelle und das Ziel einer arithmetischen Operation jeweils die gleiche Adresse angeben.

```
* euklid.3 -- Euklid's Algorithmus -- 3-Adress

loop        sub         x,x,y       x = x - y
            bz          ende        weil y == ggT(x,y)
            bp          loop

            add         x,x,y       x = altes_x
            sub         y,y,x       y = y - x
            b           loop

ende        print       y
            leave
```

```
*  ------ Daten

x         dcf         36
y         dcf         54


          end         loop
```

Auch die Registermaschine ist nicht problematisch. Man muß allerdings zuerst die Werte von **x** und **y** in Register laden, da arithmetische Operationen nur unter Beteiligung von Registern stattfinden können. Wir müssen hier nur sehr wenige Zwischenresultate verwalten, folglich ergibt sich keine Notwendigkeit, Registerinhalte im Speicher aufzubewahren, bis sie später wieder gebraucht werden.

```
*  euklid.s -- Euklid's Algorithmus -- Register

euklid    l           1,x           (r1) dient als x
          l           2,y           (r2) dient als y

loop      sr          1,2           x = x - y
          bz          ende          (r2) == ggT(x,y)
          bp          loop          weil x > y war

          ar          1,2           altes_x
          sr          2,1           y = y - x
          b           loop

ende      st          2,temp        zum Drucken speichern
          print       temp
          leave

*  ------ Daten

x         dcf         54
y         dcf         36
temp      dsf         1             Hilfszelle


          end         euklid
```

2.3 Quellformat

Assembler sind meistens zeilenorientiert. Innerhalb der Zeilen werden dann Felder unterschieden, die entweder durch Zwischenräume, also Leer- und Tabulatorzeichen, oder auch durch spezielle Sonderzeichen voneinander getrennt sind. Betrachten wir nun die Textstruktur eines Assembler-Programms für den *nad* Assembler, der dem Assembler der Perkin-Elmer 32-Bit Systeme und des IBM System/360 nachempfunden ist.

Leere Zeilen und Zeilen, die mit dem ✱ Symbol beginnen, sind Kommentare und werden vom Assembler ignoriert. Am Schluß des Programms muß eine **end** Anweisung stehen; diese Anweisung entspricht zwar keinem Maschinenbefehl, aber sie verweist auf den Maschinenbefehl, der später als erster ausgeführt werden soll.

Der Assembler ist zeilenorientiert, und innerhalb einer Zeile gibt es verschiedene Felder, die jeweils durch Zwischenraum voneinander getrennt werden. Die Anzahl der Zwischenraumzeichen, also der Leer- und Tabulatorzeichen, ist dabei beliebig. Das Fehlen eines Feldes wird auch durch Zwischenraum ausgedrückt.

Am Zeilenanfang, im ersten Feld, steht ein Name, wenn er als Marke vereinbart werden soll. Beispielsweise beginnen die Aktionen einiger Programme für Euklid's Algorithmus bei der Marke **loop**, die in der ersten übersetzten Zeile vereinbart wird.

Marken sind Positionen im übersetzten Programm; sie können Speicherzellen markieren, die Maschinenbefehle enthalten, oder die Daten enthalten. Wenn eine Marke auf einen Maschinenbefehl verweist, dient sie als Sprungziel (**loop, ende**), oder auch zur Kennzeichnung des Programmanfangs. Wenn eine Marke auf eine Speicherzelle mit Daten verweist (x, y), dient sie als *Adresse* dieser Speicherzelle in Befehlen, die eine solche Adresse benötigen. Anders als in höheren Programmiersprachen, sind in Assembler-Programmen Marken grundsätzlich Adressen, oder besser Textpositionen; sie stehen nur für die Position der markierten Speicherzelle, aber *nicht* für deren Inhalt.

Im zweiten Feld finden wir entweder den Maschinenbefehl, den der Assembler übersetzen soll, oder eine Anweisung an den Assembler. Dieses zweite Feld muß immer vorhanden sein, und sein Inhalt bestimmt, ob und welche Parameter im dritten Feld angegeben werden.

load und **sub** sind beispielsweise Maschinenbefehle. Je nach Maschinenmodell müssen im dritten Feld der Zeile dann die Adressen angegeben werden, auf die diese Befehle wirken sollen. Hier werden dann natürlich die Marken als Adressen angegeben, die die entsprechenden Speicherzellen kennzeichnen. Wenn mehrere Parameter nötig sind, erscheinen diese alle im dritten Feld, durch Komma getrennt. In einem vierten Feld, also wieder nach Zwischenraum, kann dann beliebiger Kommentar bis zum Ende der Zeile folgen.

Im allgemeinen liest ein Assembler seine Quelle zweimal. Dadurch sind fast überall auch Verweise auf Marken möglich, die erst später definiert werden.

2.4   Assembler-Anweisungen

end, **dcf** und **dsf** sind Anweisungen an den Assembler. **end** muß als letzte Anweisung im Programm stehen, kann keine Marke tragen, und definiert mit seinem Parameter, wo die Ausführung des Programms beginnen soll. Man beachte, daß **end** nicht ausführbar ist – **end** definiert das physikalische, aber nicht das logische Ende des Programms.

Der Maschinenbefehl **leave** dient zum Abbruch, also als logisches Ende, des Programms. Manchmal verbergen sich hinter **leave** auch eine Reihe von Maschinenbefehlen, die das Betriebssystem instruieren, die Ausführung des Programms zu beenden. Dies kann hier jedoch unberücksichtigt bleiben. **leave** kann eine Marke tragen.

dcf (*define constant fullword*) und **dsf** (*define storage fullword*) sind Anweisungen an den Assembler um Speicherplatz für Daten zu reservieren. **dcf** kann beliebig viele Parameter haben; jeder Parameter initialisiert ein Datenwort und **dcf** reserviert soviel Platz, wie seine Parameter benötigen. **dcf** trägt normalerweise eine Marke, die dann auf das erste reservierte Datenwort verweist. **dsf** reserviert Datenworte, ohne sie zu initialisieren. Der Parameter von **dsf** definiert die Anzahl Datenworte, die reserviert werden. Da **dsf** durch seinen Parameter die Größe einer Fläche bestimmt, kann dieser Parameter keinen Vorwärtsverweis enthalten. Auch **dsf** trägt normalerweise eine Marke.

nad kann auch Zahlenwerte und Platz für Zwischenergebnisse automatisch am Ende des übersetzten Programms anlegen. Auf solche Datenworte wird verwiesen, indem man an Stelle eines Adreßparameters ein = Zeichen und unmittelbar danach einen Zahlenwert oder einen Namen für ein Zwischenergebnis angibt. Für jeden eindeutigen Verweis wird ein entsprechendes Datenwort bereitgestellt. In Datenworte, die für Zahlenwerte reserviert und entsprechend initialisiert wurden, sollte man vernünftigerweise nichts speichern. Namen für Zwischenergebnisse können nur als solche benutzt werden und müssen sich von allen anderen Namen im Programm unterscheiden.

2.5   Algebraische Formeln

Ein wesentlicher Vorteil der höheren Programmiersprachen liegt darin, daß algebraische Formeln direkt angegeben werden können. In Assembler-Programmen müssen solche Formeln zur Bewertung in einzelne Maschinenbefehle zerlegt werden.

Bei der 0-Adreß-Maschine ist dieser Vorgang relativ leicht zu mechanisieren: *Postfix*, die klammerfreie, umgekehrte polnische Notation, in der die Operatoren jeweils ihren Operanden folgen, ist praktisch die Maschinensprache der 0-Adreß-Maschine. Betrachten wir die früher besprochene Formel **B** ✳ **(C + D** ✳ **E − F / G)**, dargestellt als Formelbaum:

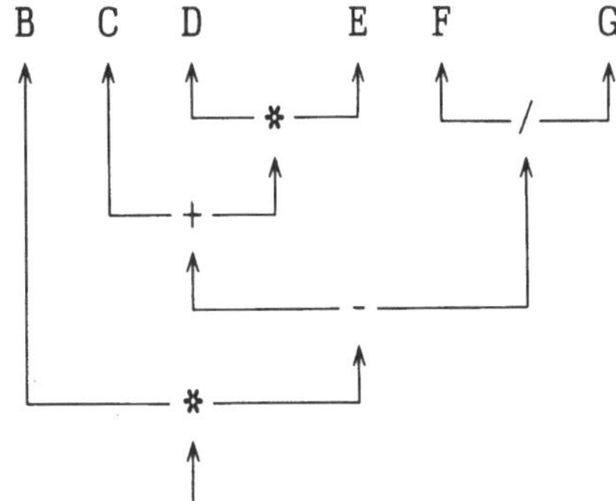

Postfix resultiert, wenn dieser Baum in *postorder* traversiert wird. Code für die 0-Adreß-Maschine entsteht, wenn in diesem Postfix alle Verweise auf Variablen durch entsprechende **load** Befehle ersetzt werden:

*   B * (C + D * E - F / G)

*   0-Adress-Code   Postfix

         load   B   B
         load   C   C
         load   D   D
         load   E   E
         mul   [*]
         add   [+]
         load   F   F
         load   G   G
         div   [/]
         sub   [-]
         mul   [*]

Das Verfahren ist mechanisch durchführbar, und geeignet für die 0-Adreß-Maschine. Es ist nur nicht effizient in bezug auf die Anzahl der maximal belegten Plätze auf dem Stack.

Es zeigt sich, daß besserer Code erzeugt werden kann, wenn man die Regeln zur Traversierung des Formelbaums vom Inhalt jedes Operatorknotens zusammen mit der Art seiner Unterbäume abhängig macht:

```
define *

leaf leaf                       /* Situation: D * E        */
        load    left            /*      D                  */
        load    right           /*      E                  */
        mul                     /*      [*]                */

leaf tree                       /* Situation: B * Formel   */
        right                   /*      Formel (rekursiv)  */
        load    left            /*      B                  */
        mul                     /*      [*]                */
```

Die Benutzung dieser Regeln zur Multiplikation hat zur Folge, daß im vorhergehenden Programm der **load** Befehl für **B** unmittelbar vor den abschließenden **mul** Befehl verlegt wird, und daß dadurch ein Platz auf dem Stack eingespart wird – im Effekt wird die Kommutativität der Multiplikation dann ausgenutzt, wenn der linke Operand ein Blatt (**leaf**) und der rechte Operand noch ein Unterbaum (**tree**) ist.

Die Abbildung deutet eine Sprache an, in der allgemeine Regeln zur Ausgabe von Information während der Traversierung von binären Bäumen formuliert werden können. Ein solches System, *tec*, existiert [Fri] und eine einfache Variante davon ist im Anhang C beschrieben.

Mit geeigneten Traversierregeln kann man algebraische Formeln auch für andere Maschinen mechanisch codieren. Betrachten wir noch die Regeln für Subtraktion mit Hilfe der 1-Adreß-Maschine:

```
define -

leaf leaf
        load    left
        sub     right
```

Dieser Teil der Regeln behandelt die Situation $x - y$: es wird Code generiert um den linken Operanden x in den Akkumulator zu laden und den rechten Operanden y davon zu subtrahieren. Das Resultat befindet sich im Akkumulator.

Ist nun der linke Operand selbst ein komplizierterer Ausdruck (**tree**), so muß zunächst (rekursiv) dafür Code generiert werden. Das Resultat muß sich dann im Akkumulator befinden (!), und wir können selbst einen Befehl zur Subtraktion des rechten Operanden generieren. Wir beachten damit die globale Invariante, nämlich daß jede Regel so Code generiert, daß sich das Resultat im Akkumulator befindet.

```
tree leaf
        left
        sub     right
```

Ist der *rechte* Operand ein Ausdruck, so können wir zwar wieder rekursiv Code dafür generieren lassen, wir müssen dann aber Code generieren um das Resultat aus dem Akkumulator zwischenzuspeichern, um die korrekte Subtraktion generieren zu können:

```
leaf tree
        right
        store       =temp get ref
        load        left
        sub         =temp ref free
```

Die Verwaltung dieser Zwischenergebnisse erfolgt in einer höheren Programmiersprache automatisch und unsichtbar für den Programmierer. In Assembler-Programmen muß Platz für diese Zwischenergebnisse jeweils explizit reserviert oder wenigstens benannt werden. In der Praxis geschieht dies am besten mit einem (simulierten) Stack – *tec* hat dafür als Sprachelement einen Zähler, der entsprechend vergrößert (**get**), ausgegeben (**ref**) und verkleinert (**free**) werden kann.

Die Regeln sind so definiert, daß jeweils das Resultat der Ausführung eines Operators im Akkumulator verbleibt. Dies bedeutet natürlich auch, daß die Zwischenergebnisse aus dem Akkumulator in den Speicher verlagert werden müssen, bevor die Regeln rekursiv benutzt werden können. Im letzten Teil der Regeln für Subtraktion, wenn nämlich *zwei* Ausdrücke voneinander zu subtrahieren sind, ist dies der Fall:

```
tree tree
        right
        store       =temp get ref
        left
        sub         =temp ref free
```

Fassen wir zusammen: algebraische Formeln müssen in Assembler-Programmen in einzelne Maschinenbefehle aufgelöst werden. Der nötige Platz für Zwischenergebnisse muß explizit bereitgestellt werden, am besten durch einen (simulierten) Stack. Mit Hilfe von allgemeinen Traversierregeln für Formelbäume können algebraische Formeln mechanisch codiert werden.

2.6   Vektorrechnung

Eine Liste von Zahlen soll aufsummiert werden. Betrachten wir dazu eine naive Lösung, wie sie mit den bisher benutzten, direkten Adressen für eine 1-Adreß-Maschine programmiert werden könnte:

```
* summe.1 -- Summe von 5 Zahlen -- 1-Adress

summe.1 load      _1
        add       _2
        add       _3
        add       _4
        add       _5
        store     temp           zum Drucken speichern
        print     temp
        leave


* ------ Daten

_1      dcf       10             alle Zahlen benannt!
_2      dcf       20
_3      dcf       30
_4      dcf       40
_5      dcf       50
temp    dsf       1              Hilfszelle

        end       summe.1
```

Der entscheidende Nachteil dieser Lösung liegt darin, daß für jedes weitere Element in der Liste ein weiterer **add** Befehl im Programm hinzugefügt werden muß!

Eine flexiblere Lösung kann nur entstehen, wenn das Programm unabhängig von der Länge der Liste nur einen einzigen **add** Befehl zur Summierung der Listenelemente enthält. Dieser Befehl muß natürlich entsprechend oft wiederholt werden; bei jeder Wiederholung muß der Befehl dann ein anderes Listenelement adressieren.

In Pascal entspricht das naive Programm der Repräsentierung der Liste als einer Menge von skalaren Variablen. Skalare Variablen können in Assembler-Programmen sehr einfach als individuell benannte Datenworte codiert werden. Verweise auf skalare Variablen realisiert man dann als direkte Adressen dieser Datenworte.

Eine bessere Lösung unseres Problems in Pascal verwendet natürlich einen Vektor, und die Aufsummierung erfolgt mit Hilfe einer Schleife und der Auswahl einzelner Vektorelemente durch Indexoperationen:

```
const   anzahl = 5;

type    element = integer;

var     index: 1..anzahl;
        result: element;
        liste: array [index] of element;
```

```pascal
begin   {...}
        result := 0;
        for index := 1 to anzahl do
                result := result + liste[index];
        {...}
end.
```

Ein Vektor in einem Assembler-Programm besteht aus einer Anzahl Datenworte, die zusammenhängend im Speicher reserviert werden, und deren Anfang benannt wird. Dieser Name steht für die Adresse des ersten Vektorelementes, er entspricht damit dem Vektornamen im Pascal-Programm nur sehr bedingt: im Pascal-Programm steht der Vektorname für die Gesamtheit aller Vektorelemente, im Assembler-Programm ist der Vektorname nur die Information, mit der alle Vektorelemente erreicht werden können. Dieser Unterschied in der Betrachtung von Vektornamen erscheint momentan vielleicht sehr subtil, er ist aber sehr entscheidend für die Möglichkeiten der Verarbeitung von Vektoren in C.

Vektorelemente verarbeitet man mit Indexadressen oder mit indirekten Adressen. In beiden Fällen wird ausgenutzt, daß die *effektive* Adresse für den Maschinenbefehl auf Information beruht, die man zuerst noch mit arithmetischen Befehlen manipulieren kann.

Betrachten wir zuerst eine Lösung unseres Problems für die Registermaschine mit Indexadressierung:

```
* summe.s -- Summe einer Liste von Zahlen -- Register

* ------ Registerdefinitionen

r0        equ      0              laufende Summe
r1        equ      1              Abstand zum Element
r2        equ      2              noch zu addieren

* ------ Programm

summe.s   sr       r0,r0          Summe = 0
          sr       r1,r1          Index, erstes Element
          l        r2,anzahl      Anzahl, alle Elemente

loop      a        r0,liste(r1)   zu Summe addieren
          a        r1,varsize     zum naechsten Element
          s        r2,eins        ein Element abzaehlen
          bp       loop           falls noch Elemente

          st       r0,summe       zum Drucken speichern
          print    summe
          leave
```

```
*  ------ Daten

varsize   dcf       adc           Laenge eines Elements
eins      dcf       1             Konstante 1
summe     dsf       1             Hilfszelle
liste     dcf       10            die Elemente
          dcf       20,30,40,50
anzahl    dcf       *-liste/adc   Anzahl Elemente


          end       summe.s
```

Mit **equ** Anweisungen sind Namen für die benutzten Register vereinbart worden. **equ** Anweisungen werden in Assembler-Programmen allgemein benutzt um Ausdrücke zu bewerten und die resultierenden Werte zu benennen. Speziell bei Registermaschinen kann man auf diese Weise Namen statt einfachen Zahlen zur Kennzeichnung von Registern einführen.

Die entscheidende Addition erfolgt durch den **add** Befehl bei der Marke **loop**: zum Resultatregister **r0** wird der Inhalt eines Datenworts aus der Liste addiert. Die effektive Adresse dieses Datenworts ergibt sich als Summe einer Adresse im Befehl selber (der Wert der Marke **liste**) zusammen mit dem Inhalt des Indexregisters **r1**.

Bei unserer Registermaschine werden in den Maschinenbefehlen immer *zwei* Indexregister angegeben. Dabei können die Register 1 bis 15 als Indexregister benutzt werden; wird Register 0 als Indexregister angegeben, bedeutet dies, daß der *Wert 0* an Stelle des *Inhalts* von Register 0 bei der Berechnung der effektiven Adresse eingesetzt wird. *nad* trägt dem Rechnung, indem für Speicheradressen bei der Registermaschine die explizite Angabe von Indexregistern optional ist. Sind weniger als zwei Indexregister angegeben, so konstruiert *nad* selbstständig entsprechende Verweise auf 0.

Der Rest des Programms für die Registermaschine befaßt sich damit, die verwendeten Register entsprechend zu initialisieren, und eine Schleife zur Verarbeitung der ganzen Liste zu konstruieren. Man beachte die Verwendung eines **sr** Befehls um ein Register mit 0 zu initialisieren (bei der Marke **summe.s**). Register **r2** enthält anfangs die Anzahl der Elemente in der Liste. Wir gehen davon aus, daß wenigstens ein Element vorhanden ist. Bei jedem Durchgang durch die Schleife wird **r2** reduziert; wenn **r2** nicht mehr positiv ist, haben wir alle Elemente aufsummiert.

Ein wichtiger Gesichtspunkt bei der Verarbeitung von Vektorelementen ist die Tatsache, daß ein Vektorelement, also hier ein Datenwort, mehr als eine Speicherzelle belegen kann. Das Indexregister **r1**, das jeweils auf das nächste Vektorelement zeigen muß, muß deshalb in Schritten inkrementiert werden, die der Länge der Vektorelemente entsprechen. In unserem Programm geschieht dies mit Hilfe der im *nad* Assembler vordefinierten Konstanten **adc** (*address constant*); wir nutzen stillschweigend aus, daß Adressen jeweils Datenworte belegen, daß also ein Datenwort die

Länge **adc** hat.[2] **adc** hätte auch maschinenunabhängig als **liste − varsize** definiert werden können, da diese Marken im Programm gerade nebeneinanderliegende Datenworte bezeichnen.

Eine ähnlich wichtige Codiertechnik zeigt die Definition der **anzahl** Listenelemente: ✱ steht für die momentane Position im übersetzten Programm. Die Anzahl der Elemente in der Liste wird also vom Assembler aus der Länge der Liste ✱ − **liste** und der Länge eines Elements berechnet. Dies hat den großen Vorteil, daß bei einer Modifikation des Programms, wenn etwa noch eine Zeile mit Listenelementen eingefügt wird, die Definition von **anzahl** automatisch vom Assembler korrekt bewertet wird – wenigstens solange sich das so benannte Datenwort direkt hinter der gesamten Liste befindet. Gerade Assembler-Programme sollte man mit dieser und ähnlichen Techniken einigermaßen tolerant machen gegen spätere Modifikationen.

Verweise auf Vektorelemente mit Hilfe von indirekten Adressen zeigt das folgende Programm für die 2-Adreß-Maschine. Es entspricht völlig der Lösung für die Registermaschine, nur muß jetzt das Datenwort **zeiger**, das die effektive Adresse des **add** Befehls bei **loop** enthält, jeweils auf ein Element der Liste zeigen:

```
* summe.2 -- Summe einer Liste von Zahlen -- 2-Adress

summe.2  add    summe,(zeiger)  zu Summe addieren
         add    zeiger,varsize  zum naechsten Element
         sub    anzahl,eins     ein Element abzaehlen
         bp     summe.2         falls noch Elemente

         print  summe
         leave

*  ------ Daten

varsize  dcf    adc             Laenge eines Elements
eins     dcf    1               Konstante 1
summe    dcf    0               laufende Summe
zeiger   dcf    liste           Adresse des Summanden
liste    dcf    10              die Elemente
         dcf    20,30,40,50
anzahl   dcf    *-liste/adc     Anzahl Elemente

         end    summe.2
```

---

[2] *nad* ist dem CAL/32 Assembler der Perkin-Elmer 32-Bit Systeme nachempfunden. Dieser Assembler kann die gleichen Quellen wahlweise für 32-Bit und 16-Bit Systeme übersetzen. Da **adc** entsprechend von CAL/32 definiert wird, ist nur mit dieser Codiertechnik die Übertragbarkeit unseres Programms gewährleistet.

zeiger wird mit der Adresse des Vektors **liste** initialisiert und dann jeweils mit der Länge eines Vektorelements inkrementiert. Diesmal wird das Datenwort **anzahl** direkt als Kontrollvariable der Schleife benutzt.

Fassen wir zusammen: Skalare Variablen kann man in Assembler-Programmen als benannte Datenworte mit direkten Adressen manipulieren. Vektoren sind im allgemeinen Ketten von Datenworten, deren Anfang benannt wird. Vektorelemente manipuliert man mit Indexadressen, die dann meist auf dem Namen des ersten Vektorelementes beruhen, oder auch mit indirekten Adressen. In beiden Fällen muß man beachten, daß ein Vektorelement meistens mehr als eine Speicherzelle belegt, so daß sich die Adressen benachbarter Vektorelemente im allgemeinen um mehr als den Wert 1 unterscheiden.

2.7   Kontrollstrukturen

2.7.1   Sprungbefehle und Condition Codes

Ähnlich wie algebraische Formeln müssen auch Kontrollstrukturen in Assembler-Programmen aus einzelnen Maschinenbefehlen aufgebaut werden. Dabei dienen im allgemeinen beliebige Befehle zur Berechnung einer Bedingung und geeignete Sprungbefehle sorgen dafür, daß Teile des Programms in Abhängigkeit von der Bedingung wiederholt oder auch gar nicht ausgeführt werden. Entscheidend dafür ist, daß zum Beispiel das Vorzeichen des Resultats einer arithmetischen Operation in der CPU jeweils aufbewahrt wird und einen nachfolgenden Sprungbefehl beeinflussen kann.

Allgemein reflektieren *Condition Codes*, ein ähnlich zentraler Bestandteil der CPU wie etwa der Programmzähler, Erfolg und Resultat eines Maschinenbefehls so lange, bis ein anderer Befehl als Nebeneffekt einen neuen Wert für die Condition Codes einführt. Bedingte Sprungbefehle sind dann jeweils vom Wert der Condition Codes abhängig und dienen so zur Beurteilung des Resultats eines Maschinenbefehls.

Nicht alle Befehle beeinflussen die Condition Codes. Sprungbefehle zum Beispiel verändern die Condition Codes nicht, damit mehrere bedingte Sprünge von einem Resultat abhängig gemacht werden können.

```
+---+        +----------+
| 8 | --->  | carry    |
+---+        +----------+
| 4 | --->  | overflow |
+---+        +----------+
| 2 | --->  | positiv  |
+---+        +----------+
| 1 | --->  | negativ  |
+---+        +----------+

Maske        Condition Code
```

Betrachten wir nun als Beispiel die Architektur der Sprungbefehle der Perkin-Elmer 32-Bit Systeme: die Maschinenbefehle beeinflussen insgesamt vier Condition Codes; insbesondere wird registriert, ob ein arithmetisches Resultat positiv, negativ, oder null ist. Der Sprungbefehl enthält eine Maske, einen Wert zwischen 0 und 15, der entsprechend der Zeichnung entscheidet, welche Condition Codes für den Sprungbefehl betrachtet werden sollen. Ein Sprung im Erfolgsfall (*branch if true condition*, **btc**) findet statt, wenn *irgendein* durch die Maske gewähltes Condition Code Bit gesetzt ist. Der **bp** Maschinenbefehl, ein Sprung bei positivem Resultat, ist also **btc** mit Maske 2. Analog findet ein Sprung im Fehlerfall (*branch if false condition*, **bfc**) statt, wenn *alle* durch die Maske gewählten Condition Code Bits gelöscht sind. Der **bz** Maschinenbefehl, ein Sprung bei Resultat 0, ist also **bfc** mit Maske 3.

In dieser Technik sind alle vom *nad* Assembler unterstützten Sprungbefehle formulierbar – auch der unbedingte Sprungbefehl **b** sowie der wirkungslose Befehl **nop**. Es ist natürlich Aufgabe des Assemblers, die richtige Maske und die richtige Operation (**btc** oder **bfc**) für die Sprungbefehle auszuwählen.

Nicht bei allen Computern existieren alle sechs arithmetischen Bedingungen direkt als Sprungbefehle. Der Z80 Mikroprozessor beispielsweise besitzt nur zwei in diesem Zusammenhang relevante Condition Code Bits (*negativ* und *null*) und ein einzelner Sprungbefehl kann davon nur ein Bit prüfen. **bp** muß dann im Assembler-Programm mit zwei Sprungbefehlen, als Kombination der Condition Codes *nicht negativ* und *nicht null*, realisiert werden.

2.7.2 Einfache Kontrollstrukturen

Sprungbefehle können im allgemeinen beliebige Ziele innerhalb eines Assembler-Programms angeben. Eine undisziplinierte Verwendung von Sprungbefehlen kann deshalb zu extrem unübersichtlichen und dadurch nicht mehr modifizierbaren Assembler-Programmen führen. Man sollte sich deshalb auch in Assembler-Programmen auf die üblichen Kontrollstrukturen beschränken. In diesem Abschnitt wird gezeigt, wie diese Kontrollstrukturen prinzipiell realisiert werden.

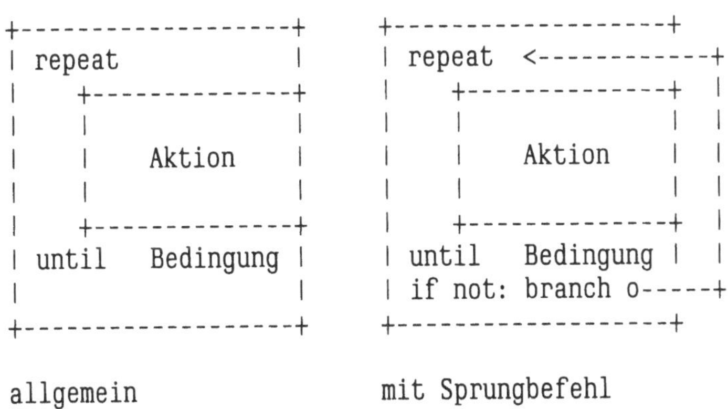

Diese **repeat** Struktur ist eine Schleife, die wenigstens einmal und dann so lange ausgeführt wird, bis eine Bedingung eintritt. Eine **repeat** Struktur wurde zum Beispiel zum Aufsummieren einer Liste von Zahlen im Abschnitt 2.6 verwendet.

Um eine **repeat** Struktur zu implementieren, codiert man zunächst die Aktionen, die wiederholt werden sollen. Anschließend codiert man die **until** Bedingung, bei deren Eintreten die Schleife nicht mehr wiederholt werden soll. Für diese Bedingung kann man beliebige Maschinenbefehle verwenden, entscheidend ist nur, daß zum Schluß die Condition Codes entsprechend gesetzt sind. Die Kontrollstruktur entsteht nun, indem ein Sprungbefehl so codiert wird, daß ein Sprung erfolgt, wenn die Bedingung *nicht* eingetreten ist; der Sprung muß also erfolgen, wenn das *Gegenteil* der erwünschten Condition Codes vorliegt. Das Sprungziel ist natürlich der Beginn der Aktionen innerhalb der Schleife, also der Punkt, an dem etwa in Pascal das Wort **repeat** steht.

```
repeat    ds        0          Marke definieren
          Aktion
*until

          Bedingung
          Bfalse    repeat     evtl. wiederholen
*endrep
```

In Assembler-Programmen ist es nützlich, für die Kontrollstrukturen abschließende Worte einzuführen. Fassen wir die Aufgaben der Worte **repeat**, **until** und **endrep** zusammen: bei **repeat** beginnt eine Schleife, als Sprungziel muß eine *eindeutige* Marke definiert werden. Es folgen die Aktionen in der Schleife. Nach **until** folgen Maschinenbefehle, die die Condition Codes entsprechend der Abbruchbedingung der Schleife setzen. Vor **endrep** schließlich steht ein Sprungbefehl, der einen Sprung zur Marke bei **repeat** bewirkt, wenn die Bedingung *nicht* eingetreten ist. Insgesamt entsteht der gerade gezeigte Code.

Für jede Kontrollstruktur muß wenigstens eine neue Marke definiert werden. Diese Marken sind zwar nur von lokaler Bedeutung, haben aber doch die Tendenz, global sichtbar (und potentiell verwendbar) zu sein. Im nächsten Kapitel wird gezeigt, wie dieses Problem weitgehend zu umgehen ist.

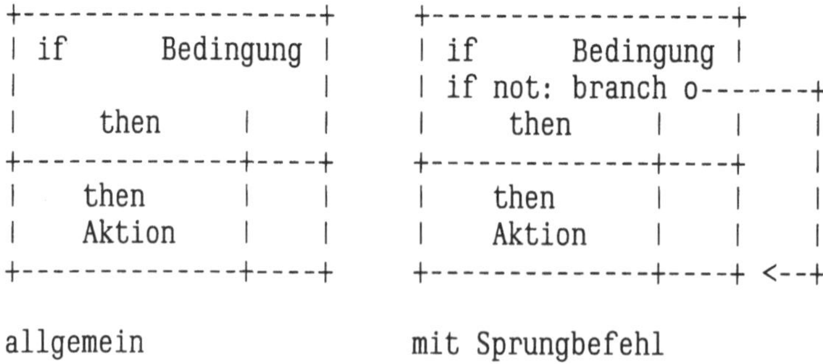

```
+------------------+         +------------------+
| if      Bedingung |        | if      Bedingung |
|                  |         | if not: branch o-------+
|      then    |   |         |      then    |   |     |
+-------------+----+         +-------------+----+     |
|     then    |   |          |     then    |   |     |
|     Aktion  |   |          |     Aktion  |   |     |
+-------------+----+         +-------------+----+ <--+

     allgemein                   mit Sprungbefehl
```

Ähnlich leicht wie die **repeat** Schleife ist die **if** Struktur realisierbar. Die obenstehende Zeichnung zeigt eine **if** Struktur ohne **else** Zweig, die folgende Zeichnung zeigt eine vollständige **if** Struktur mit **else** Zweig. Eine **if** Struktur wurde etwa in Euklid's Algorithmus im Abschnitt 2.2 verwendet.

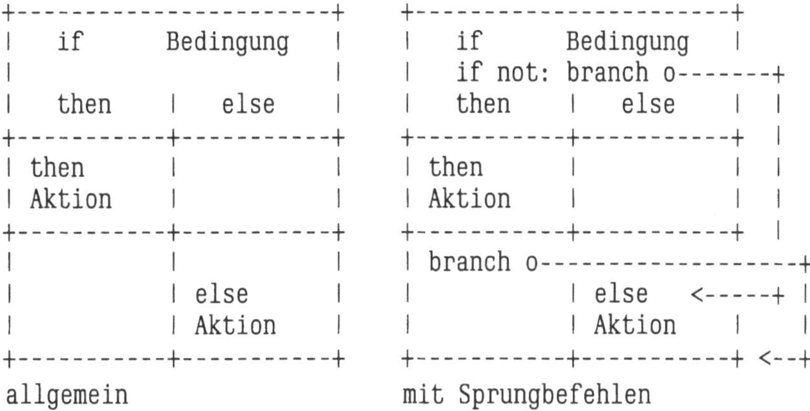

```
+----------------------+      +-----------------------+
|   if      Bedingung  |      |   if      Bedingung   |
|                      |      |   if not: branch o-------+
|   then   | else      |      |   then   | else      | |
+----------+-----------+      +----------+-----------+ |
| then     |           |      | then     |           | |
| Aktion   |           |      | Aktion   |           | |
+----------+-----------+      +----------+-----------+ |
|          |           |      | branch o------------------+
|          | else      |      |          | else  <-----+ |
|          | Aktion    |      |          | Aktion   | | |
+----------+-----------+      +----------+-----------+ <--+
allgemein                     mit Sprungbefehlen
```

Aus den Zeichnungen ist direkt ersichtlich, wie die einzelnen Worte prinzipiell zu implementieren sind: bei **if** muß eine eindeutige Marke reserviert werden. Anschließend stehen Maschinenbefehle, die die gewünschte Bedingung in den Condition Codes reflektieren. Vor **then** erfolgt ein Sprung zur reservierten Marke, wenn die Bedingung *nicht* eingetreten ist. Falls ein **else** Zweig vorhanden ist, muß bei **else** die reservierte Marke definiert werden, damit die Aktionen des **else** Zweigs entsprechend erreicht werden. Davor allerdings muß noch ein unbedingter Sprung zu einer neuen Marke stehen, damit nach den Aktionen des **then** Zweigs der **else** Zweig nicht auch noch ausgeführt wird. Bei **endif** schließlich muß eine reservierte Marke definiert werden: entweder die bei **else** neu eingeführte Marke, oder – falls kein **else** Zweig vorlag – die bei **if** ursprünglich reservierte Marke.

```
*if
        Bedingung
        Bfalse      endif
*then
        Aktion                     then Zweig
endif   ds          0
```

```
*if
        Bedingung
        Bfalse      else
*then
        Aktion                     then Zweig
        b           endif          vorbei an else
else    ds          0
        Aktion                     else Zweig
endif   ds          0
```

Da Kontrollstrukturen verschachtelt werden können, müssen die nötigen Marken natürlich über einen Stack verwaltet werden; dabei entspricht die Spitze des Stacks der gerade bearbeiteten Kontrollstruktur. Es ist offensichtlich, daß die von **if** reservierte Marke auf dem Stack steht und gegebenenfalls bei **else** durch eine neue Marke ersetzt wird. Bei **endif** wird dann in jedem Fall genau die Marke definiert, die auf dem Stack vorhanden ist.

Die **while** Struktur ist eine Schleife, die nur und so lange ausgeführt wird, wie eine Bedingung gilt:

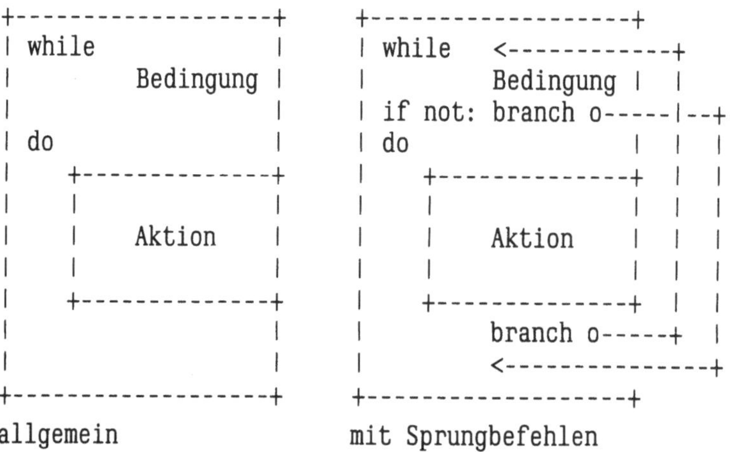

Wird die **while** Schleife derart codiert, so sind für *jeden* Durchgang durch die Schleife *zwei* Sprungbefehle nötig: ein bedingter Sprungbefehl am Anfang der Schleife, der nur bei Abbruch der Schleife tatsächlich zu einem Sprung führt (aber trotzdem immer Zeit zur Ausführung benötigt), und ein unbedingter Sprungbefehl, der vom Ende der Schleife zurück zur Bedingung führt.

Ohne die Bedeutung der Struktur zu verändern, kann man die Elemente der **while** Schleife folgendermaßen anordnen:

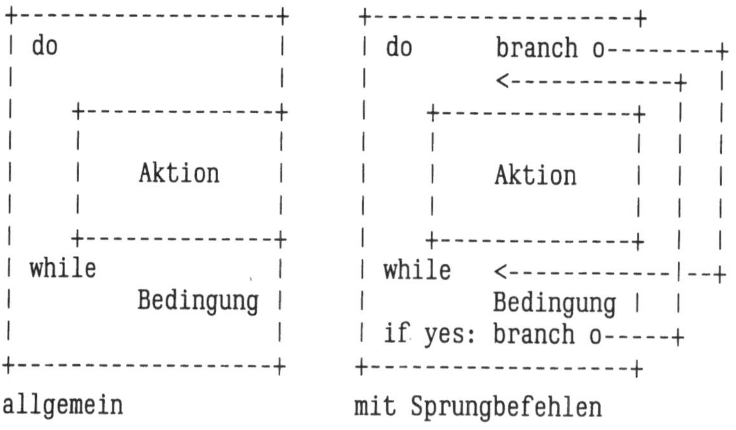

Jetzt findet der unbedingte Sprung nur einmal *vor* der ersten Kontrolle der Bedingung statt, und für die Schleife selbst benötigt man nur noch den bedingten Sprungbefehl von der Bedingung zurück zum Beginn der Schleife. Dieser Effizienzgewinn kann in Assembler-Programmen sehr wesentlich sein; wir codieren deshalb zweckmäßigerweise **do-while-enddo** Schleifen:

```
          b         while        zuerst zur Bedingung
  do      ds        0            Wiederholung
          Aktion
  while   ds        0            Bedingung beginnt
          Bedingung
          Btrue     do           evtl. wiederholen
  *enddo
```

Wie angedeutet, wird die **while** Schleife folgendermaßen codiert: bei **do** reserviert man zwei neue Marken. Zunächst wird ein unbedingter Sprung zur einen Marke codiert, um an den Aktionen der Schleife einmal vorbei direkt zur Bedingung zu springen. Die zweite Marke wird dann definiert, sie dient dazu, gegebenenfalls die Schleife wiederholen zu lassen. Es folgen die Aktionen in der Schleife. Bei **while** wird nun die erste Marke definiert. Anschließend stehen Maschinenbefehle für die Bedingung der Schleife. Vor **enddo** schließlich codiert man einen Sprungbefehl, der einen Sprung zur zweiten Marke dann herbeiführt, wenn die Bedingung besteht.

2.7.3 Kompliziertere Bedingungen

In höheren Sprachen können arithmetische Bedingungen, also Vergleiche, meistens noch mit **and** und **or** verknüpft werden. Fragestellungen wie **if a < = b and b < = c then** oder **while x < z or x > y enddo** sind typisch. Es ist dabei üblich, daß **and** Vorrang vor **or** hat.

Aus Effizienzgründen ist es auch zweckmäßig zu verlangen, daß Ketten von Bedingungen nur bearbeitet werden, bis ihr Erfolg feststeht. Konkret bedeutet dies, daß in der Verknüpfung **a and b** der Teil **b** nur bearbeitet wird, wenn die Bedingung **a** erfüllt ist. Analog gilt für **a or b**, daß **b** nur bearbeitet werden muß, wenn **a** nicht erfüllt ist. Dies hat den erfreulichen Effekt, daß **if index < = vektorgrenze and vektor[index] != 0** nicht zu den etwa in Pascal üblichen Indexfehlern führen kann.

Die Worte **and** und **or** können in dieser Form in das im vorigen Abschnitt besprochene Vokabular der Kontrollstrukturen aufgenommen werden. Dabei bleibt dem Assembler-Programmierer die allgemeine Formulierung der Aktionen überlassen sowie die Details der Maschinenbefehle, die die Condition Codes für die Bedingungen setzen. **and, or** und die anderen Vokabeln für Kontrollstrukturen befassen sich nur mit den notwendigen Marken und den Details der Sprünge.

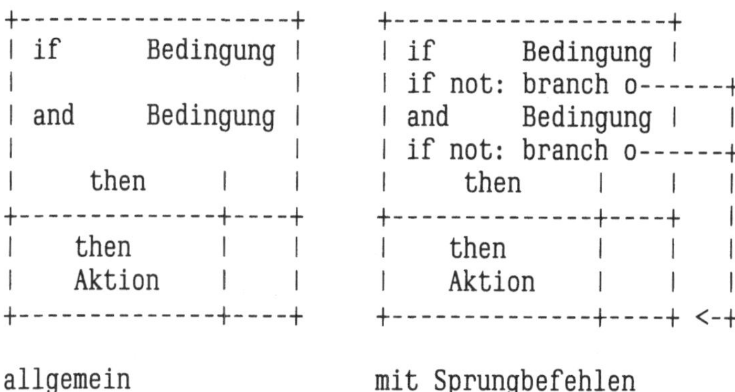

<pre>
+------------------+   +------------------+
| if   Bedingung | | if   Bedingung |
| | | if not: branch o------+
| and   Bedingung | | and   Bedingung | |
| | | if not: branch o------+
| then | | | then | | |
+-------------+----+   +-------------+----+ |
| then | | | then | | |
| Aktion | | | Aktion | | |
+-------------+----+   +-------------+----+ <-+
</pre>

```
     allgemein                mit Sprungbefehlen
```

Die Zeichnung zeigt, daß sich **and** problemlos in die bisher entworfene Implementierung der **if** Kontrollstruktur einfügt: ist die vorhergehende Bedingung *nicht* eingetreten, so muß ein Sprung zur vereinbarten Marke für Mißerfolg, also zu **else** oder **endif**, ausgeführt werden.

Bei **or** liegt der Fall entschieden komplizierter:

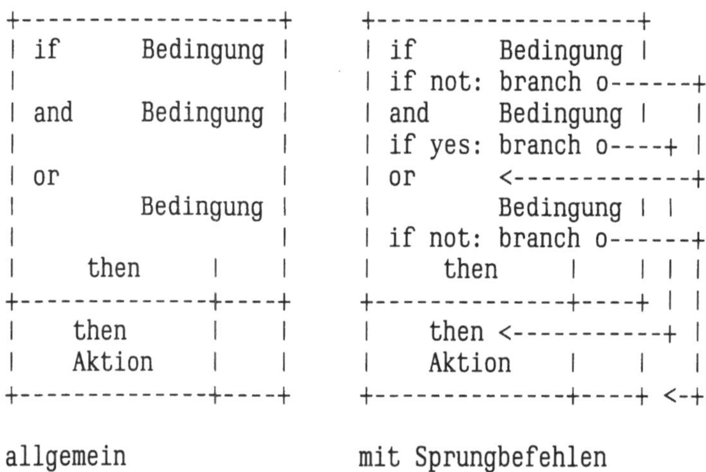

<pre>
+------------------+   +------------------+
| if   Bedingung | | if   Bedingung |
| | | if not: branch o------+
| and   Bedingung | | and   Bedingung | |
| | | if yes: branch o----+ |
| or | | or   <-----------+
| Bedingung | | Bedingung | |
| | | if not: branch o------+
| then | | | then | | | |
+-------------+----+   +-------------+----+ | |
| then | | | then <--------+ |
| Aktion | | | Aktion | | | |
+-------------+----+   +-------------+----+ <-+
</pre>

```
     allgemein                mit Sprungbefehlen
```

Hier wird ersichtlich, daß jetzt auch eine Marke als Sprungziel bei *Erfolg*, also bei Eintreten einer Bedingung, notwendig wird. Diese Marke muß hier natürlich bei **then** definiert werden. Bei **or** codiert man dann einen Befehl, der bei Eintreten der vorhergehenden Bedingung für einen Sprung zu dieser Erfolgsmarke sorgt.

Zusätzlich muß **or** das Sprungziel für die bisherigen Mißerfolge bilden. Die bisherige Mißerfolgsmarke wird also bei **or** definiert, und (auf dem Stack) durch eine neue Marke ersetzt. Es ergeben sich folgende schematischen Programme:

```
        Bedingung
 *and
        Bfalse   no
        Bedingung
________________________________________

        Bedingung
 *or
        Btrue    Erfolg
 no     ds       0           bisher Misserfolg
        Bedingung
```

Es zeigt sich, daß man am besten für eine Kontrollstruktur immer *zwei* eindeutige Marken reserviert. Die Erfolgsmarke, im folgenden **ok**, wird an einer für die jeweilige Struktur charakteristischen Stelle definiert. Bei Verwendung von **or** Verknüpfungen sind entsprechend viele Mißerfolgsmarken, im folgenden **no**, nötig; die einzige oder letzte Mißerfolgsmarke wird ebenfalls an einer für die Kontrollstruktur charakteristischen Stelle definiert. Die Implementierung der Kontrollstrukturen und Verknüpfungen ist in der folgenden Tabelle nochmals zusammengestellt:

Kontrollstruktur-Vokabel	Maschinenbefehle, Markendefinitionen			reservierte Marken (auf dem Stack)
if				ok, no
then		Bfalse	*no*	
	ok	ds	0	*no*
else		b	*no1*	
	no	ds	0	*no1 statt no*
endif	*no*	ds	0	
repeat	*repeat*	ds	0	*repeat*
until				*ok, no, repeat*
endrep		Bfalse	*repeat*	
	no	equ	*repeat*	
	ok	ds	0	
do		b	*while*	*while, ok, no*
	ok	ds	0	
while	*while*	ds	0	*ok, no*
enddo		Btrue	*ok*	
	no	ds	0	
and		Bfalse	*no*	*ok, no*
or		Btrue	*ok*	*ok, no1 statt no*
	no	ds	0	

Das hier beschriebene Verfahren ist mechanisch durchführbar und ist natürlich Bestandteil jedes Übersetzers für eine höhere Programmiersprache. Man beachte, daß die Technik, die **repeat** Schleife mit einer **equ** Anweisung zu vervollständigen, die Tatsache ausnutzt, daß ein Assembler seine Quelle zweimal liest. Primitivere Übersetzer codieren außerdem meist **while-do** Schleifen und nicht die hier dargestellte, effizientere Form. Im folgenden Kapitel wird erklärt, wie das Verfahren mit einem Makroprozessor auch für Assembler-Programme leicht benutzbar gemacht wird. Im Anhang C ist skizziert, daß auch mit dem elementaren *tec* System dieses Verfahren prinzipiell realisiert werden kann.

2.8   Unterprogramme

Betrachten wir ein Unterprogramm für unsere 2-Adreß-Maschine, in dem das Maximum von zwei Zahlen berechnet wird. Auf die Parameter wird über die indirekten Adressen **parm1** und **parm2** zugegriffen und das Resultat wird über die indirekte Adresse **result** gespeichert:

```
* maximum.2 -- Maximum von zwei Zahlen -- 2-Adress


* ------ Daten


parm1    dsf     1            (parm1) erste Zahl
parm2    dsf     1            (parm2) zweite Zahl
result   dsf     1            (result) Maximum
return   dsf     1            (return) Ruecksprung
temp     dsf     1            Hilfszelle


* ------ Unterprogramm


max      move    temp,(parm1)
         sub     temp,(parm2)   if (parm1) >= (parm2)
         bm      else           then (result) = (parm1)
         move    (result),(parm1)
         b       endif          else (result) = (parm2)
else     move    (result),(parm2)
endif    b       (return)
```

Ein Unterprogramm wird im allgemeinen von mehreren Punkten aus aufgerufen; es muß also in der Lage sein zu verschiedenen Aufrufen zurückzuspringen. Wir lösen dieses Problem, indem wir die Rücksprungadresse **return** als weiteren Parameter einführen, und das Unterprogramm mit einem Sprung zu dieser (indirekten) Adresse beenden.

Dieses Unterprogramm **max** kann zum Beispiel eingesetzt werden um das Maximum von drei Zahlen zu berechnen. Bevor **max** mit einem unbedingten Sprungbefehl aufgerufen wird, müssen jeweils alle vier Parameter gesetzt werden; wie das folgende Hauptprogramm zeigt, ist dies mit den bisher besprochenen Befehlen möglich, wenn auch etwas umständlich:

```
* maximum.2 -- Maximum von drei Zahlen -- 2-Adress

* ------ Hauptprogramm

start     read      a                 drei Zahlen lesen
          read      b
          read      c
          move      return,A.ret1     Ruecksprung setzen
          move      parm1,A.a         Parameter setzen
          move      parm2,A.b
          move      result,A.out
          b         max               out = max(a,b)
ret1      move      return,A.ret2
          move      parm1,A.out
          move      parm2,A.c
*         move      result,A.out      (gilt noch)
          b         max               out = max(out,c)
ret2      print     out               Resultat zeigen
          leave

* ------ Daten

a         dsf       1                 drei Zahlen
b         dsf       1
c         dsf       1
out       dsf       1                 max(a,b,c)

* ------ Adresskonstanten

A.a       dcf       a                 Adressen fuer `max´
A.b       dcf       b
A.c       dcf       c
A.out     dcf       out
A.ret1    dcf       ret1              Rueckspruenge
A.ret2    dcf       ret2

          end       start
```

Es liegt nahe, wenigstens für die Übergabe und Benutzung der Rücksprungadresse
spezielle Maschinenbefehle einzuführen. Die Registermaschine verfügt dazu über
den **bal** (*branch and link*) Befehl, bei dem zunächst die dem Befehl folgende Adresse in das im Befehl angegebene Register geladen und dann unbedingt zu der im
Befehl angegebenen Adresse gesprungen wird. **bal** dient speziell zum Aufruf eines
Unterprogramms. Als Rücksprungbefehl gibt es den unbedingten **br** (*branch register*) Befehl, bei dem zu der Adresse gesprungen wird, die im angegebenen Regi-

ster enthalten ist. Diese Befehle sind zum Beispiel den Perkin-Elmer 32-Bit Systemen nachempfunden. Dort existieren auch alle bedingten *branch register* Befehle mit der in Abschnitt 2.7.1 beschriebenen Maskenlogik.

Für die Übergabe von Parametern gibt es keine allgemein verbindlichen Regeln. Man kann Parameter in Registern, in fest vereinbarten (benannten) Speicherzellen, oder auch über einen Stack übergeben. In Assembler-Programmen entscheidet man sich für eine dieser Methoden und verwendet sie grundsätzlich überall, um die Programme allgemein verwendbar und leichter modifizierbar zu machen. Dabei kann es zweckmäßig sein, daß man sich an die Konventionen des Übersetzers einer höheren Programmiersprache hält, dann kann man möglicherweise Assembler-Routinen von dieser Programmiersprache aus aufrufen und umgekehrt.

Erfahrungsgemäß sind die Konventionen von C – oder auch Fortran – erheblich leichter zu benutzen, als etwa die Verfahren, die ein Pascal-Übersetzer verwenden muß um die Blockstruktur zu verwirklichen. Zusätzlich muß die höhere Sprache natürlich den Aufruf *externer* Routinen sowie separate Übersetzungen erlauben, bevor eine Kombination mit Assembler-Programmen sinnvoll ist.

Wenn von einem Unterprogramm aus andere Unterprogramme aufgerufen werden, muß man die Aufrufkonventionen entsprechend allgemein gestalten. Auf unserer Registermaschine muß zum Beispiel festgelegt werden, welche Register einem Unterprogramm frei zur Verfügung stehen, und welche Register nach einem Aufruf unverändert sein sollen. Im letzteren Fall muß man auch beschließen, ob der Aufrufer oder das Unterprogramm für die Sicherung dieser Registerinhalte verantwortlich sein soll, und in welchem Speicherbereich die Sicherung erfolgt. Das Problem wird entsprechend komplizierter, wenn die Unterprogramme rekursiv aufgerufen werden sollen.

Für eine allgemeine Lösung benutzt man wohl am besten einen Stack, auf dem Parameter übergeben und Registerinhalte oder andere lokale Daten gesichert werden. Das nächste Programmbeispiel zeigt die entsprechenden Vorbereitungen um auf der Registermaschine rekursiv **n!** zu berechnen:

```
* fak.s -- Berechnung von n! -- Register

STACK       equ       40              Worte auf dem Stack

* ------ Register

r14         equ       14              Ruecksprung
sp          equ       15              Stack-Zeiger

* ------ Stack-Belegung

n           equ       0               Parameter von fak()
result      equ       0               Resultat von fak()
```

```
*  ------ Hauptprogramm

start     l          sp,A.stack      Stack aufsetzen
          read       n(sp)           n lesen
          bal        r14,fak         Funktion aufrufen
          print      result(sp)      Resultat zeigen
          leave


*  ------ Daten

          dsf        STACK           Stack (rueckwaerts)
A.stack   dcf        *               Stack-Ende


          end        start
```

Register 15 (**sp**) wird als Stack-Zeiger vereinbart und zeigt entsprechend auf eine Datenfläche. In diesem Beispiel soll der Stack in Richtung auf niedrigere Speicheradressen belegt werden; **sp** zeigt also auf das Ende der reservierten Datenfläche. Wir sind prinzipiell verpflichtet, so zu codieren, daß der Stack nicht überläuft. Dies wurde hier zum besseren Verständnis des Prinzips an sich unterlassen.

Register 14 wird als *link* Register zum Zugriff auf Unterprogramme verwendet.

Der Parameter **n,** für den **n!** berechnet werden soll, wird auf dem Stack, genauer bei **n(sp)**, übergeben; der **read** Befehl legt den entsprechenden Wert dort ab.

n! schließlich wird vom Unterprogramm jeweils wieder auf dem Stack, also bei **result(sp)**, zurückübergeben, und wird folglich später von dort aus gedruckt.

```
*  fak.s -- Berechnung von n! -- Register


*  ------ Register

r0        equ        0               Registerpaar
r1        equ        1               zum Multiplizieren


*  ------ Stack-Belegung

save.r0   equ        n-adc           zum Schutz der Register
save.r1   equ        save.r0-adc
return    equ        save.r1-adc     Ruecksprung
size      equ        n-return+adc    noetiger Platz
```

```
*  ------ Unterprogramm

fak       st       r14,return(sp)  Register sichern
          st       r0,save.r0(sp)
          st       r1,save.r1(sp)
          l        r1,n(sp)        Parameter holen
          bnp      else            if n > 0 then
          s        sp,platz          Platz auf dem Stack
          lr       r0,r1             n-1 auf den Stack
          s        r0,eins
          st       r0,n(sp)
          bal      r14,fak           result = fak(n-1)
          m        r0,result(sp)     * n
          a        sp,platz          Platz freigeben
          b        endif             r1 == n!
else      l        r1,eins         else r1 = n!, also 1
endif     st       r1,result(sp)   Resultat speichern
          l        r1,save.r1(sp)  Register restaurieren
          l        r0,save.r0(sp)
          l        r14,return(sp)
          br       r14             Ruecksprung


*  ------ konstante Daten

eins      dcf      1               Konstante 1
platz     dcf      size            Platz auf dem Stack
```

Das Unterprogramm **fak** findet auf dem Stack bei **n(sp)** seinen Parameter vor. Als erstes müssen, als Konvention, die vom Unterprogramm benutzten Register auf dem Stack in Sicherheit gebracht werden; dabei handelt es sich hier um das Rücksprungregister **r14** und die Register **r0** und **r1**, mit denen im Unterprogramm gerechnet werden soll.[3]

Wie im Anhang B genauer ausgeführt wird, belegt das Resultat des **mul** Befehls bei unserer Registermaschine *zwei* aufeinanderfolgende Register; das erste davon wird im Befehl angegeben, muß *geradzahlig* sein und enthält nach dem **mul** Befehl die linken (hohen) Bits des Produkts. Das zweite Register enthält zuerst einen Multiplikanden und später die rechten (niedrigen) Bits des Resultats. Wir gehen stillschweigend davon aus, daß **n!** immer in diesem zweiten Register dargestellt werden kann.

Sind die Register entsprechend gesichert, wird **n!** entweder direkt bewertet, falls **n< = 0** gilt, oder es ist (einem bösen Beispiel zuliebe!) ein rekursiver Aufruf nötig. Im

---

[3] *nad* überwacht (leider), daß keine Zugriffe auf undefinierte Flächen gemacht werden. Damit das vorliegende Programm korrekt abläuft, muß man im Hauptprogramm diese Register initialisieren, obgleich sie eigentlich dort nicht gebraucht werden.

letzteren Fall muß **n − 1** als neuer Parameter entsprechend in einen neuen Bereich auf den Stack gebracht werden. Dann kann der rekursive Aufruf sofort erfolgen, weil eine einwandfreie Disziplin zur Benutzung der Register eingehalten wurde.

Nach dem rekursiven Aufruf steht **(n − 1)!** auf dem Stack zur Verfügung, der alte Parameterwert **n** in **r1** ist dank unserer Disziplin beim Sichern der Register noch unbeschädigt, und wir können multiplizieren.

Ob nun rekursiv aufgerufen wird oder nicht, zum Schluß befindet sich das Resultat **n!** im Register **r1** und kann in die entsprechende Position auf den Stack gebracht werden. Die gesicherten Register müssen wieder restauriert werden, und das Unterprogramm kann mit einem Sprung über das Rücksprungregister **r14** beendet werden.

Die Verwendung der Stack-Elemente wird durch entsprechende **equ** Anweisungen erläutert. Wir verwenden als Invariante, daß der Stack-Zeiger **sp** jeweils vom Aufrufer für das Unterprogramm auf den Beginn der für das Unterprogramm vorgesehenen Fläche eingestellt wird. Bei einer Maschine wie der Digital Equipment PDP-11, bei der bei Interrupts von der Hardware direkt auf den Stack zugegriffen wird, ist diese Invariante nicht zweckmäßig: hier sollte **sp** immer auf eine *verfügbare* Zelle zeigen.

Fassen wir zusammen: zum Aufruf und Rücksprung von Unterprogrammen gibt es im allgemeinen spezielle Maschinenbefehle. In Assembler-Programmen muß man darüber hinaus Methoden zur Übergabe von Parametern und Resultaten sowie Regeln zur Sicherung von Registern und anderen wichtigen Daten entwickeln und durchhalten. Insbesondere bei rekursiv verwendeten Unterprogrammen setzt man zweckmäßigerweise eine Stack-Disziplin ein und übergibt Parameter (Werte oder auch Adressen) auf dem Stack. Man sollte nicht übersehen, daß auch die Rücksprungadresse ein (impliziter) Parameter ist, der entsprechend übergeben und gesichert werden muß.

2.9   Funktionsweise eines Assemblers

Der Assembler liest ein Assembler-Programm im allgemeinen zweimal. Im ersten Durchgang müssen alle Namen bewertet werden, damit im zweiten Durchgang mit dieser Information dann die endgültigen Bit-Muster für die Maschinenbefehle und initialisierten Speicherzellen konstruiert werden können.

Im ersten Durchgang wird prinzipiell die Länge aller Maschinenbefehle und Speicherdefinitionen festgestellt. Gleichzeitig werden alle Namen zusammen mit den dafür definierten Werten in eine Symboltabelle eingetragen. Die Länge eines Maschinenbefehls ergibt sich entweder eindeutig aus der Operation, oder durch Betrachtung *aber nicht exakte Bewertung* seiner Parameter; die Länge einer Speicherdefinition *muß* sich aus den Parametern ergeben. Hieraus resultiert, daß zum Beispiel die Parameter der **dsf** Anweisungen im ersten Durchgang bewertet werden müssen, und folglich nur von bereits definierten Marken abhängen können. Analog werden von *nad* auch alle **equ** Anweisungen im ersten Durchgang bewertet.

Am Ende des ersten Durchgangs darf die Symboltabelle keine benutzten aber nicht definierten Namen enthalten. Bei manchen Assemblern, vor allem bei den Digital Equipment PDP-11 Minicomputern, gibt es die gefährliche Regel, daß solche Namen dann stillschweigend *extern* vereinbart werden. Dieser Aspekt bleibt in dieser groben Skizze unberücksichtigt.

Im zweiten Durchgang werden die Bit-Muster für die einzelnen Maschinenbefehle einer geeigneten Tabelle entnommen. Die Parameter können jetzt exakt bewertet und mit den Bit-Mustern zusammengefügt werden. Vorsichtshalber kontrolliert der Assembler dabei nochmals alle Markendefinitionen: falls mehrfach definierte **equ** Namen erlaubt sind, könnten sich bei unsauberer Codierung zwischen den beiden Durchgängen *Phasenfehler*, d.h., Differenzen in den Werten von Namen und eventuell davon abhängenden Längen von Speicherflächen einschleichen.

Bei den Perkin-Elmer 32-Bit Systemen besteht manchmal die Möglichkeit, je nach Wert der Parameter verschieden lange Maschinenbefehle zu codieren. Wenn der Assembler selbstständig eine optimale Wahl treffen soll, sind möglicherweise weitere Durchgänge – oder wenigstens Markenbewertungen – erforderlich, bei denen die relevanten Befehle so lange verkürzt werden, bis ein stabiler Zustand erreicht wird.

Das Protokoll der Assembler-Übersetzung enthält typischerweise die konstruierten Bit-Muster zusammen mit den Adressen, bei denen diese Bit-Muster abgelegt werden. Ein solches Protokoll kann deshalb erst im zweiten Durchgang ausgegeben werden. Findet der zweite Durchgang gar nicht statt – zum Beispiel, weil im ersten Durchgang bereits viele Syntaxfehler gefunden wurden – so würde kein Protokoll erzeugt werden; *nad* produziert daher ein Protokoll im ersten Durchgang, das aber die Bit-Muster nicht enthält.

2.10 Ausblick

In diesem Kapitel wurden die wichtigsten Techniken zur Assembler-Programmierung vorgestellt. Gebräuchliche Computer verfügen über wesentlich mehr Maschinenbefehle, manipulierbare Datenformate und dadurch bedingte Konstanten und Speicherdefinitionen als die hier diskutierten Maschinenmodelle. Der Lernaufwand für Assembler ist folglich im speziellen Fall erheblich höher, als das hier scheinen mag.

In diesem Kapitel wurden die Eigenschaften eines *absoluten* Assemblers besprochen, wie er heute etwa auf vielen 'Heimcomputern', insbesondere im CP/M Betriebssystem, verfügbar ist. Ein wesentlicher Gesichtspunkt wird dadurch nicht diskutiert: gerade Assembler-Programme bestehen im allgemeinen aus vielen Programmteilen, die einzeln übersetzt und erst später zu einem lauffähigen Programm verbunden werden.

Mit bösartigen Tricks, wie dem bewußten Überlagern von getrennt übersetzten Programmteilen im Speicher, meist unter Verwendung einer **org** Anweisung, mit der der Programmzähler der Assembler-Übersetzung direkt beeinflußt werden kann, kann man zwar auch Programmteile unter einem absoluten Assembler verbinden.

Einfacher ist jedoch die Verwendung eines Assemblers, der *relocatable objects* erzeugt, also die übersetzten Bit-Muster zusammen mit Hinweisen, wo und wie die darin enthaltenen Adreßdaten gegebenenfalls noch zu modifizieren sind. Ein spezieller *linking loader* dient dann dazu, die Programmteile zu verbinden, und die entsprechenden Adreßkorrekturen vorzunehmen. Je nach den Möglichkeiten dieses Ladeprogramms ergeben sich aber Einschränkungen, wie weit Namen als Textpositionen in den arithmetischen Ausdrücken im Assembler kombiniert werden können. Zusätzlich gibt es dann Möglichkeiten, Namen in einer Übersetzung zu vereinbaren und in einem separat übersetzten Programmteil zu benutzen.

Alle diese fortgeschrittenen Details der Assembler-Programmierung sind leider von Maschine zu Maschine und sogar innerhalb verschiedener Betriebssysteme auf derselben Maschine kaum übertragbar. Erfreulicherweise gibt es heute Möglichkeiten zur systemnahen Programmierung, die übertragbar sind, und die keine umfassenden Kenntnisse einer einzigen, spezifischen Assembler-Umgebung mehr voraussetzen. Dies wird in den folgenden Kapiteln ausführlich behandelt.

Kapitel 3: Programmierung mit Makros

3.1   Begriffe und Einsatzgebiete

In einem Programmiersystem versteht man unter einem Makro eine benannte Reihe von Anweisungen. Die Angabe des Makronamens, ein Makroaufruf, ist dann selbst eine Anweisung und äquivalent zur Angabe der Anweisungen aus der Definition des Makros.

Ein Makro gleicht damit einem Unterprogramm in einer Programmiersprache: beide sind Zusammenfassungen von Anweisungen. Im Gegensatz zum Unterprogrammaufruf wird ein Makroaufruf jedoch durch die in der Makrodefinition angegebenen Anweisungen ersetzt, das heißt, der definierte Text wird nicht nur mehrfach benutzt, sondern ist auch mehrfach vorhanden. Wird ein Programm mit Makroaufrufen an Stelle von Unterprogrammaufrufen formuliert, so führt dies normalerweise zu einer kürzeren Ausführungszeit bei gleichzeitig höherem Platzbedarf.

Makros sind oft parametrisiert. Beim Aufruf des Makros werden Texte als Argumentwerte übergeben. Diese Texte verändern dann normalerweise die Anweisungen, die an die Stelle des Makroaufrufs treten, etwa durch Einbettung der Texte selbst, oder durch bedingte Auswahl aus mehreren Anweisungen.

Allgemein ist ein Makroprozessor ein System zur Textverarbeitung, bei dem die Kommandos zur Textänderung in den zu bearbeitenden Text eingebettet sind. In einer Makrodefinition werden Kommandos und Text zusammengefaßt, möglicherweise parametrisiert, und benannt. Der so definierte Makro kann anschließend wie ein Kommando benutzt werden.

Eine Makrosprache, als Eingabeformat für einen Makroprozessor, muß anfangs eigentlich nur Möglichkeiten zur Definition und zum Aufruf von Makros besitzen. Zusätzlich nützlich sind einige vordefinierte Makros für arithmetische Operationen, zur String-Verarbeitung und zur Auswertung von Bedingungen. Durch die Definition von Makros kann der Benutzer die Makrosprache für seine jeweilige Anwendung selbst erweitern und einrichten.

Makroprozessoren werden oft zur Erweiterung der Syntax von Programmiersprachen eingesetzt, indem ein Makroprozessor in den Übersetzer für eine Programmiersprache integriert wird. Beispiele hierfür findet man im C Compiler *cc* (siehe Kapitel 4), in den UNIX Textformatierern *nroff* und *troff*, in manchen PL/I Compilern und in den meisten Assemblern. Gerade die Assembler-Programmierung wird entscheidend vereinfacht – und modifikationsfreundlicher – wenn häufig vorkommende Code-Folgen mit Hilfe von standardisierten Makros erzeugt werden.

Man kann einen Makroprozessor auch einem anderen Übersetzer einfach vorschalten, das heißt, der Übersetzer erhält als Eingabe die Ausgabe eines Makroprozessors. Dies hat den Vorteil, daß der gleiche Makroprozessor mit verschiedenen Übersetzern und Sprachen eingesetzt werden kann. Ein solcher unabhängiger Makroprozessor ist jedoch ein reines Textverarbeitungssystem, und muß gut entworfen sein, wenn seine Makrotechniken mit der Programmiersprache für den nachfolgenden Übersetzer harmonieren sollen.

Makroprozessoren, die in einen Assembler integriert sind, stellen üblicherweise sprachspezifische Information in einer Makrodefinition zur Verfügung. Man kann zum Beispiel feststellen, ob ein Makroargument eine Zahl oder ein Symbol ist, und ob ein Symbol als Argument einen Maschinenbefehl, einen Makroaufruf, eine Speicherfläche oder ein initialisiertes Datenwort markiert, etc. Diese sprachspezifische Information wird ein unabhängiger Makroprozessor nicht von sich aus liefern.

Die folgenden Abschnitte demonstrieren typische Anwendungen eines Makroprozessors in Assembler-Programmen. Wir verwenden dazu den *m4* Makroprozessor [Ker77a], der auch unserem *nad* Assembler vorgeschaltet werden kann. *m4* ist in C implementiert und steht in UNIX Version 7 zur Verfügung. Anhang D beschreibt *m4* im Detail. In UNIX Version 6 und auf jedem System, das Fortran unterstützt, könnte man auch Hall's *m6* Makroprozessor [Hal75a] verwenden. Im hier benötigten Umfang unterscheiden sich diese Systeme nur in kosmetischer Hinsicht.

m4 ist ein kleines, aber sehr vielseitiges System, das zwar eigentlich zur Verwendung mit Sprachen wie Pascal oder C konzipiert wurde, das aber – wie diese Beispiele zeigen – durchaus auch mit einem Assembler eingesetzt werden kann. Gegenüber einem integrierten Makroprozessor wie beim IBM System/360 oder Digital Equipment PDP-11 Assembler, oder einem Assembler-orientierten, vorgeschalteten Makroprozessor wie dem CALMAC/32 Prozessor der Perkin-Elmer 32-Bit Systeme, hat *m4* den Vorteil eines erheblich kleineren Sprachumfangs sowie wesentlich allgemeinerer Techniken zur Makroprogrammierung. Durch die breite Verfügbarkeit von UNIX, beziehungsweise C, ist *m4* relativ weit verbreitet.

Im nächsten Kapitel wird am Beispiel des C Preprozessors gezeigt, wieviel Flexibilität im Umgang mit einer höheren Programmiersprache bereits mit einem sehr primitiven Makroprozessor gewonnen werden kann. Der C Preprozessor ist in den C Compiler *cc* integriert und erlaubt praktisch nur parametrisierten Textersatz.

3.2 Definition von Konstanten

Ein Makroprozessor kann primär an Stelle von Makronamen beliebige Texte einfügen. Eine sehr einfache Anwendung dieser Fähigkeit ist die zentrale Definition von Konstanten in einem Programm.

```
* stack.2 -- Stack-Manipulationen -- 2-Adress

define(LENGTH,40)*               Elemente im Stack
define(SIZE,5)*                  Worte in einem Element
```

```
*  ------ Daten

stack     dsf       SIZE*LENGTH      Speicherflaeche
top       dcf       stack            -> Freiplatz
          dsf       SIZE*LENGTH      Speicherflaeche

from      dsf       1                -> copy Quelle
to        dsf       1                -> copy Ziel
wdsize    dcf       adc              Speicher per Datenwort
elsize    dcf       adc*SIZE         Speicher per Element
A.top     dcf       top              Adresskonstanten
A.stack   dcf       stack

*  ------ Parameter fuer push und pop

parm      dsf       1                -> SIZE Worte
error     dsf       1                Sprung bei Fehler
return    dsf       1                Ruecksprung
temp      dsf       1                Hilfszelle

*  ------ Unterprogramme

push      move      temp,top         zeigt top noch...
          sub       temp,A.top       ...in den Stack?
          bnm       (error)          nein: Stack voll
          move      from,parm        ja: Element...
          move      to,top           ...auf den Stack
          add       top,elsize       top -> Freiplatz
          b         copy

pop       move      temp,top         zeigt top noch auf...
          sub       temp,A.stack     ...den Stack-Anfang?
          bnp       (error)          ja: Stack leer
          sub       top,elsize       nein: Stack verkuerzen
          move      from,top         vom Stack nach...
          move      to,parm          ...Element kopieren

copy      move      temp,=SIZE       SIZE Worte...
repeat    move      (to),(from)
          add       to,wdsize
          add       from,wdsize
          sub       temp,=1
          bp        repeat           ...kopieren
          b         (return)
```

Es geht hier um die Implementierung einer Stack-Disziplin, bei der Objekte einer gewissen Größe auf einem Stack für eine bestimmte Anzahl solcher Objekte verwaltet werden. Am Anfang des Programmtexts wird vereinbart, daß die Worte **LENGTH** und **SIZE**, die die Stack-Länge und die Objektgröße in einem konkreten Fall festlegen, im weiteren Verlauf durch die Werte 40 und 5 ersetzt werden sollen. Anschließend können diese Worte, die Makronamen, verwendet werden, als ob sie Zahlenwerte wären – bevor *nad* diese Unterprogramme übersetzt, wird *m4* ja tatsächlich die Ersetzung der Makronamen durch die Zahlenwerte vornehmen, das heißt, die Makroaufrufe bewerten.

In dieser Form haben Makrodefinitionen, also Aufrufe des **define** Makros, fast den gleichen Effekt wie **equ** Assembler-Anweisungen: für Namen werden Werte vereinbart. Ein kleiner Unterschied zeigt sich im **move** Befehl bei der Marke **copy**: nur wenn **SIZE** durch einen Zahlenwert ersetzt wird, ist dieser Befehl sinnvoll; wenn **SIZE** mit einer **equ** Anweisung vereinbart wird, hat der **move** Befehl einen illegalen Parameter – **SIZE** kann nicht gleichzeitig durch **equ** und als Name einer temporären Speicherzelle definiert werden.

In Assembler-Programmen sollte man alle verwendeten Konstanten unbedingt benennen. Dies kann entweder mit Hilfe von **equ** Anweisungen im Assembler selbst, oder mit Hilfe dieser einfachen Makrodefinitionen geschehen. Die Verwendung von Makrodefinitionen ist besonders dann sinnvoll, wenn man die Tatsache ausnutzen möchte, daß es sich bei den Konstanten wirklich um Zahlenwerte handelt. Außerdem erscheinen die Makroaufrufe nicht als solche in einer vom Assembler produzierten Verweisliste, oder etwa im Speicherauszug von *nad*.

Wie später angesprochen wird, hat *m4* auch ein bequemes und vollständiges Repertoire an arithmetischen Operationen. Wenn komplizierte Rechnungen mit Konstanten nötig sind, können diese in *m4* Makros leichter formuliert werden, als mit der etwas archaischen Semantik von *nad*.

3.3   Funktionsweise eines Makroprozessors

Betrachten wir nochmals unser Programmbeispiel. *m4* ist zur Verwendung mit einer höheren Programmiersprache vorgesehen, die Makroaufrufe gleichen folglich den Aufrufen von Unterprogrammen. Makronamen erinnern an Identifier, sie sind möglichst lange Worte, die mit einem Buchstaben[1] beginnen und aus Buchstaben und Ziffern bestehen. Eine gewisse Anzahl von Makros, darunter der **define** Makro, ist im *m4* Makroprozessor bereits vordefiniert. *Alle* Makros (auch die vordefinierten!) können beliebig oft neu definiert oder auch gelöscht werden.

Der **define** Makro dient dazu, Makronamen und Ersatztexte zu vereinbaren. Der erste Parameter ist der Makroname, der zweite Parameter ist der Ersatztext. **define** selbst hat keinen Ersatztext.

---

[1]   Als Buchstabe betrachtet *m4* auch den Unterstrich _.

m4 ersetzt alle bekannten Makronamen durch den jeweils gerade vereinbarten Ersatztext. Wenn einem Makronamen unmittelbar eine linke Klammer folgt, so wird eine Liste von Argumenttexten, durch Komma getrennt und abgeschlossen mit einer rechten Klammer, zusammen mit dem Makronamen ersetzt. In unserem Beispiel folgen deshalb den Aufrufen von **define** jeweils Kommentare, die mit einem ✳ Zeichen beginnen. Nach Ersatz der **define** Aufrufe befindet sich ✳ am Anfang der resultierenden Zeile und es entsteht die korrekte Syntax für eine *nad* Kommentarzeile. Aus ähnlichen Überlegungen heraus enthalten die im Zusammenhang mit *nad* definierten Ersatztexte sehr oft **ds 0** Anweisungen, etwa um Kommentare nach dem Makroaufruf oder sowohl eine Marke als auch Zwischenraum vor dem Makroaufruf zu erlauben. In den Argumenttexten werden führende Zeilentrenner und Zwischenraumzeichen ignoriert.

Jeder Ersatztext wird nochmals als Eingabe behandelt. Analog zu Unterprogrammaufrufen werden auch Makroaufrufe während der Berechnung von Argumenten erkannt und bearbeitet. Dies hat den Effekt, daß ein Makro nicht ohne weiteres neu definiert oder mit dem vordefinierten **undefine** Makro gelöscht werden kann:

```
define(  name,     text)
define(  name,     neuer Text)
undefine(name)
```

Der zweite Aufruf von **define** definiert hier einen Makro mit Namen **text**, und der Aufruf von **undefine** versucht schließlich den nicht existenten (und nicht korrekt benannten) Makro **neuer Text** zu löschen, weil die Makronamen in den Argumenten erkannt und entsprechend ersetzt werden!

Derartige Probleme löst man mit Hilfe von *Strings*, beliebigen Texten, die von String-Klammern, ` und ´, umgeben sind. String-Klammern können ebenso wie Parameterklammern verschachtelt werden. *m4* entfernt jeweils nur das äußerste Paar String-Klammern in der Eingabe und insbesondere in den Argumenten eines Makroaufrufs, und bearbeitet dann aber einen String nicht weiter. Das oben angeführte Beispiel muß also wie folgt korrigiert werden:

```
define(  `name´,   `text´)
define(  `name´,   `neuer Text´)
undefine(`name´)
```

Makronamen und Ersatztexte sollten im allgemeinen als Strings angegeben werden, um Unfälle zu vermeiden.

3.4 Standards und Makrobüchereien

Bei einer Registermaschine verwendet man üblicherweise einheitliche Namen an Stelle von Zahlen zur Kennzeichnung der Register. Wenn diese Namen nicht im Assembler vordefiniert sind, muß der Programmierer sie jeweils als Konstanten vereinbaren.

Ein solcher Programmierstandard ist natürlich erheblich leichter mit einem **BEGIN** Makro durchzusetzen, der grundsätzlich am Anfang eines Programms aufgerufen werden muß. Je nach Vereinbarung könnte ein solcher Makro auch zum Beispiel den Namen des Programmautors, ein Revisionsdatum, ein Copyright oder ähnliche Information in das übersetzte Programm einfügen.

```
* using  divert(-1)                 Ausgabe unterdruecken


Makros fuer Programmierstandards


[marke]  BEGIN      [comment]        am Programm Anfang


define(  BEGIN,
         `ds        0
r0       equ        0                Registernamen
r1       equ        1
          .

          .

          .
r15      equ        15               ')


         divert     m4
```

Allgemein setzt man Programmierstandards am besten mit Hilfe von Makros durch, die per Konvention an bestimmten Stellen eines Programms oder für bestimmte Aktionen aufgerufen werden müssen.

Ein solches Vorgehen wird dadurch begünstigt, daß Makroprozessoren normalerweise Makrobüchereien bearbeiten können; das heißt, daß solche öffentlichen Makros einheitlich für eine Computer-Installation oder ein Programmierprojekt aus einer öffentlichen Datei zur Verfügung gestellt werden können.

Der *m4* Prozessor hat einen sehr primitiven Büchereimechanismus: er kann seine Eingabe nacheinander aus mehreren Dateien holen. Dabei enthält die *letzte* Eingabedatei üblicherweise das Assembler-Programm, und in den anderen Dateien stehen öffentliche und private Makrodefinitionen.

Wenn *m4* durch *nad* aufgerufen wird, liest *m4* zunächst eine öffentliche Datei, in der in unserer UNIX Installation die in diesem Kapitel besprochenen Makrodefinitionen stehen.

Der **BEGIN** Makro ist ein Teil einer solchen *m4* Makrobücherei. Je nach Anordnung der **define** Makros kann eine solche Makrobücherei eine große Zahl von Leerzeilen als Ersatztext verursachen. Um dies zu verhindern, wird hier durch den Aufruf **divert(−1)** eine Ausgabe als Resultat der Bearbeitung der Makrobücherei unterdrückt. **divert** dient dazu, die Ausgabe von *m4* zu unterdrücken oder in eine von neun temporären Dateien zu lenken. Am Schluß der Bücherei stellt der Aufruf **divert** wieder normale Verhältnisse her. Dies hat den erfreulichen Effekt, daß in der Bücherei außerhalb der Makrodefinitionen ohne Rücksicht auf Assembler-Konventionen kommentiert werden kann, da dieser Kommentar nicht in der Ausgabe von *m4* erscheint. Bei unserem Beispiel bleibt von der Bearbeitung der Bücherei gerade die Zeile

```
* using m4
```

als Ausgabe übrig.

3.5   Ersatz von Befehlen

Bei unserer Registermaschine kann als rechter Operand eines Maschinenbefehls nur ein Register oder eine Indexadresse angegeben werden. Die Perkin-Elmer 32-Bit Systeme verfügen zusätzlich über *immediate mode* Maschinenbefehle, bei denen als rechter Operand eine Konstante verwendet wird, die dann an Stelle der Adresse im Befehl selbst steht:

```
li        r10,1234
```

Im *nad* Assembler kann ein ähnlicher Effekt mit dem Befehl

```
l         r10,=1234
```

erreicht werden; dabei wird allerdings auf ein Datenwort verwiesen, das der Assembler am Programmende reservieren und initialisieren muß. Die entsprechende Syntax existiert nur im *nad* Assembler, nicht aber im CAL/32 Assembler oder im *as* Assembler des Perkin-Elmer 32-Bit UNIX Systems.

Man kann trotzdem Assembler-Programme schreiben, die die jeweilige Idee der *immediate mode* verwenden und die von beiden Assemblern übersetzt werden können. Die Definition

```
define(  `loadi',
         `ifdef(`nad',
                `l        $1,=$2',
                `li       $1,$2')')
```

ist so konstruiert, daß der Aufruf

```
loadi(r10,1234)
```

durch genau einen der beiden **load** Befehle ersetzt wird, je nachdem ob ein Makro **nad** definiert ist oder nicht.

Man sieht hier gewisse Grenzen, die der Symbiose von *m4* und einem Assembler wie *nad* gesetzt sind: **loadi** soll einen Maschinenbefehl darstellen, ist aber ein Makroaufruf. In einem Assembler-orientierten Makroprozessor würde der Aufruf eines **loadi** Makros auch syntaktisch einem Maschinenbefehl gleichen. *m4* erzwingt hier eine völlig andere, charakteristische Syntax.

loadi wird mit zwei Argumenten aufgerufen, den Operanden des zu erzeugenden Maschinenbefehls. Im Ersatztext eines Makros werden die Worte **$1** bis **$9** durch die Argumentwerte in der entsprechenden Position des Aufrufs (oder auch durch leere Strings) ersetzt.

Der Makro **ifdef** stellt fest, ob der bei seinem Aufruf als erstes Argument angegebene Makroname definiert ist oder nicht. In Abhängigkeit davon gilt dann das zweite oder dritte Argument als Ersatztext von **ifdef**.

In unserem Beispiel müßte man einen Makro **nad** (mit beliebigem Ersatztext) definiert haben, damit der Aufruf von **loadi** einen für den *nad* Assembler geeigneten Maschinenbefehl liefert. Ein **nad** Makro darf *nicht* definiert sein, wenn der *as* Assembler benutzt werden soll.

Unser Beispiel illustriert, wie man sich ein Repertoire scheinbar zusätzlicher Maschinenbefehle durch entsprechende Makrodefinitionen schaffen kann. Wenn man die Makrodefinitionen dann noch von gewissen Bedingungen abhängig macht, gleicht man auf diese Weise kleinere Unstimmigkeiten zwischen verschiedenen Maschinen oder verschiedenen Assemblern sehr leicht aus.

Man kann mit dieser Technik auch die Befehle einer Maschine auf einer völlig anderen Maschine nachbilden, und erhält so mit geringem Aufwand die *Emulation* einer Maschine zusammen mit einem Assembler für die neuen Maschinenbefehle. Das Verfahren führt jedoch leicht zu einem großen Platzbedarf für die Programme der emulierten Maschine. Außerdem ersetzt ein unabhängiger Makroprozessor Makroaufrufe in beliebigem Kontext; dies macht die Fehlersuche in Assembler-Programmen mit Makros im allgemeinen etwas schwieriger.

3.6 Schnittstellen

Assembler-Programme benutzen sehr oft die Leistungen externer Unterprogramme oder des Betriebssystems. Die Aufrufe solcher Dienstleistungen sind oft kompliziert

und sollten deshalb möglichst mit Hilfe von (öffentlichen) Makros formuliert werden. Wir illustrieren dies mit einem **Call** Makro zum Aufruf der früher besprochenen **push** und **pop** Unterprogramme.

Makro Definition:

```
define( `Call',
          `move       parm,A.ele
           move       error,A.err
           move       return,A.ret
           b          $1
A.ele      dcf         $2              -> Element
ifelse($3,,
          `A.err      dcf         *+adc          -> Standard Fehlerroutine:
           dump                                   Speicherauszug
           leave                                  Abbruch',
          `A.err      dcf         $3              -> Benutzer Fehlerroutine')
A.ret      dcf         *+adc          -> Ruecksprung')
```

Makro Aufruf:

```
          Call(push,objekt)
                .
                .
                .
objekt    dcf         1,2,3,4,5
```

Ersatztext:

```
          move       parm,A.ele
          move       error,A.err
          move       return,A.ret
          b          push
A.ele     dcf         objekt          -> Element
A.err     dcf         *+adc           -> Standard Fehlerroutine:
          dump                                 Speicherauszug
          leave                                Abbruch
A.ret     dcf         *+adc           -> Ruecksprung
```

Der Makro hat zwei Parameter, den Namen des gewünschten Unterprogramms sowie die Textposition des Objekts, das auf den Stack gebracht werden soll, oder eine Textposition, bei der ein Objekt vom Stack gespeichert werden soll. Ein dritter Parameter ist die Adresse einer Routine, die im Fehlerfalle (Stack voll oder leer) angesprungen werden soll; fehlt dieser dritte Parameter, so wird die Programmausführung mit einem Speicherauszug abgebrochen.

ifelse ist ein vordefinierter Makro, mit dem zwei Texte, die ersten beiden Parameter von **ifelse**, verglichen werden können. Sind die Texte gleich, ist der dritte Parameter der Ersatztext für **ifelse**; andernfalls ist der vierte Parameter der Ersatztext. Wir benutzen hier **ifelse** dazu, eine Standardfehlerroutine einzufügen, falls beim Aufruf von **Call** kein drittes Argument angegeben wurde.

Der hier vorgestellte **Call** Makro hat einen entscheidenden Fehler: er kann nur einmal benutzt werden, da er bei jedem Aufruf die gleichen Symbole als Marken definiert! Wenn ein Makro Symbole benötigt, die nur eine lokale Bedeutung innerhalb des Makros besitzen, muß man entweder verlangen, daß eindeutige Symbole zu diesem Zweck als Argument des Makros angegeben werden, oder man muß im Makro selbst eindeutige Symbole erzeugen. Das erste Verfahren ist für den Benutzer der Makros recht unbefriedigend; Makroprozessoren bieten deshalb gewöhnlich eine Möglichkeit zur Generierung eindeutiger Texte. Eine Lösung für den *m4* Makroprozessor wird im nächsten Abschnitt erläutert.

3.7   Makros als Variablen

Mit dem **define** Makro werden für Makronamen Ersatztexte vereinbart. Dabei kann für einen Namen beliebig oft ein neuer Text vereinbart werden. **define** spielt damit die Rolle der Zuweisung in einer Programmiersprache, und Makros können als Variablen aufgefaßt werden, die jeweils gewisse Textwerte besitzen.

Wir illustrieren diese Idee mit zwei Lösungen zum Problem der Generierung eindeutiger Symbole. Die Definition

```
define(`sym´,`@´)
```

vereinbart ein erstes Symbol **sym** mit Wert @. Jede weitere Definition

```
define(`sym´,`@´sym)
```

erzeugt ein neues Symbol **sym**, das aus entsprechend immer mehr Zeichen @ besteht.

Charakteristisch für diese Technik ist, daß ein *Aufruf* des Makros **sym** in der *Definition* des Ersatztextes von **sym** vorkommt; dies entspricht Anweisungen wie

```
sym = sym + 1
```

Vereinbart man etwa, daß Symbole dieser Form nur in Makros benutzt werden, so kann man auf diese Weise beliebig viele eindeutige Symbole konstruieren, die nicht mit anderen Symbolen in Konflikt kommen können.

Die Symbole sind dann allerdings auch beliebig lang. Es ist vernünftiger, solche Symbole als Kombination von beliebigen, aber für diesen Zweck reservierten Zeichen und einer jeweils nach ihrem Zahlenwert eindeutigen Ziffernkette zu konstruieren.

Der in *m4* vordefinierte **incr** Makro erwartet eine Ziffernkette als Parameter. Der Ersatztext ergibt sich als Ziffernkette, die den um eins vergrößerten Wert des Parameters, jeweils dezimal, darstellt. Der folgende **NewLab** Makro, aus unserer *nad/m4* Bücherei, liefert bei jedem Aufruf ein eindeutiges Symbol, das jeweils aus dem Zeichen @ besteht, dem eine eindeutige Zahl folgt:

```
define( Clab,    0)
define( Lab,     `@Clab')
define( NewLab, `define(`Clab',incr(Clab))Lab')
```

Clab dient dabei als Zähler, der durch die Makrodefinition im Ersatztext von **NewLab** bei jedem Aufruf von **NewLab** vergrößert wird. **Lab** liefert das jeweils aktuelle Symbol und kontrolliert dabei das Format aller dieser erzeugten Symbole, denn auch **NewLab** definiert zunächst den neuen Zählerwert und benutzt dann **Lab** um das zugehörige neue Symbol als Ersatztext zu liefern.

Wenn ein Makro mehrere eindeutige Symbole benötigt, können diese auch durch Anfügen von Text an einen Aufruf von **NewLab**, beziehungsweise **Lab**, erzeugt werden, etwa **NewLab.A Lab.B**, usw. Die Tatsache, daß . und @ nur von *nad* aber nicht von *m4* als Buchstaben betrachtet werden, ist dabei natürlich wesentlich. Unser **Call** Makro kann jetzt folgendermaßen verbessert werden:

```
define( `Call',
            `move        parm,NewLab.el
             move        error,Lab.er
             move        return,Lab.re
             b           $1
Lab.el   dcf            $2                    -> Element
ifelse($3,,
`Lab.er  dcf            *+adc                 -> Standard Fehlerroutine:
             dump                                 Speicherauszug
             leave                               Abbruch',
`Lab.er  dcf            $3                    -> Benutzer Fehlerroutine')
Lab.re   dcf            *+adc                 -> Ruecksprung')
```

Mehrere Makroaufrufe

```
* erster Aufruf
        Call(push,objekt)
* zweiter Aufruf
        Call(pop,objekt,fehler)
        .

      .   .

        .
objekt   dcf          1,2,3,4,5
```

sind jetzt möglich; die Ersatztexte enthalten eindeutig definierte Symbole:

```
* erster Aufruf
        move        parm,@1.el
        move        error,@1.er
        move        return,@1.re
        b           push
@1.el   dcf         objekt          -> Element
@1.er   dcf         *+adc           -> Standard Fehlerroutine:
        dump                            Speicherauszug
        leave                           Abbruch
@1.re   dcf         *+adc           -> Ruecksprung
* zweiter Aufruf
        move        parm,@2.el
        move        error,@2.er
        move        return,@2.re
        b           pop
@2.el   dcf         objekt          -> Element
@2.er   dcf         fehler          -> Benutzer Fehlerroutine
@2.re   dcf         *+adc           -> Ruecksprung
```

Man kann Makros sogar fast wie Vektorelemente benutzen, zum Beispiel um einen Stack für Texte zu implementieren. In unserer Bücherei geschieht das wie folgt:

```
define(  Top,        0)
define(  PushTop,    `define(`Top',incr(Top))Top')
define(  PopTop,     `define(`Top',decr(Top))incr(Top)')
define(  decr,       `eval($1-1)')
```

Top ist ein Zähler, der bei jedem Aufruf von **PushTop** vergrößert und dann als Ersatztext geliefert wird. Entsprechend liefert **PopTop** den aktuellen Wert des Zählers und verringert außerdem den Zähler selbst. Technische Feinheiten bedingen, daß der Zähler zuerst verringert wird, so daß als Ersatztext der nochmals vergrößerte aktuelle Wert geliefert werden muß. In jedem Fall müssen **PushTop** und **PopTop** natürlich komplementär definiert sein.

Ein **decr** Makro ist in *m4* leider nicht vordefiniert. Wir benutzen daher den aufwendigeren, aber vordefinierten **eval** Makro, der eine ziemlich beliebige Formel als Parameter akzeptiert und bewertet.

Der entscheidende Trick ist jetzt, **PushTop** und **PopTop** praktisch als Indizes in eine Liste von Makros zu verwenden, die dann den eigentlichen Speicherbereich für den gewünschten Text-Stack bildet:

```
define(  Push,      `define(`St_'PushTop,$1)')
```

Ein Aufruf **Push(text)** vergrößert, via **PushTop**, den Zähler **Top**, und weist dann sein Argument **text** einem Makro **St_***i* als Ersatztext zu, wobei *i* gerade der (neue) aktuelle Wert des Zählers **Top** ist. **Push** selbst hat keinen Ersatztext.

Wir können die Text-Stack-Elemente mit dem folgenden Makro **St** wie einen Vektor betrachten; zum Beispiel ist **St(Top)** jeweils das zuletzt mit **Push** gespeicherte Element:

```
define(   St,           `St_$1')
```

Wenn wir dabei **Top** durch **PopTop** ersetzen, wird der Text-Stack entsprechend wieder abgeräumt; Aufrufe des folgenden Makros **Pop** liefern die mit **Push** abgespeicherten Elemente in umgekehrter Reihenfolge:

```
define(   Pop,          `St(PopTop)')
```

Man könnte die Elemente mit **undefine** auch noch löschen um Speicherplatz zu sparen. Der Stack kann aber ohnedies nur überlaufen, wenn *m4* seinen gesamten freien Speicherplatz verbraucht hat. Man beachte, daß diese Definition von **Pop** stillschweigend Unsinn produziert, wenn nicht genügend **Push** Aufrufe voraus gegangen sind!

Die Definition von **Pop** zeigt übrigens, daß man sehr genau beachten muß, wie oft ein Ersatztext noch von *m4* bearbeitet wird. Die folgende Definition für **Push** ist zwar der Definition von **Pop** sehr viel ähnlicher, aber trotzdem falsch:

```
define(   Push,        `define(St(PushTop),$1)')
```

Diese Definition funktioniert bei der ersten Erzeugung eines Stack-Elements, später aber nicht mehr, weil dann der alte Ersatztext des Elements an Stelle des Elementnamens eingefügt wird! Genauso ist die Definition

```
define(   Pop,          ``St_'PopTop')
```

unbrauchbar, weil der Ersatztext, als teilweiser String, nicht nochmals ganz ersetzt wird.

3.8 Spracherweiterungen

Im Gegensatz zu den Perkin-Elmer 32-Bit Systemen verfügen die von *nad* simulierten Maschinenmodelle nicht über einen *load address* Befehl, mit dem zum Beispiel bei der Registermaschine die effektive Adresse des rechten Operanden in ein Register geladen werden kann. Umgekehrt besitzt der *as* Assembler, wie früher erwähnt, nicht die Fähigkeit, implizit mit Zahlenwerten initialisierte Datenworte zu erzeugen und per Inhalt in Maschinenbefehlen zu adressieren.

Ein Makroprozessor kann dazu benutzt werden, eine Programmiersprache mit geringem Aufwand um neue Anweisungen oder Operatoren zu bereichern. Man sollte dies allerdings sehr behutsam tun, einerseits, damit die resultierende Sprache leichtverständlich ist, wird, oder am besten bleibt, andererseits, weil bei Verwendung eines Makroprozessors normalerweise keine allzu gezielten Fehlermeldungen erzeugt werden können.

Wir illustrieren das Prinzip mit einem **Lit** Makro, der zur Lösung der oben geschilderten Aufgaben dient. **Lit** steht für *literal*, ein Fachausdruck für *selbst-definierende Konstanten.*

Lit soll ein Datenwort bereitstellen, das mit dem Parameter von **Lit** initialisiert ist. Der Ersatztext von **Lit** soll die *Adresse* dieses Datenworts sein. Der Aufruf **Lit(10)** entspricht damit dem in *nad* möglichen Operanden **=10**; **Lit** soll jedoch für beliebige Adressen oder gar Adreßausdrücke als Parameter aufgerufen werden können.

```
define(  Lit,
`divert(1)NewLab    dcf        $1
divert(0)Lab')
```

Mit dem vordefinierten **divert** Makro wird die Ausgabe von *m4* in eine temporäre Datei umgelenkt, und in dieser Datei wird Assembler-Programmtext erzeugt, der das gewünschte Datenwort definiert, initialisiert, und mit Hilfe von **NewLab** eindeutig benennt. Anschließend werden mit **divert** wieder normale Ausgabeverhältnisse hergestellt, und als Ersatztext des **Lit** Aufrufs wird mit Hilfe von **Lab** ein Verweis auf dieses Datenwort geliefert.

divert hat neun temporäre Dateien zur Verfügung, an deren Ende jeweils angefügt werden kann. Irgendwann müssen diese Dateien jedoch noch ausgegeben werden; wenn man keine anderen Vorkehrungen trifft, geschieht dies ganz zum Schluß in numerischer Reihenfolge.

In unserem speziellen Fall müssen wir dafür sorgen, daß die Datenworte *vor* der **end** Anweisung am Schluß des Assembler-Programms definiert werden.

Man kann dafür einen neuen Makro einführen, mit dem der Benutzer des **Lit** Makros zu geeigneter Zeit selbst für die Definition der gesammelten Datenworte sorgen kann. Bei der hier verwendeten Implementierung wäre dies einfach der Aufruf **undivert(1)** am *Anfang* einer Zeile.

Eine elegantere Lösung, von der der Benutzer selbst garnichts merkt, besteht darin, daß man die **end** Anweisung selbst in einen Makroaufruf umfunktioniert, der dann die nötigen Aufräumungsarbeiten vornimmt.

```
define(  end,
        `ds         0
undivert(1)undefine(`end')
        end')
```

Hier wurde die zweite Lösung gewählt, schon um die kosmetischen Fallstricke ein bißchen zu minimieren. Der vordefinierte **undivert** Makro sorgt dafür, daß der Inhalt der angegebenen temporären Datei ausgegeben wird. Der Inhalt dieser Datei ist *nicht* Ersatztext des Aufrufs von **undivert** und kann folglich *nicht* nochmals von *m4* bearbeitet werden. Man beachte, wie im **end** Makro durch **undefine** dafür gesorgt wird, daß zum Schluß wirklich eine **end** Anweisung ausgegeben werden kann.

Aus den Aufrufen

```
start     load      r10,Lit(10)
          load      r11,Lit(start)
          .
          .
          .
          end       start
```

ergibt sich dann der folgende Ersatztext:

```
start     load      r10,@1
          load      r11,@2
          .
          .
          .
          ds        0
@1        dcf       10
@2        dcf       start

          end       start
```

3.9 Kontrollstrukturen

Im Abschnitt 2.7 wurde gezeigt, daß die Codierung der üblichen Kontrollstrukturen mit Sprungbefehlen in Assembler-Programmen ein sehr leicht mechanisch zu lösendes Problem ist. Es liegt grundsätzlich nahe, daß man Makros für solche Routinearbeiten einführt. Als Beispiel erklären wir im folgenden die Realisierung der Kontrollstrukturmakros in unserer *nad/m4* Bücherei.

Eine frühere Implementierung dieser Makros für den CALMAC/32 Prozessor der Perkin-Elmer 32-Bit Systeme haben wir mehrere Jahre lang sehr erfolgreich bei der Konstruktion großer Assembler-Programme für Produktionszwecke eingesetzt. Wir fanden, daß es sich praktisch immer lohnt, bei Assembler-Programmierung ein solches Makropaket einzusetzen, da die Produktivität des Programmierers und die Qualität der Programme entscheidend verbessert werden.

3.9.1 Definition

Konkret wollen wir etwa folgende Syntax für Kontrollstrukturen realisieren – die Worte in Großbuchstaben sind jeweils verbindliche Makroaufrufe, der Rest der Angaben ist ziemlich frei wählbar:

Kontrollstrukturen:

	Marke	IF	Kommentar	
		Bedingung		
		THEN	Kommentar	
		Aktionen		
	[	ELSE	Kommentar	
		Aktionen	]	
		ENDIF	Kommentar	
	Marke	REPEAT	Kommentar	
		Aktionen		
		UNTIL	Kommentar	
		Bedingung		
		ENDREP	Kommentar	
	Marke	DO	Kommentar	
		Aktionen		
		WHILE	Kommentar	
		Bedingung		
		ENDDO	Kommentar	

Bedingung:

	UND-Verknüpfung		
[	OR	Kommentar	
	UND-Verknüpfung	]...	

UND-Verknüpfung:

	Aktionen		
	Test	Kommentar	
[	AND	Kommentar	
	Aktionen		
	Test	Kommentar	]...

Betrachten wir nochmals die Tabelle aus Kapitel 2, die die Vorgänge zusammenstellt, die zur Implementierung der einzelnen Kontrollstrukturvokabeln notwendig sind:

Kontrollstruktur-Vokabel	Maschinenbefehle, Markendefinitionen			reservierte Marken (auf dem Stack)
if				*ok, no*
then		Bfalse	*no*	
	ok	ds	0	*no*
else		b	*no1*	
	no	ds	0	*no1 statt no*
endif	*no*	ds	0	
repeat	*repeat*	ds	0	*repeat*
until				*ok, no, repeat*
endrep		Bfalse	*repeat*	
	no	equ	*repeat*	
	ok	ds	0	
do		b	*while*	*while, ok, no*
	ok	ds	0	
while	*while*	ds	0	*ok, no*
enddo		Btrue	*ok*	
	no	ds	0	
and		Bfalse	*no*	*ok, no*
or		Btrue	*ok*	*ok, no1 statt no*
	no	*ds*	*0*	

Aus der Tabelle ergibt sich, daß man am besten für jede Vokabel einen Makro definiert. Mit den in Abschnitt 3.7 besprochenen Techniken können diese Makros problemlos die nötigen eindeutigen Symbole generieren, auf einem Stack verwalten, und an den für die jeweilige Kontrollstruktur charakteristischen Stellen definieren.

Entscheidend für die flexible Benutzung dieser Makros ist, daß man die Berechnung der Condition Codes vollständig dem Assembler-Programmierer überläßt. Die Makros lösen das lästige Problem, genügend eindeutige und jeweils lokale (unsichtbare) Marken für die Kontrollstrukturen bereitzustellen, aber sie müssen unbedingt zusammen mit allen denkbaren Bedingungen verwendet werden können.

Aus der Tabelle geht hervor, daß die Kontrollstrukturmakros auch die eigentlichen Sprungbefehle erzeugen, mit denen die Condition Codes geprüft werden. Je nach Kontext, das heißt, je nachdem in welchem Teil einer Kontrollstruktur die vom Assembler-Programmierer codierte Bedingung vorkommt, also in welchem Makro schließlich die Condition Codes geprüft werden, müssen die Sprünge manchmal bei Eintreten der Bedingung erfolgen, und manchmal wenn die Condition Codes gerade *nicht* den gewünschten Wert besitzen. In der Tabelle ist dies durch Verwendung der Pseudobefehle **Btrue** und **Bfalse** angedeutet worden.

Die Auswahl des korrekten Sprungbefehls ist daher recht fehleranfällig, und ist deshalb natürlich auch eine Routineaufgabe, die unsere Makros lösen müssen. Um innerhalb der Makros die gewünschten Condition Codes zu erfahren, überlassen wir dem Assembler-Programmierer zwar die Programmierung zur *Berechnung* der Condition Codes völlig, verlangen jedoch, daß er einen der von uns definierten Testmakros benutzt, um die im Erfolgsfall gewünschten Condition Codes festzulegen. Der jeweilige Testmakro speichert diese Information, damit sie von einem nachfolgenden Kontrollstrukturmakro entsprechend für einen Sprungbefehl verwendet werden kann.

Konkret werden wir also für jede denkbare Kombination von Condition Codes jeweils einen Makro definieren, der im Anschluß an den Programmtext aufgerufen werden muß, welchen der Assembler-Programmierer zur Berechnung der Condition Codes formuliert hat. Die verfügbaren Testmakros sind

```
ZERO
NZERO
PLUS
NPLUS
MINUS
NMINUS
```

Es gibt also einen Testmakro für jede in *nad* direkt formulierbare Sprungbedingung.

Für die Perkin-Elmer 32-Bit Systeme beispielsweise genügen dabei eigentlich zwei Makros **TRUE**(*maske*) und **FALSE**(*maske*); die hier vorgestellten Definitionen sind jedoch erheblich leichter verständlich, und erleichtern folglich die Konstruktion und Prüfung eines Programms in den meisten Fällen beträchtlich. In einem kompletten System sollte man diese beiden Makros jedoch unbedingt zusätzlich zur Verfügung stellen.

3.9.2 Anwendungsbeispiel

Bevor wir endgültig die Implementierung der Makros vorstellen, wollen wir zunächst noch ein Programmierbeispiel betrachten, bei dem eine Vielzahl der in diesem Kapitel besprochenen Techniken verwendet wird. Es handelt sich dabei um die Simulation einer 0-Adreß-Maschine auf einer 2-Adreß-Maschine.

Der Stack wird durch die im Abschnitt 3.2 vorgestellten Unterprogramme **push** und **pop** (mit **SIZE** 1) verwaltet. Hier ist zuerst der Befehlszyklus der Maschine:

```
* stack.2 -- Simulation einer 0-Adress-Maschine -- 2-Adress

* ------ Befehlszyklus

start   DO
case    b         (cmd)           Fallverteiler
bsize   equ       *-case          Laenge eines Befehls
        b         add             1: Addition
        b         div             2: Division
        b         mul             3: Multiplikation
        b         print           4: pop und print
        b         read            5: read und push
        b         sub             6: Subtraktion
esac    ds        0               Ende aller Faelle
        WHILE
        read      cmd             cmd: Nummer des Befehls
        move      cmd,cmd         Condition Code setzen
        PLUS                      <=0: Abbruch
        AND
        mul       cmd,Lit(bsize)
        add       cmd,Lit(case)   cmd: Index in Befehle
        move      test,cmd        zu gross?
        sub       test,Lit(esac)
        MINUS                     >6: Abbruch
        ENDDO
        leave


cmd     dsf       1               Befehlsnummer/Fallindex
test    dsf       1               Hilfszelle
```

cmd, eine Zahl, die einen Befehl der simulierten Maschine auswählt, wird eingelesen. Wenn die Zahl positiv und klein genug ist, wird der Befehl decodiert, das heißt, aus der Zahl wird die Adresse eines Sprungbefehls berechnet, der schließlich zu der Routine führt, die den entsprechenden Befehl simuliert. Im zweiten Teil des Programms werden nachher diese Routinen, eigentlich die einzelnen Zweige einer **case** Anweisung, vorgestellt.

Der Befehlszyklus der simulierten Maschine wird mit einer **DO** Schleife implementiert. Die Bedingung der Schleife, 'existiert der Befehl?', wird gleichzeitig dazu benutzt, aus der Befehlsnummer die Adresse eines Sprungbefehls zu berechnen; zu diesem Befehl wird dann gegebenenfalls (indirekt) gesprungen. Eine Reihe von **Lit** Makros vereinfacht die Benutzung von Adreßkonstanten sehr wesentlich.

Da die Simulation der arithmetischen Befehle für alle Befehle praktisch gleich verläuft, wird sie in einem **binaer** Makro formuliert, der dann entsprechend aufgerufen wird. Hier werden auch eine Reihe von **Call** Makroaufrufen eingesetzt, um die **push** und **pop** Routinen aufzurufen. Wir ignorieren hier die Probleme, die arithmetische Fehler wie Division durch Null aufwerfen.

```
*  ------ Simulation der einzelnen Befehle


define(  binaer,
 `$1       Call(pop,left,underfl)     Operanden vom Stack
          Call(pop,right,underfl)
          $1         left,right       Operation
          Call(push,left)             Resultat zum Stack
          b          esac             Ende des Falls')


binaer(add)
binaer(div)
binaer(mul)
binaer(sub)


read      read       left
          Call(push,left,overfl)
          b          esac


print     Call(pop,left,underfl)
          print      left
          b          esac


*  ------ Fehlerroutinen


overfl    print      =99              Stack zu voll
          b          esac             ...trotzdem weiter


underfl   print      =98              Stack leer
          b          esac


*  ------ Daten


left      dsf        1                linker Operand
right     dsf        1                rechter Operand


          end        start
```

Natürlich kann ein reines Assembler-Programm formuliert werden, das effizienter oder auch kompakter ist als das hier unter Benutzung der Makros erzeugte Programm. Das hier vorgestellte Programm ist aber sicher übersichtlicher, schneller konstruiert, und vor allem durch den Einsatz der Makros modular und leicht zu modifizieren.

3.9.3 Implementierung

Betrachten wir nun noch die Implementierung der Kontrollstruktur- und Testmakros. Der notwendige Stack zur Aufbewahrung der Marken, der die beliebige Verschachtelung von Kontrollstrukturen erlaubt, wurde im Abschnitt 3.7 vorgestellt. Wie man leicht sieht, handelt es sich darüber hinaus nur noch um eine triviale Übersetzung der in Abschnitt 2.7 entwickelten Regeln zur Implementierung der Kontrollstrukturvokabeln in die Terminologie der Stack-Makros, unter Berücksichtigung der kosmetischen Probleme, die ein Assembler aufwirft.

```
define(  IF,
         `ds          0             Push(NewLab)Push(NewLab)')


define(  THEN,        `
         Bfalse    St(decr(Top))
Pop      ds           0            ')


define(  ELSE,        `
         b         NewLab
Pop      ds           0             Push(Lab)')


define(  ENDIF,       `
Pop      ds           0            ')
```

Zwischenraum, ***** als Beginn einer Kommentarzeile sowie **ds 0** Anweisungen müssen eingefügt werden um an den von unserer Grammatik geforderten Stellen Marken zu erlauben oder zu verbieten sowie Kommentare zu ermöglichen. Typisch ist etwa

```
define(  name,
         'ds          0            ')
```

wenn eine Marke und ein Kommentar erlaubt sein soll – der Makro muß ja im Operationsfeld der Assembler-Zeile aufgerufen werden, also wird **ds** ebenfalls im Operationsfeld ausgegeben; vor **ds** kann eine Marke stehen, im Gegensatz zu **equ** ist sie aber nicht zwingend verlangt. Analog erlaubt

```
define(  name,         `
         *          ')
```

nur einen Kommentar – auf der Kommentarzeile – aber keine alleinstehende Marke.

Die restlichen Kontrollstrukturvokabeln sind ähnlich einfach zu formulieren:

```
define(  REPEAT,
         `ds         0
NewLab   ds         0             Push(Lab)')

define(  UNTIL,       `
*        Push(NewLab)Push(NewLab)')

define(  ENDREP,      `
         Bfalse     St(decr(Top))
Pop      ds         0
Pop      equ        Pop        ')

define(  DO,
         `ds         0             Push(NewLab)Push(NewLab)
         b          NewLab
St(Top)  ds         0             Push(Lab)')

define(  WHILE,       `
Pop      ds         0            ')

define(  ENDDO,       `
         Btrue      Pop
Pop      ds         0            ')
```

Die **AND** Verknüpfung ist trivial:

```
define(  AND,         `
         Bfalse     St(decr(Top))   ')
```

Der **OR** Makro muß die Mißerfolgsmarke definieren und ersetzen, die er als *zweite* von oben auf dem Stack findet. Um die Formulierung dieses Vorgangs zu vereinfachen, werden die Makros **SavPop** und **SavPush** benutzt, die das oberste Element vom Stack holen und temporär als Ersatztext eines Makros **Save** aufbewahren, und schließlich wieder auf den Stack bringen.

```
define(  OR,          `
         Btrue      SavPop
Pop      ds         0             Push(NewLab)SavPush')

define(  SavPop,    `define(`Save',Pop)Save')
define(  SavPush,   `Push(Save)')
```

Die einzelnen Testmakros werden dadurch realisiert, daß jeweils *zwei* Makros, **Btrue** beziehungsweise **Bfalse**, definiert werden, die als Ersatztexte die Namen der Sprungbefehle liefern, die Eintreten oder Verletzung der gewünschten Condition Codes überprüfen:

```
define(  ZERO,        Test(bz,bnz))
define(  NZERO,       Test(bnz,bz))
define(  PLUS,        Test(bp,bnp))
define(  NPLUS,       Test(bnp,bp))
define(  MINUS,       Test(bm,bnm))
define(  NMINUS,      Test(bnm,bm))

define(  Test,          `
*        define(`Btrue',$1)define(`Bfalse',$2)')
```

Es bleibt den Kontrollstrukturmakros überlassen, *welchen* der beiden Sprungbefehl-makros sie schließlich aufrufen.

3.10 Ausblick

In diesem Kapitel wurde ein einfacher, aber trotzdem sehr vielseitiger Makroprozessor vorgestellt. Vor allem in der Assembler-Programmierung ist der Einsatz eines Makroprozessors immer dann angebracht, wenn für den Programmierer Routineaufgaben zuverlässig und effizient erledigt werden können. Makroaufrufe führen ähnlich wie Unterprogrammaufrufe ein Abstraktionsniveau ein, und sind dadurch auch wertvoll zur Dokumentation innerhalb des Programmtexts.

Ein Makroprozessor verändert einen Programmtext unmittelbar bevor der Text einem Übersetzer vorgelegt wird. Der Programmierer sollte diesen Zwischentext normalerweise nicht lesen, und er sollte auf keinen Fall in Versuchung kommen, 'kleinere' Fehler in diesem Zwischentext 'von Hand' zu beseitigen.

Die Existenz des Zwischentexts erschwert jedoch die Fehlersuche in Programmen, die vor allem mit einem vorgeschalteten Makroprozessor generiert werden: Fehlermeldungen aus dem Übersetzer beziehen sich auf den Zwischentext, und müssen dann per Kontext auf die ursprüngliche Quelle zurückgeführt werden. Makros sollten deshalb ihre Aufrufe zum Beispiel auf korrekte Reihenfolge oder syntaktisch einwandfreie Parameter überprüfen. Sprachspezifische, integrierte Makroprozessoren geben in dieser Situation meistens gewisse Hilfestellungen.

Unabsichtliche Makroaufrufe, vor allem bei unabhängigen Makroprozessoren, sind die zweite beliebte Fehlerquelle. Man vermeidet sie am besten, indem man eine Konvention zur Erzeugung von Namen vereinbart. Wir haben zum Beispiel die Namen aller Kontrollstrukturmakros mit Großbuchstaben vereinbart, und alle intern benutzten Makronamen beginnen mit einem Großbuchstaben. Die Technik ist primitiv, aber in der Praxis recht wirkungsvoll. Eine derartige Konvention gehört ohnedies zu den Standards, die man zweckmäßigerweise für ein Programmierprojekt oder eine Software-Gruppe festlegt.

Kapitel 4: Die Programmiersprache C

4.1 Entwicklungsgeschichte

Der Vorläufer der UNIX Betriebssysteme wurde etwa 1969 von Ken Thompson in den Bell Laboratorien für einen gerade 'herrenlosen' Digital Equipment PDP-7 Rechner entwickelt. Die Bell Laboratorien hatten sich damals offenbar enttäuscht aus der MULTICS Entwicklung [Org72a] zurückgezogen, und Thompson wollte eine freundlichere Umgebung speziell für das Weltraumfahrt-Programm schaffen, an dem er mit Dennis Ritchie arbeitete. 1970 nannte Brian Kernighan dieses Zwei-Teilnehmer-System dann UNIX.

Schon dieses erste System diente zu seiner eigenen Entwicklung und fand eine Reihe von Interessenten. Um weiter entwickeln zu können, ließ sich Joe Ossanna von der Patentabteilung bei Bell den Auftrag erteilen, ein System für Textverarbeitung zu konstruieren. 1970 konnte so ein PDP-11/20 Rechner beschafft und UNIX offiziell zum ersten Mal implementiert werden. Bis auf *pipe* Dateien zur Prozeßkommunikation enthielt dieses System bereits alle wesentlichen Leistungen der modernen UNIX Systeme – es war aber noch in Assembler codiert.

1971 erschien die zweite Ausgabe des Systems. Inzwischen waren auch – auf Betreiben von Doug McIlroy – Pipes hinzugekommen, und manche Dienstprogramme wurden in der von Thompson mit Hilfe eines Interpreters realisierten Sprache B implementiert.

1973 schließlich implementierte Ritchie die Sprache C als wesentlich verbesserten Nachfolger von B, und UNIX wurde neu in C codiert, ebenso wie viele Dienstprogramme. Im Mai 1975 erschien UNIX Version 6, eine heute noch auf vielen kleineren Digital Equipment PDP-11 Rechnern verwendete Variante.

C wurde überarbeitet und mit Sprachelementen ausgestattet, die es erlauben, maschinennah für verschiedene Rechnerarchitekturen zu codieren. Auf der Basis dieser – mehr oder weniger endgültigen – Form der Sprache C wurde 1979 UNIX Version 7 herausgegeben, von der heute die meisten UNIX Systeme für eine ganze Reihe von verschiedenen Rechnerarchitekturen abstammen. (Die Angaben zur Geschichte variieren etwas, diese Betrachtung wurde hauptsächlich [Bou83a] entnommen.)

Gerade weil UNIX inzwischen auf völlig verschiedenen Rechnern, beispielsweise mit Wortlängen von 16 bis 36 Bit, identische Programmierumgebungen zur Verfügung stellt, ist es so ausgezeichnet zur Entwicklung von Programmen geeignet. Seine weite Verbreitung verdankt UNIX nicht zuletzt der Tatsache, daß die Bell Laboratorien Universitäten und anderen öffentlichen Forschungsinstituten die Quellen zum gesamten System fast kostenlos zur Verfügung stellen.

Beginnend mit dem dritten System 1973, ist UNIX zu mehr als 90 Prozent in einer höheren Programmiersprache implementiert worden. Thompson entwickelte dafür zuerst B, einen Abkömmling der von Martin Richards [Ric69a] vorgestellten maschinennahen Sprache BCPL. B war noch ziemlich nahe mit Fortran verwandt.

Dennis Ritchie definierte und implementierte schließlich C, die Programmiersprache in der jetzt praktisch alle Teile des UNIX Systems geschrieben sind. C ist eine maschinennahe, höhere Sprache, die heute unter UNIX und anderen Betriebssystemen auf einer Vielzahl von Rechnern vom 8-Bit Mikroprozessor bis zur 36-Bit Zentraleinheit in nahezu identischen Implementierungen zur Verfügung steht.

Im Stil der Unterprogramme erinnert C an Fortran, in Kontrollstrukturen und Datentypen an Pascal und PL/I. Im Gegensatz zu diesen noch relativ disziplinierten Sprachen können in C in entsprechend privilegierten Programmen jedoch praktisch alle Teile eines Rechnersystems direkt angesprochen werden. Dadurch benötigt ein typisches UNIX Betriebssystem weniger als 10 Prozent Code, der in Assembler programmiert ist. Selbst der größte Teil davon dient noch zur Effizienzverbesserung sehr kritischer Teile des Systems, und nur ein ganz kleiner Teil des UNIX Systems kann nicht in C formuliert werden. Andrerseits ist C eine allgemein einsetzbare Sprache, mit der Übersetzerprogramme, mathematische Algorithmen, Textverarbeitungssysteme (Ossanna's *troff*, das heute noch dem Stand der Technik auf diesem Gebiet entspricht), und viele andere Dienstprogramme realisiert wurden.

4.2   Das Prinzip der L-Werte

C entstammt einer Sprachfamilie, die mit BCPL begann. Zentral für diese Sprachen ist die Erkenntnis, daß in der Zuweisung

```
name = name + 1;
```

links als Ziel **name** das Objekt bezeichnet, das modifiziert werden soll, während *rechts* **name** für den (ursprünglichen) Wert dieses Objekts steht.

Man bezeichnet deshalb das Ziel der Zuweisung als *L-Wert* und zusätzlich zur konventionellen Benutzung von Variablennamen gibt es in C Operatoren, die L-Werte manipulieren und einen L-Wert als Resultat liefern können. Dies bedeutet praktisch, daß man – ähnlich wie in Assembler-Programmen – Adreßrechnung betreiben kann um das Ziel einer Zuweisung festzulegen.

Die Idee ist nicht neu: bei Zuweisung an ein Vektorelement oder bei Verwendung einer Zeigervariablen in Pascal oder PL/I formuliert der Programmierer auch ziemlich explizit eine Manipulation von Adressen. In einem bestimmten Kontext – im Zusammenhang mit Strukturen – wird aber in C sogar eine ganzzahlige Konstante als L-Wert interpretiert. Die Konstante gilt dabei als Maschinenadresse, und dadurch kann ein bei der Ausführung entsprechend privilegiertes C Programm – also insbesondere der Kern des UNIX Betriebssystem – auf völlig beliebige Speicherzellen zugreifen, die auch nicht der Kontrolle des Übersetzers unterliegen müssen.

4.3   Ein erstes Beispiel

Als erstes Beispiel betrachten wir ein C Programm, das einen Text ausgibt:

```
/*
 *      hallo.c -- ein erstes Beispiel in C
 */

main()                          /* das Hauptprogramm */
{
        printf("hallo Axel");
}
```

Ein C Programm besteht immer aus einer Reihe von Funktionen. Eine davon muß **main** genannt werden; diese wird bei Ausführung des Programms automatisch aufgerufen, und ist folglich das *Hauptprogramm*. Das Beispiel zeigt, wie im Hauptprogramm mit der Büchereifunktion **printf** eine Zeichenkette ausgegeben wird, die in Doppel-Anführungszeichen " eingeschlossen ist. Die Ausführung des Programms ist zu Ende, wenn das Ende des Hauptprogramms erreicht wird.

4.4   Übersetzung und Ausführung

In einer UNIX Umgebung steht der Programmtext in einer Datei, deren Namen mit der Zeichenfolge .c enden muß, also etwa *hallo.c*. Das Kommando[1]

```
$ cc hallo.c
```

veranlaßt den C Übersetzer *cc*, diese Datei zu bearbeiten und eine direkt ausführbare Fassung des Programms zu erzeugen, die wir *Image* nennen wollen.

Das Image steht normalerweise in einer Datei *a.out* und kann mit dem Kommando

```
$ a.out
```

ausgeführt werden.

Soll das Image nicht bei der nächsten Übersetzung überschrieben werden, so muß man die Datei umbenennen:

```
$ mv a.out hallo
```

Nach diesem Kommando steht das Image in der Datei *hallo*. Dies könnte man auch sofort bei der Übersetzung erreichen, indem man mit der **−o** Option des C Übersetzers *cc* direkt einen Namen für das Image angibt:

```
$ cc -o hallo hallo.c
```

---

[1]   Die Eingabeaufforderung **$** wird hier explizit gezeigt. Sie wird von der *Shell*, dem UNIX Kommandoprozessor, am Bildschirm jeweils ausgegeben, wenn ein neues Kommando bearbeitet werden kann.

Das Programmbeispiel selbst ist trivial: ein Text wird mit Hilfe der Büchereifunktion **printf** ausgegeben. Läßt man das Programm ausführen, erkennt man allerdings, daß der Text auch gewisse Steuerzeichen enthalten sollte:

```
$ hallo
hallo Axel$
```

Nach Ausführung des Programms erfolgt die nächste Eingabeaufforderung der Shell unmittelbar im Anschluß an den Text, der vom Programm ausgegeben wurde. Der Text sollte also immer mit dem Zeilentrenner \n enden, damit am Schluß noch ein Übergang auf eine neue Ausgabezeile erfolgt.

4.5   Quellformat

Die Programmiersprache C ist nicht zeilenorientiert; das Ende einer Quellzeile ist äquivalent zu Leerzeichen und Tabulatorzeichen – wir bezeichnen daher alle diese Zeichen zusammen als *Zwischenraum*. Worte werden allgemein durch Zwischenraum getrennt.

Ein *Kommentar* beginnt mit der Zeichenfolge /❋, und kann beliebigen Text enthalten; er kann sich auch wie im Beispiel gezeigt über mehrere Zeilen erstrecken. Der Kommentar endet mit dem ersten Auftreten der Zeichenfolge ❋/. Kommentare können immer an Stelle von Zwischenraum stehen.

Namen für Variablen und andere Objekte beginnen mit einem Buchstaben und bestehen aus beliebig vielen Buchstaben und Ziffern. Normalerweise werden Groß- und Kleinbuchstaben unterschieden. Der Unterstrich _ gilt auch als Buchstabe; da interne Namen in manchen Büchereifunktionen mit diesem Zeichen beginnen, sollte man _ *nicht* als erstes Zeichen in eigenen Namen verwenden. Namen können zwar beliebig lang sein, aber viele C Übersetzer unterscheiden Namen nur auf der Basis ihrer ersten acht Zeichen.

Prinzipiell gilt die Regel, daß alle Objekte im Programm vereinbart werden müssen, bevor sie benutzt werden können. Die meisten Büchereifunktionen, wie etwa **printf**, brauchen nicht explizit deklariert zu werden, weil C als Ausnahme einen nicht vereinbarten Namen bei einem Funktionsaufruf, also vor einer linken Klammer (, implizit als Namen einer Funktion mit Integer-Resultat vereinbart.

4.6   Programmstruktur

4.6.1   Vereinbarungen

Ein C Programm besteht aus einer Reihe von globalen Vereinbarungen: *Definitionen*, die Objekte beschreiben und erzeugen, und *Deklarationen*, die nur die Eigenschaften von Objekten beschreiben. Eine globale Vereinbarung führt jeweils einen Namen ein, der wenigstens bis zum Ende der Datei bekannt ist in der er vorkommt – ähnlich wie in Pascal besteht jedoch auch in C die Möglichkeit, die Geltungsbereiche von Vereinbarungen zu schachteln.

Deklarationen dienen dazu, Objekte zu beschreiben, die an anderer Stelle noch definiert werden – beispielsweise in einer Bücherei, oder in einer zweiten Quelldatei für das gleiche Programm. Dies wird im Kapitel 6 näher erläutert.

Definitionen erzeugen Objekte wie Funktionen oder Variablen. Global definierte Variablen existieren während der gesamten Ausführungszeit des Programms. Wie später noch erklärt wird, können Variablen auch lokal in einer Funktion oder sogar lokal zu einer Reihe von Anweisungen definiert werden; solche lokalen Variablen existieren während die entsprechende Umgebung aktiv ist.

4.6.2 Funktionen

Funktionen können nur global definiert werden; C gleicht darin Fortran, aber im Gegensatz zu Fortran können in C Funktionen rekursiv aufgerufen werden. In einem C Programm muß es eine Funktion **main** geben, die als erste und einzige bei Ausführung des Programms automatisch aufgerufen wird. **main** ist also das *Hauptprogramm*.

In C gibt es keinen Unterschied zwischen *Funktionen*, die ein Resultat liefern, und *Prozeduren*, die dies nicht tun. Der Aufruf einer Funktion gilt immer als *ausdruck* und damit als Anweisung. Liefert die Funktion kein Resultat, so sollte der Ausdruck nur aus dem Aufruf der Funktion bestehen; dies ist zum Beispiel immer bei der Büchereifunktion **printf** der Fall.

In *hallo.c* ist **main** ein Beispiel für die Definition einer Funktion. Allgemein hat eine solche Definition folgende Form:[2]

```
typname name ( parameternamen )
        parameterdeklarationen
{       vereinbarungen
        anweisungen
}
```

typname ist der Resultattyp der Funktion; ist kein Typ angegeben, so wird **int** angenommen.

name ist der Name der Funktion.

parameternamen sind eine optionale Liste von Parameternamen, die durch Komma getrennt sind. Funktionen ohne Parameter sind durchaus möglich, allerdings müssen die Klammern bei Vereinbarung und Aufruf grundsätzlich angegeben werden.

parameterdeklarationen sind eine Folge von Deklarationen für die Parameternamen; sie müssen natürlich mit der Liste der Parameternamen übereinstimmen.

---

[2] Syntaxangaben im Text sind meist vereinfacht. Eine ausführliche Beschreibung von C befindet sich im Anhang E.

vereinbarungen sind Definitionen von lokalen Variablen und Deklarationen von Objekten, deren Geltungsbereich auf die Funktion beschränkt sein soll. Wie *hallo.c* zeigt, muß eine Funktion nicht unbedingt lokale Objekte vereinbaren.

anweisungen sind schließlich die Aktionen, die ausgeführt werden, wenn die Funktion aufgerufen wird.

4.6.3   Der gute Ton

C setzt sehr stark auf Muster, um gewisse Elemente seiner Syntax und Semantik auszudrücken. Es ist deshalb sehr wichtig, daß man von Anfang an sehr auf Klarheit in Formulierung und Schreibweise achtet. Dazu gehört natürlich, daß man sehr systematisch einrückt: wir beginnen zum Beispiel jede Funktionsdefinition am linken Rand, rücken die Parameterdeklarationen ein, setzen die öffnende und schließende Klammer des Funktionskörpers ebenfalls am linken Rand, usw.

Zum guten Ton gehört aber auch ein betont vorsichtiger Umgang mit der bewußten Nachlässigkeit der Übersetzer, die sich nur in sehr wenigen Situationen im Systemkern selbst als (dann unabdingbare) Hilfe erweist.

Die Angabe eines Resultattyps für eine Funktion kann entfallen, wenn die Funktion ein Resultat vom Typ **int** liefert – und natürlich insbesondere auch dann, wenn die Funktion kein Resultat liefert, also im Sinne von Pascal eine Prozedur ist. Manche Implementierungen verfügen über den Typ **void**, den *kein* Datenobjekt annehmen kann. Ein Resultat vom Typ **void** kann also nicht zugewiesen werden; **void** als Resultattyp kann folglich dazu dienen, Prozeduren explizit zu markieren.

Wie wir noch oft feststellen werden, sind die C Übersetzer im allgemeinen extrem tolerant – man kann das auch als schlampig bezeichnen – und man tut gut daran, seinen Programmtext für menschliche Leser verständlich zu formulieren. Wir werden deshalb grundsätzlich den Resultattyp **int** angeben, und zwar genau dann, wenn wir eine Funktion definieren. **main** ist eine Prozedur, deshalb fehlt nach unserer Konvention eine Typangabe.

Die C Übersetzer sind ebenso tolerant in bezug auf Parameter: bei einem Funktionsaufruf können mehr oder weniger Argumente angegeben werden, als tatsächlich Parameter definiert wurden; Probleme gibt es nur, wenn auf einen Parameter tatsächlich zugegriffen wird, für den beim Aufruf gerade kein Argument bereitgestellt wurde. Die Flexibilität dieses Konzepts wird vor allem von Büchereifunktionen für Ein- und Ausgabe ausgenutzt.

Die C Übersetzer sind tolerant. Es gibt aber im UNIX System ein Werkzeug, das speziell dazu dient, die kleinen Schwächen in unseren Programmen entdecken zu helfen. Es heißt *lint* (also etwa 'Staubkörnchen'), wird genauso wie der C Übersetzer aufgerufen

```
$ lint hallo.c
```

und findet praktisch immer etwas zu bemängeln. *lint'*s Kritik muß man ernst- und ab
und zu schließlich auch hinnehmen. Der Einsatz dieses Werkzeugs empfiehlt sich jedoch immer.

4.7 Ein- und Ausgabe

Anders als Fortran oder auch Pascal verfügt C *nicht* über besondere Anweisungen
für Ein- und Ausgabe. Es gibt zu diesem Zweck jedoch eine Reihe von Büchereifunktionen, die ein C Programm aufrufen kann. In diesem Abschnitt werden die Aus-
gabefunktion **printf** und die Eingabefunktion **scanf** vorgestellt; mit diesen Funktionen können praktisch alle Dialoge realisiert werden. Wir beschränken uns dabei auf
typische Anwendungen, eine exakte Definition der Funktionen befindet sich in den
UNIX Systemunterlagen.

4.7.1 Ausgabe – "printf"

Die Büchereifunktion **printf** dient zur Ausgabe von Text. Der Text kann direkt angegeben werden; er kann aber auch Zeichenfolgen enthalten, die durch Bewertung
von Ausdrücken und Umwandlung in druckbare Zeichen entstehen, das heißt,
printf kann speziell auch die Zahlenwerte von Variablen als Text ausgeben. Dazu
werden, ähnlich wie in Fortran, *Formatelemente* benutzt. **printf** wird folgendermaßen
aufgerufen:

```
printf(format, wert, wert, ... );
```

> **format** kontrolliert die Ausgabe. **format** ist eine Zeichenkette, die aus Text
> und Formatelementen besteht. Text wird direkt ausgegeben; für ein Format-
> element wird Text ausgegeben, der durch Umwandlung eines **wert** Argu-
> ments entsteht. Wie bei *hallo.c* ist **format** oft eine konstante Zeichenkette, al-
> so Text eingeschlossen in Doppel-Anführungszeichen; **format** kann aber
> auch, wie alle Argumente, als Ausdruck, also speziell auch als Variable, an-
> gegeben werden.

> **wert** ist ein *beliebiger* Ausdruck. Die Werte werden der Reihe nach unter
> Kontrolle der Formatelemente verwendet. Es gibt massive Probleme, wenn
> ein Formatelement einen Wert benötigt, aber kein Argument mehr zur Verfü-
> gung steht.

Die Formatelemente bestimmen die Art der Umwandlung, also den Typ, den der jeweilige Wert haben muß, und das Aussehen des resultierenden Texts, also zum Beispiel dessen maximale und signifikante Breite. Es gibt hier sehr viele Möglichkeiten,
von denen nur ein paar typische erwähnt werden sollen:

> **%d**

> Ein Integer-Wert wird dezimal ausgegeben; der resultierende Text ist gerade
> so breit wie nötig.

%10d

Ein Integer-Wert wird dezimal ausgegeben; der resultierende Text ist so breit wie nötig, aber *mindestens* 10 Stellen. Statt **10** kann natürlich eine beliebige positive Zahl angegeben werden.

%−8d

Ein Integer-Wert wird dezimal ausgegeben; der resultierende Text ist mindestens 8 Stellen breit. Innerhalb dieser Fläche erscheint der Wert *linksbündig*.

%✳d

Ein Integer-Wert wird als Breite des resultierenden Textes interpretiert. Der *folgende* Integer-Wert wird dann dezimal ausgegeben.

Ein Formatelement besteht also aus einem Signalzeichen **%**, einer optionalen Angabe zur minimalen Breite und Ausrichtung der Ausgabe, und einem Code-Buchstaben, der Typ des betroffenen Wertes und Art der Umwandlung definiert. Als Code-Buchstaben gibt es zum Beispiel **d** – Integer Wert dezimal, **o** – Integer Wert oktal in Basis 8, **x** – Integer Wert hexadezimal in Basis 16, **s** – Zeichenkette, und viele andere. Zwei aufeinanderfolgende Signalzeichen **%%** sind kein Formatelement, sondern stehen für *ein* Signalzeichen in der Ausgabe.

4.7.2   Eingabe – "scanf"

Für Eingabe mit Umwandlung dient die Büchereifunktion **scanf**. Sie wird wie folgt aufgerufen:

```
anzahl = scanf(format, ziel, ziel, ... );
```

scanf extrahiert unter Kontrolle des Formats Eingabewerte, wandelt diese um, und weist sie an die Ziele zu. **scanf** liefert als Resultat die Anzahl Zuweisungen, die tatsächlich erfolgten – wenn keine Eingabezeichen mehr zur Verfügung stehen, oder wenn die Eingabe dem Format nicht genügt, können weniger Zuweisungen erfolgen als eigentlich beabsichtigt.

Ein **scanf** Format ist analog aufgebaut wie ein **printf** Format. Die Angabe zur Breite wird jedoch als *maximal* verstanden, und **✳** vor oder an Stelle einer Angabe zur Breite unterdrückt eine Zuweisung des Resultats.

Die Eingabezeichen werden als eine Reihe von Feldern betrachtet, die jeweils durch Zwischenraum getrennt sind. Zwischenraum im Format hat keine Bedeutung; ein Formatelement sorgt für die Umwandlung eines Eingabefeldes und alle anderen Zeichen im Format müssen genauso als Eingabezeichen vorkommen.

Eine typische Anwendung von **scanf** geht davon aus, daß etwa in der Eingabe Werte vorkommen, die beliebig mit Zwischenraum getrennt oder auch auf verschiedenen Zeilen angegeben werden können, und daß im Format eine Reihe von **%d** Formatelementen für dezimale Interpretation als Integer-Werte sorgen.

4.8 Parameterübergabe

Die Angabe von Zielen für **scanf** ist etwas schwieriger als die Angabe von Werten für **printf**: anders als Pascal und Fortran übergibt C immer nur den *Wert* eines Arguments an einen Parameter, und verwendet niemals die *Adresse* des Arguments als Adresse des Parameters. Dies bedeutet, daß eine Funktion zwar Zuweisungen an ihre Parameter vornehmen kann, daß aber diese Zuweisungen keinerlei Effekt auf die ursprünglichen Argumente haben! **scanf** zum Beispiel muß aber gerade derartige Zuweisungen bewerkstelligen.

Die Lösung des Problems in C ist typisch, und kann in jeder Programmiersprache praktiziert werden die, wie C und Pascal, über Zeiger verfügt: wenn als Argument einer Funktion ein Zeigerwert übergeben wird, dann kann die Funktion den Zeigerparameter benutzen um das Objekt zu verändern, auf das der Zeigerwert zeigt. Das Argument, also der Zeigerwert selbst, kann nicht verändert werden.

Ein **ziel** für **scanf** muß also ein Zeigerwert sein, der auf ein Objekt verweist, das den umgewandelten Wert aus der Eingabe erhalten soll. Zeiger werden im nächsten Kapitel eingehend behandelt; für die folgenden Beispiele genügt die Tatsache, daß der Ausdruck

```
& name
```

einen Zeigerwert liefert, der auf die Variable verweist, die als **name** definiert wurde.

4.9 Euklid's Algorithmus

Wir sind jetzt fast in der Lage, in C einigermaßen konstruktiv zu rechnen. Als Beispiel soll wieder Euklid's Algorithmus zur Berechnung des größten gemeinsamen Teilers zweier ganzer Zahlen dienen. Betrachten wir nochmals den Algorithmus, der schon in Abschnitt 2.2 beschrieben wurde:

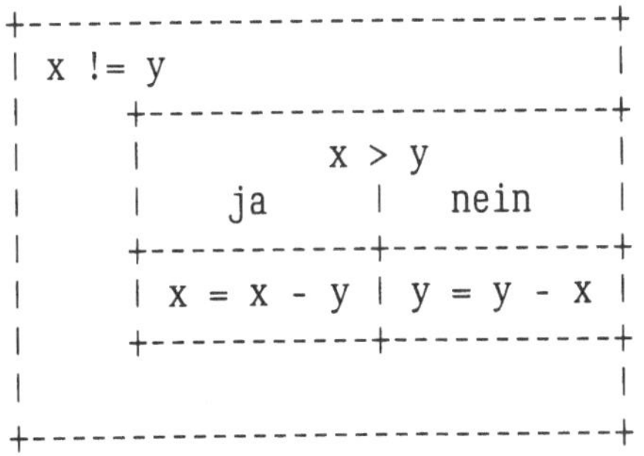

```
+-------------------------------+
| x != y                        |
|       +-----------------------+
|       |          x > y        |
|       |    ja    |    nein     |
|       +----------+------------+
|       | x = x - y | y = y - x |
|       +----------+------------+
|                               |
+-------------------------------+
```

Eine mögliche Implementierung ist folgende:

```
/*
 *        euklid1.c -- Euklid's Algorithmus
 *        Loesung mit Subtraktion
 */


main()
{       int x, y;                      /* zwei Variablen */

        printf("ggT von ? ");
        scanf("%d %d", &x, &y);

        printf("ggT von %d und %d", x, y);

        while (x != y)
                if (x > y)
                        x -= y;
                else
                        y -= x;

        printf(" ist %d\n", x);
}
```

Im Hauptprogramm werden zwei lokale Integer-Variablen **x** und **y** definiert, der Benutzer wird aufgefordert zwei Zahlen einzugeben, die Zahlen werden mit Hilfe der **scanf** Büchereifunktion eingelesen, für ein Protokoll nochmals ausgegeben, der Algorithmus wird durchgeführt, und schließlich wird das Resultat ausgegeben. Um das Beispiel übersichtlich zu halten, wird nicht kontrolliert, daß **scanf** tatsächlich auch zwei Werte zuweisen kann.

4.9.1   Skalare "int" Variablen

Skalare Variablen werden ganz ähnlich wie Funktionen definiert:

```
typname name, name, ... ;
```

typname ist der Datentyp aller Objekte in der Definition.

name ist der Name einer Variablen, die dadurch definiert wird.

Ein häufig verwendeter Datentyp ist **int**. Werte vom Typ **int**, meist auch als *Integer-Werte* bezeichnet, sind ganze Zahlen in einem Bereich der auf der jeweiligen Maschine *natürlich* dargestellt werden kann. Dies erfolgt meistens mit 32 Bits, also im Bereich von mehr als 9 dezimalen Ziffern.

4.9.2   Steuerzeichen

Das Beispiel illustriert, wie man bei Dialog auf der gleichen Zeile zur Eingabe auffordern kann, auf der dann auch eingegeben wird. Außerdem erkennt man bei Ausführung, daß mehrere **printf** Aufrufe eine einzige Ausgabezeile erzeugen können.

Zeilentrennung muß immer ausdrücklich mit Steuerzeichen formuliert werden. Insbesondere existieren folgende Steuerzeichen:

\n

Zeilentrenner: die nachfolgende Ausgabe erscheint auf einer neuen Zeile.

\t

Tabulator: in die Ausgabe wird ein Tabulatorzeichen eingefügt. Erfolgt die Ausgabe zum Bildschirm oder Drucker, so wird dort normalerweise ein Tabulator dadurch simuliert, daß bis zur nächsten Tabulatorposition Leerzeichen erscheinen; Tabulatorpositionen sind Vielfache von acht.

\b

Backspace: das nächste Ausgabezeichen überschreibt – falls technisch möglich – das vorhergehende Zeichen.

\r

Wagenrücklauf: die nachfolgende Ausgabe überschreibt – falls technisch möglich – den bisherigen Inhalt der Zeile.

\\x

Damit wird das Zeichen x selbst dargestellt, wenn diese Angabe nicht schon als Steuerzeichen definiert ist. Dies dient speziell dazu, die Zeichen \, " und ' darzustellen. x kann auch die Darstellung eines Zeichens in oktalen Ziffern sein.

4.9.3   Einfache Anweisungen

Die einfachste Anweisung in C ist die 'leere' Anweisung, die nur aus einem abschließenden Semikolon ; besteht und keinen Effekt hat.

Die häufigste Anweisung in C ist die Bewertung eines Ausdrucks, sie besteht aus einem Ausdruck gefolgt von einem Semikolon. Zuweisungen und Funktionsaufrufe sind spezielle Fälle dieser Art von Anweisungen.

In C werden Anweisungen und Vereinbarungen mit Semikolon *abgeschlossen* und nicht wie in Pascal getrennt. Als Konsequenz steht vor **else** in C ein Semikolon, oder eine abschließende geschweifte Klammer.

4.9.4   Einfache Kontrollstrukturen

C verfügt über die üblichen modernen Kontrollstrukturen, also Entscheidung zwischen zwei Alternativen

```
if ( ausdruck )
        anweisung1
else
        anweisung2
```

Wiederholung falls und solange eine Bedingung besteht

```
while ( ausdruck )
        anweisung
```

Wiederholung bis eine Bedingung nicht mehr besteht

```
do
        anweisung
while ( ausdruck );
```

Der **else** Teil einer Entscheidung ist wie üblich optional. Als abhängige Anweisung kann immer eine beliebige Anweisung stehen, also auch wieder eine Kontrollstruktur und insbesondere ein Block, in dem mehrere Anweisungen und auch Vereinbarungen zusammengefaßt werden können:

```
{
        vereinbarungen
        anweisungen
}
```

Entscheidungen hängen davon ab, ob der arithmetische Wert eines Ausdrucks von Null verschieden ist: Der Ausdruck muß einen Integer-Wert liefern. Ist dieser Wert von Null verschieden, so gilt die Bedingung als erfüllt, das heißt, bei **if** wird **anweisung1** ausgeführt, und eine Schleife wird entsprechend wiederholt. Ist der Wert Null, so gilt die Bedingung als nicht erfüllt, das heißt, eine Schleife wird nicht oder nicht mehr durchlaufen, und in einer Entscheidung wird, falls vorhanden, der **else** Teil **anweisung2** ausgewählt.

4.10   Operatoren

Bei *euklid1.c* wurde Euklid's Algorithmus mit einer **while** Schleife realisiert, in der in Abhängigkeit von einer Entscheidung jeweils eine von zwei Zuweisungen ausgeführt wird.

C stellt eine verwirrende Vielzahl von Operatoren mit entsprechend feinen Vorrangregeln zur Verfügung; eine vollständige und sortierte Liste befindet sich in Anhang E im Abschnitt E.6. Zwar gelten auch die üblichen Regeln, also Multiplikation und Division vor Addition und Subtraktion, und diese wieder vor Vergleichen und logischen Verknüpfungen; trotzdem tut man im allgemeinen gut daran, Zweifel durch Verwendung von Klammern möglichst gar nicht erst aufkommen zu lassen.

Das Programmbeispiel zeigt zwei Vergleiche: **while** untersucht mit **!=**, ob der Wert von **x** vom Wert von **y** verschieden ist, und **if** untersucht mit **>**, ob **x** numerisch größer ist als **y**. Vergleiche wie **>** haben Vorrang vor Äquivalenzvergleichen wie **!=**. Vergleiche liefern den Integer-Wert 1 wenn die gewünschte Relation besteht, und 0 wenn das Gegenteil der Fall ist.

Das Programmbeispiel zeigt schließlich noch eine Spezialität von C: Zuweisungen mit Operatorverknüpfung. Eine einfache Zuweisung[3] hat die Form

```
name = wert;
```

und eine Zuweisung der Form

```
name = name - ( wert );
```

kann kompakter als

```
name -= wert;
```

formuliert werden. In dieser letzten Form wird **name** nur einmal bewertet, und dies ist auch effizienter. Diese kombinierte Zuweisung existiert für alle arithmetischen Operatoren.

Betrachten wir noch eine etwas andere Formulierung von Euklid's Algorithmus. Hier wird ausgenutzt, daß unter geeigneten Voraussetzungen auch gilt

```
ggT(x,y)  ==  ggT(y,rest)
```

wobei **rest** der Rest nach Division von **x** durch **y** sein soll. Dieser Satz ist übrigens leicht einsichtig, wenn man berücksichtigt, daß ja ganzzahlige Division als Folge von Subtraktionen erklärt werden kann. Das Verfahren bricht ab, wenn der Rest Null wird; der letzte Divisor ist dann der gesuchte größte gemeinsame Teiler.

```
main()
{        int x, y, rest;

         printf("ggT von ? ");
         scanf("%d %d", &x, &y);

         printf("ggT von %d und %d", x, y);

         while (rest = x % y)     /* x mod y */
                 x = y, y = rest;

         printf(" ist %d\n", y);
}
```

---

[3]   Angeblich sind Zuweisungen doppelt so häufig wie Äquivalenzvergleiche [Ker78a], deshalb steht **=** für eine Zuweisung, und der Vergleichsoperator **==** ist entsprechend länger.

Das Beispiel zeigt eine **while** Schleife mit zwei Zuweisungen, die durch den Kommaoperator in eine einzige Anweisung zusammengefaßt sind. Der Kommaoperator dient dazu, Ausdrücke der Reihe nach von links nach rechts bewerten zu lassen; das Resultat der Operation ist der Wert des letzten (rechten) Ausdrucks. Das Beispiel zeigt eine nützliche Verwendung des Operators: man kann dadurch andeuten, daß mehrere Werte immer zusammen verändert werden sollen, oder daß manche Funktionsaufrufe mehr oder weniger zusammen erfolgen sollen – Komma trennt schwächer als ein Semikolon, das natürlich in solchen Fällen ebenfalls verwendet werden könnte. Verwendete man hier ein Semikolon, müßte man allerdings den Körper der **while** Schleife in geschweifte Klammern einschließen, da dann ja zwei Anweisungen entstehen, die beide von **while** abhängen.

% ist ein Operator, der für zwei Integer-Operanden den Rest nach Division liefert. Ist dieser Rest nicht Null, so wird ein neuer Durchgang durch die Schleife nötig, bei dem die Werte von **y** an **x** und von **rest** an **y** zugewiesen werden. Ist der Rest Null, so muß die Schleife abgebrochen werden.

In C gilt die Zuweisung als gewöhnlicher Operator, der selbst auch wieder einen Wert liefert, nämlich gerade den zugewiesenen Wert. Dies wird hier – in einer für C Programme sehr typischen Form – elegant in die Bedingung der **while** Schleife eingearbeitet.

Auch dieses Beispiel geht zur Vereinfachung davon aus, daß keine allzu unvernünftige Eingabe angeliefert wird.

4.11 Funktionen

Man kann Euklid's Algorithmus schließlich auch direkt wie in Abschnitt 2.2 definiert mit Hilfe einer rekursiven Funktion realisieren:

```
/*
 *      euklid3.c -- Euklid's Algorithmus
 *      rekursive Loesung
 */

static int ggT(x,y)             /* eigene Funktion */
        int x, y;               /* (Wert-) Parameter */
{
        if (x == y)
                return x;
        else if (x > y)
                return ggT(x - y, y);
        else
                return ggT(x, y - x);
}
```

```
main()
{       int x, y;

        printf("ggT von ? ");
        scanf("%d %d", &x, &y);

        printf("ggT von %d und %d ist %d\n",
               x, y, ggT(x, y));
}
```

Die Funktion **ggT** liefert ein **int** Resultat, und zwar den größten gemeinsamen Teiler der zwei **int** Parameter **x** und **y**.

ggT wird erstmalig aufgerufen, wenn die Werte der Argumente für den Aufruf von **printf** berechnet werden, der das endgültige Resultat ausgibt. Die Werte der Argumente eines Funktionsaufrufs werden immer berechnet *bevor* sie an die Parameter der Funktion beim eigentlichen Aufruf zugewiesen werden, folglich wird hier **printf** erst aufgerufen, wenn der Wert von **ggT(x,y)** feststeht. Die Reihenfolge, in der die einzelnen Argumente dabei bewertet werden, ist *nicht* definiert.

Die Berechnung des größten gemeinsamen Teilers erfolgt in der Funktion **ggT** rekursiv, und zwar exakt so wie in Abschnitt 2.2 definiert.

Die **return** Anweisung dient dazu, den Resultatwert einer Funktion zu liefern. Der Wert entsteht durch Bewertung des Ausdrucks der **return** folgt, und er wird falls nötig in den Resultattyp der Funktion umgewandelt.

return kann auch *ohne* einen Ausdruck als Resultatwert benutzt werden; dies ist äquivalent dazu, daß das Ende der Funktionsdefinition erreicht wird. In diesem Fall liefert die Funktion *kein* Resultat, ist also eine Prozedur im Sinne von Pascal, und sie sollte ohne weitere Verknüpfungen in einer Anweisung aufgerufen werden.

Funktionen mit **int** Resultat brauchen nicht explizit deklariert zu werden. **ggT** wird bei Bewertung der Argumente der **printf** Funktion aufgerufen. Man kann **ggT** und **main** in der Quelldatei auch umgekehrt anordnen. In diesem Fall wäre dann der Name **ggT**, wie auch **printf** und **scanf**, beim Aufruf noch nicht vereinbart. Da diese Namen in der Position von Funktionsnamen in einem Funktionsaufruf auftreten, vereinbart der C Übersetzer implizit, daß es sich jeweils um eine Funktion mit **int** Resultat handelt. **ggT** wird ja explizit und mit korrektem Resultattyp in der Quelldatei selbst definiert, die anderen Funktionen werden bei Montage des übersetzten Programms automatisch aus der Bücherei hinzu geholt.

Folgt man dem Prinzip der schrittweisen Verfeinerung einer Problemlösung, so ist es sicher hilfreich, daß man auf diese Weise eine Funktion benutzen kann, bevor man sie später definiert, daß man also ein Programm vom Hauptprogramm zu den einfachsten Unterprogrammen hin strukturieren und anordnen kann.

Das Verfahren hat nur da Nachteile, wo Funktionen keine **int** Resultate liefern, oder wo versehentlich Büchereifunktionen hinzugezogen werden, weil die Definition eigener Funktionen vergessen wurde. Im ersten Fall hilft eine der Pascal **forward** Konstruktion vergleichbare Deklaration, die der eigentlichen Definition vorausgehen kann, und die im nächsten Kapitel beschrieben wird. Das zweite Problem kann man – von der nötigen Disziplin abgesehen – unter Umständen mit UNIX Dienstprogrammen und mit der **– n** Option von *lint* in den Griff bekommen.

In *euklid3.c* wurde die nur intern verwendete Funktion **ggT** noch als **static** vereinbart. Wie im Kapitel 6 noch ausführlich geschildert wird, wird damit der Geltungsbereich eines global definierten Namens auf die Quelldatei selbst eingeschränkt. Man sollte sich rigoros von Anfang an angewöhnen, alle globalen Objekte derart zu schützen, dann passieren speziell bei der Modifikation von Programmen, die aus getrennt übersetzten Quelldateien bestehen, weniger unabsichtliche Fehler. Vereinbart man eine lokale Funktion als **static**, so muß man das allerdings tun, *bevor* sie zum erstenmal aufgerufen wird.

4.12   Maximum einer Liste von Zahlen

4.12.1   Vektoren, konventionell betrachtet

Eine Reihe von Zahlen soll eingelesen und gespeichert werden; anschließend soll die größte Zahl in dieser Liste bestimmt werden. Unsere Lösung erhebt nicht unbedingt den Anspruch, besonders flexibel zu sein. Das Programm illustriert jedoch die konventionellen Aspekte der Benutzung von Vektoren in C.

Wir gliedern die Lösung in zwei Teile: **eingabe** ist eine Funktion, die Integer-Werte einliest, sie in einem Vektor der Reihe nach ablegt, und die als Resultat die Anzahl der eingelesenen Werte liefert. **max** ist eine Funktion, die ein Maximum aus einem Vektor von Integer-Werten liefert. Im Hauptprogramm wird also zuerst **eingabe** aufgerufen, um eine Reihe von Werten einzulesen. Wenn überhaupt Werte eingegeben wurden, wird das Maximum mit **max** bestimmt und mit **printf** ausgegeben.

Um die Lösung einigermaßen allgemein verwendbar zu halten, soll **eingabe** die Werte in einem Vektor ablegen, der als Parameter übergeben wird. Damit die Grenzen des Vektors nicht überschritten werden, muß die Länge des Vektors ebenfalls übergeben werden. **main** kontrolliert damit die Dimensionierung des Vektors.

Obgleich **main** wieder zuletzt in der Quelldatei steht, zeigen wir diese Funktion zuerst:

```
/*
 *      maximum.c -- Maximum einer Liste von Zahlen
 */

#define VIELE   10              /* maximale Anzahl */

        /* hier stehen max und eingabe */

main()
{       int feld[VIELE];        /* die Zahlen */
        int n;                  /* belegte Anzahl */

        if (n = eingabe(feld, VIELE))
                printf("Maximum: %d\n", max(feld, n));
}
```

Die Vereinbarung für **feld** zeigt, wie ein Vektor definiert wird: dem Vektornamen folgt in der Definition in eckigen Klammern [ ] eine Integer-Konstante, die die Anzahl der Vektorelemente definiert. Die Elemente werden immer von Null ab indiziert; der höchste mögliche Index ist als immer um 1 geringer als die in der Definition angegebene Anzahl der Vektorelemente.

Vektorelemente werden dadurch ausgewählt, daß dem Vektornamen in eckigen Klammern ein Ausdruck folgt, der einen Integer-Wert liefert. Der Wert sollte kleiner als die Anzahl der Vektorelemente und nicht negativ sein, und er wählt dann entsprechend ein Vektorelement. Ein Vektorelement kann genau wie der Name einer skalaren Variablen verwendet werden.

4.12.2 Der C Preprozessor

Für diese Anwendung ist es recht wichtig, die Anzahl Elemente in diesem Vektor leicht variierbar zu halten. Diese Zahl definiert nämlich, wieviele Werte maximal bearbeitet werden können. Es ist in C wie in Pascal üblich, daß man solche Konstanten benennt. In C geschieht dies dadurch, daß man statt der Konstanten einen eindeutigen Namen benutzt; hier ist dies **VIELE**. Es ist traditionell, daß solche Namen ganz aus Großbuchstaben bestehen.

Zum C Übersetzer gehört ein integrierter Makroprozessor, der auf Zeilen reagiert, die mit **#** beginnen. Mit **define** kann vereinbart werden, daß ein Name durch einen bestimmten Text ersetzt wird. Der Name muß dabei den in C üblichen Regeln genügen, der Ersatztext ist der Rest dieser Preprozessor-Zeile. Der angegebene Name wird im nachfolgenden Programmtext jeweils durch den vereinbarten Text ersetzt; im Ersatztext finden dann jeweils auch noch weiter mögliche Ersetzungen statt.

Abgesehen davon, daß der Makroname nur erkannt wird, wenn er nicht gerade Bestandteil eines längeren Namens ist und wenn er nicht in einer Zeichenkette vorkommt, findet diese Ersetzung ohne Rücksicht auf Syntax (und Verstand) statt. Man könnte also auch etwa

```
#define IF      if (
#define THEN    )
```

angeben und damit in C praktisch Pascal-ähnliche Verhältnisse schaffen.

4.12.3   Die "for" Schleife

Nach all diesen Vorbereitungen ist die **eingabe** Funktion recht primitiv:

```
+----------------------------------------+
| eingabe(feld,lim) feld: fuer die Zahlen |
|                   lim:  moegliche Anzahl |
+----------------------------------------+
|        Index zum Speichern: n = 0       |
+----------------------------------------+
| gibt's noch Platz?                      |
| n < lim                                 |
|        +--------------------------------+
|        |     gibt es noch einen Wert?   |
|        |     ja        |      nein       |
|        +---------------+----------------+
|        |  speichern    |                |
|        |  in feld[n]   |  Schleife      |
|        +---------------+   abbrechen!   |
|        |    n += 1     |                |
|        +---------------+----------------+
|        |                                |
+----------------------------------------+
| Resultat: n, die Anzahl gelesener Zahlen |
+----------------------------------------+
```

n durchläuft die möglichen Indizes für **feld** von **0** bis (höchstens) **lim − 1**. Für jeden möglichen Index wird mit der **scanf** Funktion ein einziger dezimaler Wert eingelesen. Wenn diese Funktion kein positives Resultat liefert, hat keine Zuweisung stattgefunden und die Schleife wird vorzeitig verlassen – in der Annahme, daß eben weniger als **lim** Werte eingegeben werden sollten. **n** bezeichnet nach Beendigung der Schleife in jedem Fall das Element in **feld**, das gerade *nicht* mehr belegt wurde. **n** enthält also genau die Anzahl der eingelesenen Werte, den geforderten Resultatwert der **eingabe** Funktion.

```
static int eingabe(feld, lim)    /* Zahlen lesen */
        int feld[];              /* die Zahlen */
        int lim;                 /* maximale Anzahl */
{       int n;

        printf("Bitte Zahlen eingeben\n");
        for (n = 0; n < lim; n++)
                if (scanf("%d", &feld[n]) <= 0)
                        break;   /* Schleife abbrechen */
        return n;                /* Resultat ist Anzahl */
}
```

for ist eine weitere Möglichkeit, die wiederholte Ausführung einer Anweisung zu kontrollieren:

```
for ( ausdruck1; ausdruck2; ausdruck3 )
        anweisung
```

Diese Anweisung ist äquivalent zu

```
ausdruck1;
while ( ausdruck2 )
{       anweisung
        ausdruck3;
}
```

das heißt, **ausdruck1** ist eine Initialisierung, die einmal vor Beginn der Schleife ausgeführt wird, **ausdruck2** ist die Bedingung von der dann abhängt, ob und wie lange die **anweisung** in der Schleife ausgeführt wird, und **ausdruck3** dient normalerweise dazu, eine Variable zu verändern, die die Schleife kontrolliert. Alle Ausdrücke in der **for** Klausel sind optional; fehlt **ausdruck2**, so wird die Schleife unbeschränkt oft wiederholt.

Die **break** Anweisung dient dazu, die Ausführung einer Schleife abzubrechen. **break** muß dazu innerhalb einer Schleife angegeben werden und wirkt gegebenenfalls auf die innerste in einer Reihe von ineinander geschachtelten Schleifen.

4.12.4   Ein Vektor als Parameter

Bei der **eingabe** Funktion wird als Parameter der Vektor **feld** übergeben. In der Parameterdeklaration braucht dabei für **feld** die Dimensionierung *nicht* angegeben zu werden. Damit können Funktionen konstruiert werden, die beliebig lange Vektoren als Argumente akzeptieren; der Benutzer ist allerdings selbst dafür verantwortlich, daß Vektoren nur innerhalb der sinnvollen Bereiche bearbeitet werden, da das C System die Legalität von Indexwerten nicht überprüft. Zweckmäßigerweise übergibt man also jeweils einen entsprechenden Hinweis, wie wir dies hier in Form von **lim**, der Anzahl der möglichen Elemente, tun.

4.12.5   Initialisierung von Variablen

Betrachten wir nun noch kurz das Problem, das Maximum in einem Vektor zu finden:

```
+-------------------------------------+
| max(feld,n) feld: Vektor von Zahlen |
|             n:    Anzahl der Zahlen  |
+-------------------------------------+
|   erstes Maximum: max = feld[n-1]   |
|   erster Index:   n -= 2            |
+-------------------------------------+
| noch Elemente pruefen?              |
| n >= 0                              |
|        +----------------------------+
|        |          feld[n] > max     |
|        |            ja       | nein |
|        +-------------------+--------+
|        | neues Maximum:    |        |
|        | max = feld[n]     |        |
|        +-------------------+--------+
|        | naechster Index: n -= 1    |
|        +----------------------------+
|        |                            |
+-------------------------------------+
|      Resultat: max, das Maximum     |
+-------------------------------------+
```

In der **max** Funktion wird eine lokale Variable **max** definiert, die zum Schluß das Maximum enthalten soll. Versuchsweise wird sie zunächst mit dem letzten (belegten) Element im Vektor **feld** initialisiert. Der Parameter **n** durchläuft rückwärts die anderen möglichen Indexwerte. Bezeichnet **n** ein Vektorelement das größer ist als das bisherige Maximum, wird **max** entsprechend korrigiert.

```
static int max(feld, n)          /* Maximum bestimmen */
        int feld[];              /* die Zahlen */
        int n;                   /* belegte Anzahl */
{       int max = feld[--n];     /* (erstes) Maximum */

        while (--n >= 0)
                if (feld[n] > max)
                        max = feld[n];
        return max;
}
```

In Definitionen können Variablen initialisiert werden. Dazu folgt dem Namen einer skalaren Variablen ein = Zeichen und ein Ausdruck, mit dessen Wert die Variable initialisiert werden soll. Global definierte Variablen können nur mit konstanten Werten initialisiert werden; bei lokalen Variablen sind beliebige Ausdrücke erlaubt, die allerdings der Reihenfolge der Definitionen nicht widersprechen dürfen.

Globale, aber nicht lokale, Vektoren können mit einer Liste von konstanten Werten initialisiert werden, die in geschweifte Klammern eingeschlossen wird.

4.12.6   Inkrement- und Dekrementoperatoren

Die Operatoren $--$ und $++$ sind eine weitere Spezialität von C. Sie können nur auf L-Werte angewendet werden, also auf Größen, an die eine Zuweisung erfolgen kann. $++x$ ist synonym zu $(x += 1)$, vergrößert also x um den Wert 1. $--x$ ist synonym zu $(x -= 1)$, verringert also x um den Wert 1. Wie bei allen Zuweisungen, wird auch hier als Resultat in beiden Fällen der *veränderte* Wert geliefert.

Wie bei **eingabe** gezeigt, können beide Operatoren ihrem Operanden auch folgen. Der Effekt für den Operanden ist der gleiche, wie wenn der Operator dem Operanden vorausgeht, aber als Resultat wird der *ursprüngliche* Wert des Operanden geliefert. Die Formulierung ist leider leicht zu übersehen; sie führt aber sehr oft zu effizientem Code.

4.13   Ausblick

In diesem Kapitel wurden vor allem die konventionellen Aspekte der Programmiersprache C vorgestellt: Funktionen in C sind globale Routinen, die insofern an Fortran erinnern, die aber auch wie Prozeduren aufgerufen und wie in Pascal rekursiv benutzt werden können. C enthält die üblichen modernen Kontrollstrukturen und eine große Zahl von Operatoren mit entsprechend komplizierten Vorrangregeln.

In den folgenden Kapiteln wird noch näher erläutert, daß C über eine Vielzahl von Datentypen und Konstruktoren für Aggregate verfügt; dazu gehören insbesondere Zeiger und Strukturen, wie sie etwa von Pascal her auch als **record** bekannt sind.

Der C Übersetzer verfügt über einen einfachen Makroprozessor. Dieser kann zur Benennung wichtiger Konstanten, zur klareren Formulierung häufig wiederkehrender Konstruktionen, zur besseren Dokumentation eines C Programms und für viele andere Vereinfachungen herangezogen werden.

C ist ausgezeichnet dazu geeignet, ein Programm aus mehreren *getrennt übersetzten* Quelldateien zu konstruieren. Ein Beispiel zu diesem Aspekt der modularen Programmierung wird im Kapitel 6 ausführlich dargestellt.

C Programme können kompakt sein bis hin zur Unverständlichkeit. Es ist deshalb extrem wichtig, daß man versucht, C Programme verständlich zu formulieren. Dazu gehört insbesondere, daß man Programmstruktur entsprechend durch Einrücken grafisch verdeutlicht. Eine mögliche Disziplin wurde hier in den Beispielen eingehalten; allgemein akzeptierte, einheitliche Regeln existieren dazu allerdings nicht. Es gibt das UNIX Dienstprogramm *cb*, das ein C Programm verschönert; die nachträgliche Verwendung eines solchen Programms erzieht den Programmierer aber wohl eher zur Nachlässigkeit bei der Entwicklung.

Kapitel 5: Vektoren, Zeichenketten und Zeiger

5.1 Begriffe

Ein *Zeigerwert* ist ein Verweis auf ein Objekt; ein *Objekt* ist eine modifizierbare Speicherfläche, also ein L-Wert. Im Sprachgebrauch der Assembler-Programmierung ist ein Zeigerwert eine *Adresse*; in Sprachen wie C oder Pascal ist jedoch ein Zeigerwert auch noch unwiderruflich mit dem Typ des Zielobjekts verknüpft. Ein Zeigerwert kann in einer Zeigervariablen, kurz *Zeiger* genannt, gespeichert werden.

Unter einem *Vektor* verstehen wir eine Folge von *Elementen* gleichen Typs. In C muß, wie auch in Pascal, bei Definition eines Vektors die Anzahl der Elemente, die *Dimensionierung*, angegeben werden. Der Vektor belegt dann eine zusammenhängende Speicherfläche, die gerade groß genug ist um die gewünschte Anzahl von Elementen aufzunehmen.

Die Dimensionierung muß grundsätzlich konstant sein. Im Abschnitt 4.12.2 wurde schon darauf hingewiesen, daß man üblicherweise die Dimensionierung eines Vektors mit Hilfe des C Preprozessors vornimmt, damit sie leicht und zentral zu verändern ist. Es ist wichtig zu wissen, daß in C grundsätzlich Ausdrücke, die nur aus Konstanten bestehen, gleichberechtigt sind mit einfachen Konstanten.

In den meisten Programmiersprachen steht, wie in Pascal, der Name eines Vektors für die *Gesamtheit* der Elemente. Im Gegensatz dazu wird in C der Name eines Vektors als *Verweis* auf das erste Element im Vektor interpretiert. Ein Vektorname ist also ein konstanter Zeigerwert; dies entspricht der Definition eines Vektors in einem Assembler-Programm. Daraus ergeben sich vielfältige Konsequenzen; insbesondere sind in C Vektoroperationen und Zeigeroperationen praktisch austauschbar. Dieses Konzept verführt zwar auch zu ausgesprochen trickreicher Programmierung, ist aber, diszipliniert benutzt, unabdingbares Requisit im Sprachschatz des C Programmierers.

Das vorliegende Kapitel befaßt sich mit Zeigern und dem Zusammenhang zwischen Zeigern und Vektoren. Im nächsten Abschnitt wird das allgemeine Prinzip diskutiert, das den Vereinbarungen in C unterliegt. Anschließend werden die konventionellen Operationen mit Zeigern vorgestellt. Zum Schluß erklären wir das Prinzip der Arithmetik mit Zeigern, aus dem die Analogie zu Vektoren folgt.

Die wichtigsten Beispiele für den Einsatz von Zeigern, nämlich die Manipulation von Zeichenketten (*strings*), und die Übergabe von Kommandoargumenten als Parameter an ein Hauptprogramm, werden am Schluß dieses Kapitels vorgeführt.

C verfügt auch über *Strukturen*, Folgen von Objekten verschiedenen Typs, eine Abwandlung des **record** Konzepts in Pascal. Mit Hilfe von Strukturen und Zeigern sowie mit dynamischer Speicherverwaltung kann man auch in C praktisch beliebige Informationsstrukturen realisieren. Dies wird im Kapitel 7 näher erläutert.

5.2 Deklaratoren

Im Abschnitt 4.9.1 wurden Definitionen eingeführt. Das Schema muß jetzt erweitert werden, damit auch Zeiger und Vektoren vereinbart werden können. Allgemein hat eine Definition folgende Form:

```
typname deklarator [ = initialisierung ] , ... ;
```

Wir haben bisher **int** als **typname**, den Namen einer skalaren Variablen oder auch den Namen eines Vektors gefolgt von einem konstanten Ausdruck als Dimensionierung in eckigen Klammern als **deklarator**, und einen konstanten Ausdruck, oder bei lokalen Variablen auch einen Ausdruck der sich nur auf bereits definierte Variablen bezieht, als **initialisierung** kennengelernt. Im Kapitel 7 wird erläutert, daß als **typname** auch Strukturen möglich sind. **initialisierung** kann auch eine Liste von Werten sein, eingeschlossen in geschweifte Klammern; damit können die Elemente von globalen Vektoren oder die Komponenten von globalen Strukturen initialisiert werden. Beispiele dazu erscheinen in den folgenden Abschnitten.

Das hauptsächliche Instrument zur Konstruktion komplizierter Datentypen ist jedoch der **deklarator**. C verfolgt dabei das Prinzip, daß die Vereinbarung eines Objekts und ein Hinweis auf das Objekt in einem Ausdruck gleich aussehen sollen. Anders ausgedrückt: wenn ein Ausdruck einem Deklarator in bezug auf Klammern und die Verwendung des *Verweisoperators* ❋ gleicht, so hat der Wert dieses Ausdrucks den einfachen Datentyp, der zur Einleitung der Vereinbarung verwendet wurde.

Für einen **deklarator** kann man also Vektorklammern **[ ]**, Klammern für Funktionsaufrufe **( )**, und den Verweisoperator ❋ verwenden. Klammern haben dabei Vorrang; runde Klammern können deshalb auch, wie in Ausdrücken, zur Veränderung des Vorrangs eingesetzt werden. Betrachten wir eine Reihe von Vereinbarungen, um das Prinzip zu verstehen:

```
int name;
```

Erscheint **name** allein als Ausdruck, so hat der Wert den Typ **int**; **name** wird hier also als eine Integer-Variable vereinbart.

```
int name[10];
```

Erscheint **name[integer]** als Ausdruck, so hat der Wert den Typ **int**. Diese Form eines Ausdrucks ist aber die Auswahl eines Vektorelements; **name** wird daher als ein Vektor mit 10 Elementen vereinbart.

```
int ❋ name;
```

Erscheint ❋ **name** als Ausdruck, so hat der Wert den Typ **int**. Ein derartiger Ausdruck bezeichnet aber das Objekt, auf das der Zeigerwert **name** verweist; **name** wird daher als ein Zeiger auf ein Integer-Objekt vereinbart.

```
int * name[10];
```

Eine beliebte Falle, aber eigentlich ganz einfach zu erklären: erscheint
*** name [integer]** als Ausdruck, so hat der Wert den Typ **int**. Im Ausdruck, und
damit dann auch im Deklarator, hat die Auswahl eines Vektorelements **[integer]**
Vorrang vor dem Verweisoperator ***** – hier wird also *zuerst* ein Vektorelement ausgewählt, *anschließend* wird das Objekt angesprochen, auf das dieses Vektorelement verweist; **name** wird daher als ein Vektor mit 10 Elementen vereinbart, die Zeiger auf Integer-Werte sind.

```
int (* name)[10];
```

Nach der Vorrede muß es sich hier natürlich um einen Zeiger auf einen Vektor mit 10
Integer-Elementen handeln: erscheint **(* name)[integer]** als Ausdruck, so hat der
Wert den Typ **int**. Die runden Klammern sorgen, im Ausdruck wie dann auch im Deklarator, für Vorrang: *zuerst* wird der Zeigerwert verfolgt der sich in **name** befinden
muß, *anschließend* wird vom Zielobjekt ein Vektorelement ausgewählt; **name** wird
also wirklich als ein Zeiger auf einen Vektor vereinbart.

```
int * name();
```

Erscheint *** name(argumente)** als Ausdruck, so hat der Wert den Typ **int**. Die
Klammern haben wieder Vorrang, folglich wird zuerst die Funktion **name** aufgerufen,
anschließend wird auf den Funktionswert der Verweisoperator ***** angewendet;
name wird also als eine Funktion vereinbart, die als Resultat einen Zeigerwert liefert,
der auf ein Integer-Objekt verweist.

Dieses Beispiel illustriert die *Deklaration* einer Funktion, die kein **int** Resultat liefert.
Eine derartige Deklaration sollte benutzt werden, bevor etwa der C Übersetzer eine
Funktion implizit mit Resultattyp **int** vereinbart. Alternativ kann natürlich eine Funk-
tion auch definiert werden, bevor sie benutzt wird. Die zugehörige Definition folgt
dem gleichen Muster; die Klammern enthalten dann allerdings noch eine Liste von
Parameternamen.

```
int (* name)();
```

Hier haben wir schließlich einen Zeiger auf eine Funktion, die einen Integer-Wert liefert: im Ausdruck **(* name)(argumente)** muß zuerst der Zeigerwert in **name** verfolgt werden. Das Resultat kann dann als Funktion aufgerufen werden und liefert einen Integer-Wert.

Fast beliebige Konstruktionen sind möglich und auch erlaubt. Es gibt Zeiger auf Zeiger, Zeiger auf Vektoren mit Zeigerelementen, Zeiger auf Funktionen die Zeigerwerte
liefern, Vektoren mit Zeigern auf Funktionen, Vektoren von Vektoren, usw. Wir überlassen die folgenden Beispiele der Geduld des Lesers:

```
int ** name;
int * (* name)[10];
int ** name[10];
```

```
int (* name[10])();
int (* name)()[10];
int (* name())[10];
int * (* name)();
```

Eines dieser Beispiele ist in Wirklichkeit *nicht* erlaubt: Funktionen können zwar jede Art von Zeigerwerten als Resultat liefern, nicht jedoch Vektoren oder Funktionen. Ebenso gibt es zwar Vektoren von Zeigern auf Funktionen, aber keine Vektoren von Funktionen.

5.3   Ein primitiver Textspeicher

Betrachten wir ein Beispiel: Eingabezeichen sollen in Worte zusammengefaßt und gespeichert werden. Zur Demonstration geben wir die Worte später in umgekehrter Reihenfolge aus; in seriöseren Anwendungen würde man die Liste der Worte vielleicht sortieren, gleiche oder auch bedeutungslose Worte eliminieren, Position oder Häufigkeit eines Wortes notieren, usw.

Als Wort wollen wir jede Zeichenkette ansehen, die von Zwischenraum umgeben ist. Ein möglicher Algorithmus ist auf Seite 109 abgebildet.

Je nach Verwendungszweck kann man Worte beliebig aufwendig speichern. Eine Version mit dynamischer Speicherverwaltung zeigen wir in Kapitel 6; momentan wählen wir als einfaches Beispiel für eine Anwendung von Zeigern eine Technik gemäß folgender Skizze:

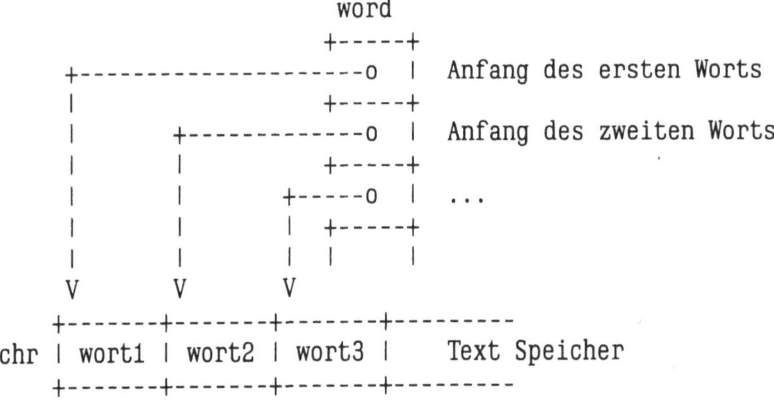

Ein Vektor **chr** soll, dicht gepackt, die Zeichen enthalten; ein Vektor **word** enthält Zeigerwerte, die jeweils auf den Anfang einer Zeichenkette in **chr** verweisen.

Unsere **eingabe** Routine ist eine Funktion, die die Anzahl der eingelesenen Worte als Resultat liefert. Wir betonen dies wie immer dadurch, daß wir in der Definition der Funktion den Datentyp des Resultats ausdrücklich angeben, obgleich ein **int** Resultat ja als Voreinstellung angenommen wird. Die **return** Anweisung muß in jedem Fall ein Resultat liefern, das wenigstens in den für die Funktion vereinbarten Resultattyp umgewandelt werden kann.

```
+-----------------------------------------+
| eingabe(word, wlim, chr, clim)          |
|     word: Zeiger auf Beginn der Worte   |
|     wlim: moegliche Anzahl Zeiger       |
|     chr:  Zeichen in den Worten         |
|     clim: moegliche Anzahl Zeichen      |
+-----------------------------------------+
| solange Platz im Speicher               |
|       +---------------------------------+
|       |                                 |
|       |       +-------------------------+
|       |       |    Zeichen einlesen     |
|       |       +-------------------------+
|       | bis Dateiende oder              |
|       | kein Zwischenraum               |
|       +---------------------------------+
|       |          Dateiende              |
|       |            ja             |     |
|       +---------------------------+---+ |
|       |    Schleife abbrechen     |   | |
|       +---------------------------+---+ |
|       |    Wortanfang notieren          |
|       +---------------------------------+
|       |                                 |
|       |       +-------------------------+
|       |       |  Zeichen speichern      |
|       |       +-------------------------+
|       |       |  Zeichen eingeben       |
|       |       +-------------------------+
|       | bis Zwischenraum oder           |
|       | Datei- oder Speicherende        |
|       +---------------------------------+
|       |    Wort abschliessen            |
|       +---------------------------------+
|       |          Dateiende              |
|       |            ja             |     |
|       +---------------------------+---+ |
|       |    Schleife abbrechen     |   | |
|       +---------------------------+---+ |
|       | zuviel gelesenes Zeichen in     |
|       | die Eingabe zurueckstellen      |
|       +---------------------------------+
|                                         |
+-----------------------------------------+
|    Resultat: Anzahl gelesener Worte     |
+-----------------------------------------+
```

Wie bei *maximum.c* im Abschnitt 4.12, werden auch hier wieder die Vektoren und ihre Dimensionierungen als Parameter übergeben, um eine möglichst allgemeine Verwendbarkeit der Funktion zu erzielen.

```
/*
*         Worte in eine Liste einlesen,
*         Resultat ist die Anzahl der Worte, >= 0
*/

#include <stdio.h>

int eingabe(word, wlim, chr, clim)
        char * word[];          /* Liste der Wortanfaenge */
        int wlim;               /* maximale Anzahl */
        char chr[];             /* Platz fuer die Zeichen */
        int clim;               /* maximale Anzahl */
{       register int ch,        /* Eingabezeichen */
                w = 0,          /* Index in word[] */
                c = 0;          /* Index in chr[] */

        while (c < clim-2 && w < wlim)
        {       do
                        ch  = getchar();
                while (ch == ' ' || ch == '\t' || ch == '\n');

                if (ch == EOF)  /* Dateiende */
                        break;

                word[w++] = &chr[c];

                do
                        chr[c++] = ch;
                while ((ch = getchar()) != ' ' && ch != '\t'
                        && ch != '\n' && ch != EOF
                        && c < clim-1);
                chr[c++] = '\0';

                if (ch == EOF)
                        break;

                ungetc(ch, stdin);
        }
        return w;
}
```

5.4   Der Datentyp "char"

char ist für uns ein neuer Datentyp: ein **char** Objekt kann ein druckbares Zeichen speichern. Wie für Integer-Werte gibt es auch für diesen Datentyp selbstdefinierende Konstanten. Eine **char** Konstante ist *ein* druckbares Zeichen oder die Darstellung eines Steuerzeichens, jeweils eingeschlossen in einfache Anführungszeichen. **char** Konstanten können praktisch wie Integer-Konstanten benutzt werden.

char Vektoren dienen vor allem zur Aufbewahrung von Zeichenketten. Die Zeichenkette wird dabei normalerweise mit einem *Nullzeichen* abgeschlossen, das analog zu den anderen Steuerzeichen als '\0' angegeben wird. Da **char** und **int** Werte praktisch immer gegeneinander austauschbar sind, genügt oft auch die Angabe von **0** an Stelle von '\0'; man wählt die letztere Form immer dann, wenn man betonen will, daß man mit einem **char** Wert hantiert.

Wir kennen bereits die Darstellung für konstante **char** Vektoren: eine beliebige Zeichenkette eingeschlossen in *Doppel*-Anführungszeichen ". Die Zeichenkette selbst kann leer sein; sie kann auch Steuerzeichendarstellungen enthalten. Der C Übersetzer sorgt dafür, daß der Zeichenkette im Speicher ein Nullzeichen folgt. Eine leere Zeichenkette besteht also immer noch aus dem nachfolgenden Nullzeichen.

Betrachten wir jetzt ein Hauptprogramm, das unsere **eingabe** Funktion verwendet um Worte einzulesen und in umgekehrter Reihenfolge auszugeben:

```
/*
 *      word.c -- Worte eingeben und speichern
 */

#define CLIM    200             /* maximales Textvolumen */
#define WLIM    20              /* maximale Anzahl Worte */

main()
{       char * word[WLIM],      /* Wortanfaenge */
                chr[CLIM];      /* Text */
        register int w
                = eingabe(word, WLIM, chr, CLIM);

        while (w --)            /* umgekehrt ausgeben */
                printf("\"%s\"\n", word[w]);

}
```

Hier werden zwei Vektoren definiert: **chr** ist ein **char** Vektor, in dem die eingelesenen Worte gespeichert werden, **word** ist ein Vektor, dessen Elemente Zeiger auf **char** sind, die dann jeweils auf den Beginn eines Wortes in **chr** zeigen werden. Wie üblich werden diese Vektoren mit Konstanten dimensioniert, die wir mit Preprozessor-Anweisungen vereinbaren.

Die **eingabe** Funktion illustriert, wie man Parameter deklariert, an die diese Vektoren übergeben werden können. Deklaration und Definition gleichen sich völlig – nur enthält die Deklaration keine Dimensionierung.

5.5   Die Speicherklassen "register" und "auto"

eingabe benötigt drei lokale Variablen: **ch** soll jeweils das zuletzt eingelesene Zeichen enthalten, **c** und **w** sind Indexvariablen die verfolgen, wie weit der Textspeicher bereits gefüllt ist. Diese Variablen werden in der **eingabe** Funktion sehr häufig benutzt. In der Definition wird daher dem C Übersetzer *empfohlen*, diese Variablen in der Speicherklasse **register** anzulegen, sie also *wenn möglich* in Hardware-Registern anzulegen, um damit einen Effizienz- und Platzgewinn zu erzielen.

Es bleibt dem C Übersetzer überlassen, ob er der Empfehlung folgt; dies hängt im allgemeinen vom Datentyp und von der Anzahl derartiger Definitionen ab. Code für Objekte in der **register** Speicherklasse ist oft effizienter, der Adreßoperator **&** darf jedoch nicht auf **register** Variablen angewendet werden.

Speicherklassen können immer am Beginn einer Vereinbarung explizit angegeben werden. Sie beeinflussen die Lebensdauer der Werte sowie den Geltungsbereich von Namen. Ist nichts angegeben, so wird für lokale Variablen die Speicherklasse **auto** vereinbart. Kann ein Objekt nicht als **register** angelegt werden, so wird es ebenfalls stillschweigend in der Speicherklasse **auto** angelegt.

auto und **register** Objekte können nur lokal in einem Block, also für eine Reihe von Anweisungen, definiert sein. Sie existieren nur während diese Anweisungen aktiv sind. Werden die Anweisungen rekursiv aufgerufen, existieren entsprechend mehrere Kopien der lokalen Objekte. Wie in Pascal verbergen auch in C lokale Objekte globale Objekte mit gleichen Namen.

5.6   Zeicheneingabe

Einzelne Zeichen können mit der Büchereifunktion **getchar** eingelesen werden. **getchar** liefert als Resultat entweder das nächste Eingabezeichen, oder den Wert **EOF**, einen eindeutigen Hinweis, daß das Dateiende erreicht wurde.

getchar muß ein **int** Resultat liefern, damit der Wert **EOF** zusätzlich zu allen **char** Werten repräsentiert werden kann.

EOF ist nicht unbedingt in allen Implementierungen von C gleich definiert. Es gibt jedoch im allgemeinen eine öffentliche Datei *stdio.h*, die solche systemabhängigen Definitionen für Ein- und Ausgabezwecke enthält. In dieser Datei befindet sich unter anderem auch eine Definition für den Nullzeiger **NULL**, der auf *kein* Objekt zeigen kann sowie die Definition von **getchar**.

Eine Zeile wie

```
#include <stdio.h>
```

wird vom C Preprozessor durch den Inhalt einer Datei ersetzt. Der Name der Datei wird mit Doppel-Anführungszeichen oder mit Winkeln **< >** umgeben. Im ersten Fall sucht der Preprozessor die Datei zunächst bei den Dateien des Benutzers, im zweiten Fall wird nach der Datei nur unter bestimmten öffentlichen Dateien gesucht.

getchar liest die *Standard-Eingabe*, normalerweise also vom Terminal. Im UNIX System wird – wie im zweiten Band genauer erklärt wird – bei Eingabe vom Terminal das ASCII-Zeichen *eot* am Zeilenanfang als Dateiende interpretiert. Dieses Zeichen entsteht, wenn man die Tasten *control* und *D* zusammen drückt. Lenkt man die Standard-Eingabe um, liest **getchar** auch aus einer Datei. Hier hat das Dateiende die intuitive Definition.

5.7   Zeichen sind Integer-Werte

char und **int** Werte können beliebig miteinander verknüpft werden. Alle Operationen finden als Integer-Operationen statt. Erst bei einer Zuweisung wird ein Integer-Wert falls nötig wieder in einen **char** Wert umgewandelt. Dies geschieht, indem einfach von der *signifikanten* Seite her Bits unterdrückt werden, das heißt, wenn der Integer-Wert dann den numerischen Wert eines Zeichens hat, so wird er auch in dieses Zeichen umgewandelt.

In der **eingabe** Funktion wird eine **int** Variable **ch** vereinbart, die jeweils das zuletzt eingelesene Zeichen enthält. Ein Zeichen wird durch die Funktion **getchar** eingelesen und an **ch** zugewiesen. Anschließend wird untersucht, ob es sich bei **ch** um Zwischenraum handelt, ob also ein Leerzeichen ´ ´, ein Tabulatorzeichen ´\t´ oder ein Zeilentrenner ´\n´ vorliegt; der **int** Wert **ch** wird also mit **char** Konstanten verglichen.

Enthält **ch** schließlich keinen Zwischenraum mehr, wird geprüft, ob **ch** den Wert **EOF** enthält, der bei Erreichen des Dateiendes von **getchar** geliefert wird. **EOF** ist wirklich ein **int** Wert; hätten wir **ch** nicht als **int** vereinbart, so könnte dieser Wert nie entdeckt werden!

Liegt kein Dateiende vor, so wird der Wert von **ch** an ein Element des **char** Vektors **chr** zugewiesen, bevor ein neues Zeichen eingelesen und wiederum auf besondere Eigenschaften untersucht wird. Zum Schluß wird ein Wort abgeschlossen, indem im Vektor **chr** noch ein Nullzeichen als Ende eines Worts abgelegt wird; es ist üblich, daß man dafür die Schreibweise einer **char** Konstanten ´\0´ wählt, obgleich der Integer-Wert **0** den gleichen Zweck erfüllen würde.

5.8   Das Resultat einer Zuweisung

Im Abschnitt 4.10 wurde schon erwähnt, daß jede Zuweisung auch ein Resultat liefert, eben den Wert, der zugewiesen wurde. Serien von Zuweisungen

```
a = b = c = wert;
```

sind legitim, aber eigentlich sogar weniger häufig, als etwa die Verwendung des Resultats für einen Vergleich, ob eine Schleife abgebrochen werden soll. Wir haben dies schon im Beispiel *euklid2.c* ausgenutzt. Die Sequenz

```
do
        chr[c++] = ch;
while ((ch = getchar()) != ' ' && ch != '\t'
        && ch != '\n' && ch != EOF
        && c < clim-1);
```

ist sehr typisch: ein Zeichen wird eingelesen, in **ch** abgelegt, und es wird sofort untersucht, ob es sich um Zwischenraum oder das Dateiende handelt. Die logische UND-Verknüpfung **&&** behandeln wir im nächsten Abschnitt.

Wenn man das Resultat einer Zuweisung sofort anschließend mit einem anderen Wert vergleicht, muß man beachten, daß Vergleiche Vorrang vor Zuweisungen haben. Es ist also sehr wesentlich, daß die Zuweisung in diesem Kontext mit Klammern umgeben wird!

Ebenso ist üblich, wenn auch manchmal verwirrend, daß man die Resultate der Inkrement- und Dekrementoperatoren weiterverwendet. In der **eingabe** Funktion ist die Invariante für die **c** und **w** Indexvariablen, daß sie jeweils das nächste verfügbare Element in den Vektoren **chr** und **word** bezeichnen. Dies wird in den Zuweisungen an Elemente dieser Vektoren jeweils durch Verwendung des Inkrementoperators **++** *nach* seinem Operanden realisiert: der Operator liefert dann den ursprünglichen Wert des Operanden, der selbst vergrößert wird.

Im Hauptprogramm sollen die Worte in umgekehrter Reihenfolge ausgegeben werden. Die **eingabe** Funktion liefert die Anzahl der Worte, also die Position des ersten Elements in **word**, das nicht mehr benutzt wurde. Dieser nicht-negative Wert wird in **w** gespeichert. In der entscheidenden **while** Schleife

```
while (w--)
        printf("\"%s\"\n", word[w]);
```

wird daher zuerst untersucht, ob **w** noch nicht Null ist, ob also noch ein Element ausgegeben werden muß. Dann wird **w** gleich verringert, damit es als Indexwert dienen kann.

Zugegeben, derartige Konstruktionen sind verwirrend; sie führen jedoch erfahrungsgemäß dazu, daß der C Übersetzer kompakteren und effizienteren Code entwickelt, als dies etwa bei den meisten Pascal-Systemen der Fall ist.

In jedem Fall muß man jedoch beachten, daß in C, vom Vorrang der Operatoren abgesehen, mit wenigen Ausnahmen die Reihenfolge *nicht* definiert ist, in der Operanden oder Argumente von Funktionen bewertet werden! Konkret bedeutet dies, daß man in einem Ausdruck jeden L-Wert höchstens einmal in einen Nebeneffekt, wie eine Zuweisung oder einen Inkrement- oder Dekrementvorgang, verwickeln sollte, und daß man sich erst nach Bewertung des ganzen Ausdrucks auf den Nebeneffekt verlassen kann:

```
vektor[index++] = vektor[index];
```

hat nicht immer den beabsichtigten Effekt. (Welchen?!)

5.9 Logische Verknüpfungen

Vergleiche liefern den Integer-Wert 1, wenn die gewünschte Relation besteht, und 0, wenn das Gegenteil der Fall ist. Allgemeiner betrachtet C den Wert 0 als *false*, und *jeden* von 0 verschiedenen Integer-Wert als *true*. C repräsentiert also logische Werte als Integer-Werte.

Integer-Werte können mit den Operatoren **&&** und **||** logisch verknüpft werden. **&&** ist die logische UND-Verknüpfung, das heißt, das Resultat ist genau dann 1, wenn beide Operanden von 0 verschieden sind. **||** ist die logische ODER-Verknüpfung, deren Resultat genau dann 0 ist wenn beide Operanden 0 sind. Wie üblich hat **&&** Vorrang vor **||**, und Vergleiche haben Vorrang vor beiden Verknüpfungen. Die Verknüpfungen haben ihrerseits wieder Vorrang vor Zuweisungen.

Die Pointe der logischen Verknüpfungen ist, daß ihre rechten Operanden nur dann bewertet werden, wenn das Resultat durch die linken Operanden noch nicht eindeutig bestimmt ist. Der rechte Operand einer **&&** Verknüpfung wird also nur bewertet, wenn der linke Operand von 0 verschieden ist, und der rechte Operand einer **||** Verknüpfung wird nur bewertet, wenn der linke Operand 0 ist. Abgesehen von einer Effizienzverbesserung hat dies den erfreulichen Effekt, daß bei der Bewertung von

```
index >= 0 && index < vektorgrenze && vektor[index] == 10
```

keine unerwünschten Speicherzugriffe erfolgen, weil nur dann das Vektorelement tatsächlich betrachtet wird, wenn der **index** im erlaubten Bereich liegt.

5.10 Zeigerwerte und Zeichenketten

Es gibt einen konstanten Zeigerwert: im Zusammenhang mit Zeigern gilt die Integer-Konstante **0** als Verweis auf *kein* Objekt. Es ist üblich, daß man mit Hilfe des C Preprozessors in diesem Zusammenhang **0** als **NULL** bezeichnet. Eine entsprechende Definition befindet sich in der Datei *stdio.h*, die in vielen C Programmen ohnehin für Ein- und Ausgabezwecke als Resultat von

```
#include <stdio.h>
```

vorhanden ist.

Mit dem Adreßoperator **&** können Zeigerwerte konstruiert werden: **&** liefert einen Zeigerwert, der auf seinen Operanden verweist. Der Operand muß dabei ein L-Wert sein, da das Ziel eines Zeigerwerts grundsätzlich als modifizierbares Objekt, also als L-Wert, betrachtet wird.

Wie im Abschnitt 4.8 erläutert, wird der Adreßoperator oft dazu benutzt, für Variablen Zeigerwertargumente zur Übergabe an Zeigerparameter zu konstruieren. Eine andere Anwendung finden wir in der **eingabe** Funktion in unserem früheren Beispiel *word.c*: ein Wortanfang ist ein Zeigerwert, der jeweils das Element des Vektors **chr** bezeichnet, in dem das erste Zeichen eines neuen Worts gespeichert wird. Der Adreßoperator wird dazu benutzt, diese Zeigerwerte zu bestimmen, damit sie an Elemente des Vektors **word** zugewiesen werden können.

Wir hätten zwar in **word** jeweils auch die Indexwerte abspeichern können, bei denen ein Wort beginnt. In dem erwähnten Hauptprogramm würde dann aber der Aufruf der Büchereifunktion **printf** entsprechend komplizierter: die Kombination

```
char * word[NWORDS];
        ...
word[w++] = & chr[c];
        ...
printf("%s\n", word[w]);
```

würde durch

```
int word[NWORDS];
        ...
word[w++] = c;
        ...
printf("%s\n", & chr[word[w]]);
```

ersetzt werden. Zum Formatelement **%s** muß in jedem Fall ein Zeigerwert als Argument von **printf** angegeben werden, der auf eine Zeichenkette verweist, die mit einem Nullzeichen abgeschlossen ist.

Der Name eines Vektors ist ein konstanter Zeigerwert. Entsprechend der Identität

```
feld == & feld[0]
```

verweist der Vektorname **feld** auf das erste Element **feld[0]** des Vektors.

Da eine Zeichenkette als **char** Vektor aufgefaßt wird, ist auch eine Zeichenkette ein konstanter Zeigerwert. Dies wird häufig für Initialisierungen verwendet:

```
char * z = "text";     /* Zeiger */
char v[] = "text";     /* Vektor */
```

Die zwei Definitionen unterscheiden sich sehr wesentlich: **z** ist ein Zeiger auf ein **char** Objekt, **v** ist ein Vektor von **char** Elementen. **z** ist eine skalare Variable, und enthält explizit die Adresse des ersten Zeichens von **"text"**; **v** ist ein Vektor und enthält die Zeichen selbst. Die Initialisierung von **v** ist eine Abkürzung dafür, daß die einzelnen Elemente von **v** mit einzelnen **char** Konstanten initialisiert werden müßten; die Dimensionierung von **v** kann fehlen, da der C Übersetzer aus der Initialisierung ersieht, daß fünf (!) Elemente benötigt werden. Da lokale Vektoren nicht initialisiert werden können, kann nur die Definition von **z** eine lokale Definition sein. Diese Definition braucht mehr Speicherplatz als die Vektordefinition, da für **z** der Zeigerwert auch gespeichert werden muß.

Mit dem Verweisoperator **✳** kann aus einem Zeigerwert ein L-Wert konstruiert werden, und ein L-Wert kann modifiziert werden. Dies bedeutet, daß Zeichenketten in C strenggenommen keine Konstanten sind! Auch identische Zeichenketten werden vom C Übersetzer in individuellen Speicherflächen angelegt, denn es muß angenommen werden, daß ein Zeichenketteninhalt modifiziert wird.

Eine letzte Quelle von Zeigerwerten resultiert aus der Tatsache, daß ein C Programm in einer UNIX Umgebung zusätzliche Speicherbereiche anfordern kann. Die Verwaltung dieser Speicherbereiche geschieht oft mit Hilfe der Büchereifunktionen **calloc** und **cfree**; Beispiele dazu erscheinen in den folgenden Kapiteln. **calloc** entspricht der **new** Prozedur in Pascal.

5.11 Einfache Zeigeroperationen

Auf Zeigerwerte kann man den Verweisoperator **✻** anwenden. **✻** entspricht dem Verweisoperator ∧ in Pascal, wird jedoch *vor* dem Zeigerwert angegeben:

```
* zeigerwert
```

Das Resultat bezeichnet die Speicherfläche, auf die der Zeigerwert verweist. Diese Speicherfläche ist normalerweise direkt modifizierbar; der Verweisoperator liefert also meistens einen L-Wert, und sein Resultat entspricht völlig dem Namen einer gewöhnlichen Variablen.

Betrachten wir dazu ein Hauptprogramm, das ebenfalls die früher besprochene **eingabe** Funktion verwendet:

```
/*
*       Word.c -- Anfangsbuchstaben umwandeln
*/

#define CLIM    200             /* maximales Textvolumen */
#define WLIM    20              /* maximale Anzahl Worte */


main()
{       char * word[WLIM],      /* Wortanfaenge */
                chr[CLIM];      /* Text */
        register int w
                = eingabe(word, WLIM, chr, CLIM);

        while (w)
        {       * word[--w] += 'A' - 'a';
                printf("\"%s\"\n", word[w]);
        }
}
```

Dieses Hauptprogramm ändert die Anfangsbuchstaben der gespeicherten Worte: unter der Annahme, daß die Anfangsbuchstaben Kleinbuchstaben sind, werden sie in Großbuchstaben verwandelt. Hier wird wieder ausgenutzt, daß **char** Werte wie Integer-Werte manipuliert werden können; die Umwandlung in Großbuchstaben erfolgt als arithmetische Operation, zum Anfangsbuchstaben wird die (im ASCII Zeichensatz konstante) Distanz zwischen Groß- und Kleinbuchstaben addiert, also etwa zwischen den Zeichen 'A' und 'a'. Das Beispiel liefert allerdings beträchtlichen Unsinn, wenn die Anfangsbuchstaben nicht Kleinbuchstaben sind!

5.12   Zeichenfunktionen

Betrachten wir nochmals das Problem, Kleinbuchstaben in Großbuchstaben umzuwandeln. Bevor wir die nötige arithmetische Umwandlung vornehmen, sollten wir uns vergewissern, daß wir sie nur auf Kleinbuchstaben anwenden.

Im ASCII Zeichensatz ist die Lösung nicht sehr schwierig, da alle Kleinbuchstaben zwischen 'a' und 'z' eng gepackt liegen. Der Test

```
if ('a' <= ch && ch <= 'z')
```

bestimmt exakt die Kleinbuchstaben. Im EBCDIC Zeichensatz würde dieser Vergleich jedoch auch einige Werte für **ch** akzeptieren, die nicht zu den Kleinbuchstaben gehören.

Eine maschinenunabhängige Lösung des Problems kann mit den folgenden Büchereifunktionen formuliert werden, die mit Hilfe von

```
#include <ctype.h>
```

zur Verfügung stehen:

Funktion	Vorbedingung	*true* wenn Argument
isalnum	**isascii**	Buchstabe oder Ziffer
isalpha	**isascii**	Buchstabe
isascii	**int**	im ASCII Zeichensatz
iscntrl	**isascii**	Steuerzeichen
isdigit	**isascii**	Ziffer
islower	**isascii**	Kleinbuchstabe
isprint	**isascii**	druckbar
ispunct	**isascii**	Sonderzeichen
isspace	**isascii**	Zwischenraum
isupper	**isascii**	Großbuchstabe
isxdigit	**isascii**	Basis 16 Ziffer

Funktion	Vorbedingung	Resultat
toascii	**int**	im ASCII Zeichensatz (modulo)
tolower	**isupper**	Kleinbuchstabe
toupper	**islower**	Großbuchstabe

Mit diesen Funktionen können wir unser Problem unabhängig vom Zeichensatz lösen:

```
/*
 *      cap.c -- Kleinbuchstaben umwandeln
 */

#include <ctype.h>                /* Zeichenfunktionen */

#define CLIM    200               /* maximales Textvolumen */
#define WLIM    20                /* maximale Anzahl Worte */

/*
 *      Wort mit grossem Anfangsbuchstaben versehen
 *      Resultat ist gleich Argument
 */

static char * cap(w)
        register char * w;
{
        if (isascii(*w) && islower(*w))
                *w = toupper(*w);
        return w;
}

main()
{       char * word[WLIM],        /* Wortanfaenge */
               chr[CLIM];         /* Text */
        register int w
                = eingabe(word, WLIM, chr, CLIM);

        while (w)
                printf("\"%s\"\n", cap(word[--w]));
}
```

Eine Funktion **cap** wandelt das erste Zeichen ihres Parameters genau dann in einen Großbuchstaben um, wenn dieses Zeichen ein Kleinbuchstabe ist. Als Resultat liefert diese Funktion ihren Parameter; damit kann sie sehr leicht zum Beispiel als Argument zu **printf** benutzt werden:

5.13 Zeiger als Parameter

cap ist ein Beispiel für eine Funktion, die ein Objekt ändern kann. In C werden bekanntlich nur die *Werte* von Argumenten übergeben. Eine Zuweisung an einen Parameter hat daher keinen Einfluß auf das ursprüngliche Argument. Soll eine Funktion ein Objekt ändern, so muß man als Argument einen *Zeigerwert* übergeben, der auf dieses Objekt verweist. **cap** kann einen Anfangsbuchstaben verändern, da ein Zeigerwert als Argument angegeben wird, der auf diesen Anfangsbuchstaben verweist.

Die Übergabe von Zeigerwerten als Argumente ist in C überall dort nötig, wo in Pascal **var** Parameter verwendet werden würden, wo also eine Funktion eines ihrer Argumente verändern soll. Damit ist schließlich klar, warum beim Aufruf der Büchereifunktion **scanf**, wie im Abschnitt 4.8 angegeben, meist der Adreßoperator auf die Argumente angewendet werden muß: **scanf** will ja gerade an alle Argumente umgewandelte Werte aus der Eingabe zuweisen.

5.14   Arithmetik mit Zeigern

Der Name eines Vektors ist ein konstanter Zeigerwert, der auf das erste Element des Vektors verweist. Betrachten wir unter diesem Aspekt, wie ein Zeigerwert entsteht, der auf ein beliebiges Element eines Vektors verweist. Eigentlich gilt:

```
& vektor[index]  == & vektor[0] + index * sizeof vektor[0]
                 == vektor     + index * sizeof vektor[0]
```

Wir erreichen das Element in Position **index** im Vektor, indem wir von der Adresse des ersten Elements ausgehen und entsprechend oft die Größe – gemessen in Speicherzellen – eines Vektorelements dazu addieren. Im Abschnitt 2.6 wurden entsprechende Assembler-Programme gezeigt, bei denen diese Operation explizit durchgeführt werden mußte.

Der **sizeof** Operator liefert den Speicherbedarf seines Arguments. Als Argument wird entweder ein Ausdruck angegeben, oder auch eine in Klammern eingeschlossene Datentypangabe.

Betrachten wir nochmals die eigentlich notwendige Adreßoperation:

```
vektor + index * sizeof vektor[0]
z      + n     * sizeof (* z)
```

vektor ist ein Zeigerwert, **index** ist, als Indexausdruck, ein Integer-Wert. Es liegt nahe, in C die Addition von Zeigerwerten und Integer-Werten zu erlauben, und gerade so zu definieren, daß sie der Indexoperation bei Vektoren entspricht:

> Ein Zeigerwert **z** und ein Integer Wert **n** können addiert werden. **z** wird dazu als Anfangsadresse eines Vektors *interpretiert*, dessen Elemente den Datentyp haben, auf den **z** verweist. **n** wird dann als Index in diesen Vektor aufgefaßt.

> Das Resultat der Addition ist ein Zeigerwert, der auf das von **n** ausgewählte Vektorelement verweist. **n** darf negativ sein und wählt dann Elemente aus, die entsprechend vor dem Element in Position 0 liegen.

Mit C Operatoren lose formuliert bestehen folgende Äquivalenzen:

```
& z[n] ==     z + n  ==     n + z  == & n[z]
  z[n] == * (z + n) == * (n + z) ==   n[z]
```

Der rechte Teil ist etwas überraschend: die Auswahl eines Vektorelements ist eine kommutative Operation, der Indexausdruck kann – entsprechend geklammert – mit dem Vektornamen vertauscht werden! Dies ist jedoch eine natürliche Konsequenz der Äquivalenz zwischen Vektor- und Zeigeroperationen.

5.15   Operationen mit Zeichenketten

Eine Zeichenkettenkonstante ist ein **char** Vektor. Der Vektor enthält die in der Zeichenkette angegebenen Zeichen und anschließend ein Nullzeichen als Abschluß. Als Vektor ist eine Zeichenkette auch ein konstanter Zeigerwert, der auf das erste Zeichen verweist.

Zeichenketten können deshalb mit Hilfe von Vektoroperationen und äquivalent dazu auch mit Hilfe von Zeigeroperationen manipuliert werden. Vektoroperationen erscheinen zwar konventioneller und deshalb oft 'klarer', aber Zeigeroperationen werden vom C Übersetzer erfahrungsgemäß meist effizienter codiert. Es ist deshalb wesentlich, daß man beide Techniken zur Manipulation von Zeichenketten beherrscht.

Die C Bücherei enthält eine Reihe von Funktionen zur Manipulation von Zeichenketten. Die Operationen sind so häufig und so typisch, daß wir sie hier im Detail betrachten wollen. Wir definieren dazu die Funktionen im Stil der Büchereibeschreibung aus dem Kapitel 3 der UNIX Systemunterlagen [Bel82a, Bel82b] – zusätzlich zum Funktionsnamen und Resultattyp werden jeweils auch die Parameterdeklarationen gezeigt.

int strlen(s) char * s;

Die Funktion liefert die Länge der Zeichenkette **s**, das heißt, die Anzahl der Zeichen vor dem abschließenden Nullzeichen.

char * strcpy(nach, von) char * nach, * von;

Die Zeichenkette **von** wird in die Zeichenkette **nach** kopiert, das heißt, **von** wird Zeichen für Zeichen in die durch **nach** bezeichnete Fläche übertragen. Die Übertragung endet erst, nachdem das erste Nullzeichen übertragen wurde. Als Resultat wird der Wert **nach** geliefert, also ein Verweis auf die Kopie.

char * strncpy(nach, von, n) char * nach, * von;

strcpy kontrolliert nicht, ob die Zielfläche groß genug ist! **strncpy**, eine weitere Büchereifunktion, hat einen dritten Parameter **n**, der definiert, wieviele Zeichen maximal übertragen werden. Dabei ist es möglich, daß **nach** anschließend *nicht* mit einem Nullzeichen abgeschlossen ist, wenn nämlich nicht genügend Platz zur Verfügung steht.

char * strcat(nach, von) char * nach, * von;

Die Zeichenkette **von** wird an das Ende der Zeichenkette **nach** angefügt,[1] das heißt, an Stelle des ersten Nullzeichens in **nach** wird **von**, Zeichen für Zeichen, eingefügt. Wie bei **strcpy** endet die Kopie mit dem ersten Nullzei-

---

[1] **cat** ist eine Abkürzung für *catenate* oder *concatenate*, zu deutsch *verketten*.

chen in **von**, ohne Rücksicht darauf, ob ausreichend Platz zur Verfügung
steht. Das Resultat ist ebenfalls der Wert **nach**.

char * strncat(nach, von, n) char * nach, * von;

Analog zu **strncpy** kontrolliert bei dieser Funktion der dritte Parameter **n**,
wieviele Zeichen maximal angefügt werden.

int strcmp(a, b) char * a, * b;

Die beiden Zeichenketten **a** und **b** werden verglichen. Das Resultat ist 0,
wenn beide Zeichenketten den gleichen Text enthalten. Andernfalls kontrolliert die erste Position **i**, in der sich die Zeichenketten unterscheiden, das Resultat: ein negatives Resultat zeigt an daß **a[i] < b[i]** gilt, ein positives Resultat bedeutet **a[i] > b[i]**, in jedem Fall bezogen auf den Zeichensatz des
Rechners. Da das abschließende Nullzeichen immer am Anfang des Zei-
chensatzes steht, erscheint eine kürzere Zeichenkette immer 'kleiner' als eine längere Zeichenkette, bei der am Anfang die gleichen Zeichen stehen.

int strncmp(a, b, n) char * a, * b;

Der dritte Parameter kontrolliert auch hier, wieviele Zeichen *maximal* verglichen werden.

Betrachten wir zunächst eine sehr konventionelle Implementierung der wichtigsten
Zeichenkettenfunktionen mit Hilfe von Vektoren. Vergleiche mit Nullzeichen sind explizit angegeben. Nur die Möglichkeit, die Resultate von Zuweisungen weiterverwen-
den zu können, wurde ausgenutzt. In den Kopiervorgängen zum Beispiel wird jeweils ein Zeichen kopiert, und im gleichen Ausdruck wird noch untersucht, ob das
kopierte Zeichen gerade das Nullzeichen war.

```
/*
 *      str1.c -- Standardfunktionen fuer Zeichenketten
 *      Loesung mit Vektoren
 */

int strlen(string)
        char string[];
{       int len = 0;

        while (string[len] != '\0')
                len++;
        return len;
}
```

```c
char * strcpy(nach, von)
        char nach[], von[];
{       int i = 0;

        while ((nach[i] = von[i]) != '\0')
                i++;
        return nach;
}

char * strcat(nach, von)
        char nach[], von[];
{       int i = 0, j = 0;

        while (nach[i] != '\0')
                i++;
        while ((nach[i++] = von[j++]) != '\0')
                ;
        return nach;
}

int strcmp(a, b)
        char a[], b[];
{       int i = 0;

        while (a[i] == b[i])
                if (a[i++] == '\0')
                        return 0;
        return a[i] - b[i];
}
```

Der Inkrementoperator **++** wird häufig verwendet um explizite Anweisungen zur Vergrößerung der Indexvariablen zu vermeiden. In **strcat** führt dies dazu, daß der Kopiervorgang vollständig in der Bedingung der **while** Schleife stattfindet; die abhängige Anweisung ist leer! Es ist sehr wichtig, daß dabei wenigstens durch Einrücken klargestellt wird, daß hier wirklich eine leere Anweisung angegeben wurde.

Auch als Argumente sind Vektornamen und Zeigerwerte äquivalent, folglich kann ein Vektorparameter immer wie ein Zeigerparameter behandelt werden. Man sollte sich allerdings klar machen, was für ein beachtlicher Unterschied zwischen

```c
f(p)
        char *p;
{
        p = "text";
}
```

und

```
f(p)
        char p[];
{       int i = 0;

        while ((*p++ = "text"[i++]) != '\0')
                ;
}
```

besteht: im ersten Fall wird ein Parameter verändert und das Argument bleibt davon natürlich unberührt, im zweiten Fall wird über den Zeigerwert als Argument eine Zeichenkette in das Zielobjekt kopiert, und das Zielobjekt muß entsprechend Platz bieten.

Das zweite Beispiel, ***p++**, illustriert einige Details, die leider in C möglich, effizient, und daher üblich sind: Inkrement- und Dekrementoperatoren werden sehr häufig auf Zeiger angewendet, wobei das Resultat sofort weiterverwendet wird. Da unitäre Operatoren von rechts her bewertet werden, wirkt hier der Inkrementoperator auf den Zeiger, nicht auf das Zielobjekt.

Eine Zeichenkette ist ein Zeigerwert, also ein Vektorname, und folglich kann eine Indexoperation auf eine Zeichenkettenkonstante angewendet werden.

Noch bösartiger ist übrigens folgende Technik, die leider sehr oft zur Konstruktion von eindeutigen Namen für temporäre Dateien benutzt wird:

```
extern char * mktemp();
        ...
char * name = mktemp("/tmp/tXXXXXX");
```

mktemp ist eine Funktion in der C Bücherei, die eine Zeichenkette als Parameter erwartet. In dieser Zeichenkette wird die Zeichenfolge **XXXXXX** durch einen eindeutigen Buchstaben und die Nummer des laufenden Prozesses ersetzt. Anschließend ist die Zeichenkette wieder das Resultat der Funktion. Bei jedem Aufruf wird dabei ein neuer Buchstabe verwendet. In UNIX gilt eine Konvention, daß eindeutige, temporäre Dateinamen auf diese Weise erzeugt werden sollen.

Das Beispiel illustriert, wie **mktemp** häufig auf Zeichenkettenkonstanten angewendet wird. Schon aus diesem Grund ist es sehr wichtig, daß der C Übersetzer auch identische Zeichenkettenkonstanten in individuell modifizierbaren Speicherbereichen anlegt. Man kann dies natürlich auch selbst mit der folgenden Codierung erzwingen:

```
extern char * mktemp();
char name[] = "/tmp/tXXXXXX";
        ...
        mktemp(name);
```

name kann, als Vektor, allerdings nicht in einer lokalen Definition initialisiert werden. Für eine lokale Definition kann man nur die erste Fassung verwenden.

Betrachten wir jetzt *str2.c*, eine Implementierung der Zeichenkettenfunktionen mit Hilfe von Zeigern. Die Formulierung erfolgte möglichst analog zu *str1.c*, unserer früheren Lösung mit Vektoren, um die Äquivalenz von Vektor- und Zeigeroperationen besonders zu betonen.

```
/*
 *      str2.c -- Standardfunktionen fuer Zeichenketten
 *      Loesung mit Zeigern
 */

int strlen(s)
        char * s;
{       char * p = s;

        while (*p != '\0')
                ++ p;
        return p - s;
}

char * strcpy(n, v)
        char * n, * v;
{       char * nach = n;

        while ((*n = *v) != '\0')
                ++ n, ++ v;
        return nach;
}

char * strcat(n, v)
        char * n, * v;
{       char * nach = n;

        while (*n != '\0')
                ++ n;
        while ((*n = *v) != '\0')
                ++ n, ++ v;
        return nach;
}

int strcmp(a, b)
        char * a, * b;
{
        while (*a == *b && *a != '\0')
                ++ a, ++ b;
        return *a - *b;
}
```

In **strlen** wird die Zeichenkettenlänge als Differenz zweier Zeigerwerte berechnet: nach Ablauf der **while** Schleife zeigt **s** auf das erste Zeichen in der Zeichenkette, und **p** zeigt auf das abschließende Nullzeichen.

Die Differenz zweier Zeigerwerte ist der Integer-Wert, der zum ersten Zeigerwert addiert werden muß, damit der zweite Zeigerwert resultiert. Die Differenz kann sinnvoll nur dann gebildet werden, wenn die beiden Zeigerwerte auf Elemente desselben Vektors verweisen; die Differenz ist dann gerade die (positive oder negative) *Anzahl Elemente* im Vektor zwischen den Zeigerwerten, und zwar *unabhängig* vom Speicherbedarf eines Elements.

Im Beispiel wird auch der schon im Abschnitt 4.10 erwähnte *Kommaoperator* benutzt: ein Komma kann zwei Ausdrücke trennen; der linke Operand wird zuerst bewertet, anschließend wird der rechte Operand bewertet, und dieser zweite Wert ist dann das Resultat des Kommaoperators. Der Operator kann dazu verwendet werden, mehrere unabhängige Ausdrücke in einen Ausdruck zusammenzufassen. Hier wird dadurch betont, daß die Zeiger jeweils quasi gleichzeitig verändert werden sollten.

Der Kommaoperator muß entsprechend geklammert werden, wenn er mißverstanden werden kann, wie etwa im Kontext der Argumente eines Funktionsaufrufs.

Die Implementierung der Zeichenkettenfunktionen kann man noch unverständlicher gestalten, wenn man ausnutzt, daß ein Vergleich mit dem Nullzeichen nicht immer explizit zur Kontrolle einer Schleife angegeben werden muß, und wenn man rigoros die Resultate von Zuweisungen weiterverwendet. Zusätzlich sollte man dem C Übersetzer natürlich empfehlen, insbesondere auch Parameter in der Speicherklasse **register** anzulegen.

```
/*
 *      str3.c -- Standardfunktionen fuer Zeichenketten
 *      effizientere Loesung mit Zeigern
 */

int strlen(s)
        register char * s;
{       register char * p = s;

        while (*p++)
                ;
        return p - s - 1;
}
```

```
char * strcpy(n, v)
        register char * n, * v;
{       register char * nach = n;

        while (*n++ = *v++)
                ;
        return nach;
}

char * strcat(n, v)
        register char * n, * v;
{       register char * nach = n;

        while (*n++)
                ;
        for (--n; *n++ = *v++; )
                ;
        return nach;
}

int strcmp(a, b)
        register char * a, * b;
{
        while (*a == *b && *a)
                a++, b++;
        return *a - *b;
}
```

Besonders von Interesse ist in diesem Beispiel, wie eine Zeichenkette kopiert wird:
die Zeiger **n** und **v** müssen mit dem Anfang von Ziel und Quelle initialisiert werden.
In der Schleife

```
while (*n++ = *v++)
        ;
```

werden zunächst beide Zeiger inkrementiert. Die *ursprünglichen* Werte verweisen
dann auf die Elemente in Quelle und Ziel, die jeweils an der Kopie beteiligt sind. Das
Resultat der Zuweisung, die selbst die Kopie eines Zeichens bewerkstelligt, ist genau dann **0** und führt deshalb zum Abbruch der Schleife, wenn das erste Nullzeichen
kopiert wurde.

Auch **strcmp** ist möglichst effizient codiert worden: es ist sicher häufiger, daß sich
die zwei Zeichenketten unterscheiden, als daß das Ende der ersten Zeichenkette erreicht wird. Der **&&** Operator sorgt dafür, daß nur dann überhaupt geprüft wird, ob
das Ende der ersten Zeichenkette erreicht wurde, wenn bereits feststeht, daß die
momentan betrachteten Zeichen gleich sind. Dieser Effizienzgewinn ist zwar nicht in

einer Verkürzung des Codes der Funktion ersichtlich, er wird aber spürbar, wenn die Funktion sehr oft aufgerufen wird.

Die Formulierung der Funktionen hat leider einen ziemlich beachtlichen Einfluß auf das Resultat der Übersetzung – sogar dann, wenn ein spezieller Optimierer mit der −O Option im C Übersetzer aktiviert wird. Die folgende Tabelle zeigt die Größe der verschiedenen Funktionen, nachdem sie vom C Übersetzer der UNIX Version bsd4.1 bearbeitet wurden. Wir können dabei Einsparungen von mehr als 50 Prozent beobachten!

Technik	Beispiel	Optimierung	strcat	strcmp	strcpy	strlen
Vektor	*str1.c*	ohne	64	82	46	36
		mit	58	72	40	30
Zeiger	*str2.c*	ohne	46	42	36	32
		mit	40	34	30	28
Zeiger	*str3.c*	ohne	38	42	30	26
verbessert		mit	28	38	22	20

Diese Tabelle demonstriert leider, daß nur die Kombination von effizienter Codierung von Hand und Optimierung durch den Übersetzer zu den bestmöglichen Ergebnissen führt. Im Einzelfall muß man jedoch immer noch abwägen, ob die verständliche und modifikationsfreundliche Formulierung eines Programms nicht einen gewissen Mehrbedarf an Speicherzellen aufwiegt!

5.16 Parameter im Hauptprogramm

Der C Übersetzer bearbeitet ein C Programm und erzeugt daraus schließlich ein Image. Normalerweise instruieren wir den UNIX Kommandoprozessor, ein solches Image ausführen zu lassen:

```
$ cc -o echo echo0.c
$ echo 'dieser Text steht' hier
dieser Text steht hier
$
```

Wir übersetzen hier zunächst ein Programm **echo0.c**, nennen das resultierende Image **echo**, und führen dann dieses Image aus. Eine Image-Ausführung bezeichnen wir auch als *Kommando*, da in UNIX praktisch jedes Kommando dadurch realisiert wird, daß ein, meist öffentliches, Image ausgeführt wird. Das Beispiel illustriert, daß ein Kommando vom Aufrufer Textargumente empfangen kann. Hier werden die Zeichenketten **dieser Text steht** und **hier** übergeben.

Im vorliegenden Abschnitt wird diskutiert, wie in einer UNIX Umgebung diese Argumente als Parameter des Hauptprogramms empfangen werden, und wie man diese Parameter häufig verarbeitet. Die Technik ist nicht auf UNIX beschränkt – andere C Implementierungen bieten die gleichen Möglichkeiten für die **main** Funktion.

5.16.1   Das Kommando "echo"

Bleiben wir bei dem Aufruf eines *echo* Kommandos. Die folgende Zeichnung illustriert die Konvention, die in UNIX für die Parameter des Hauptprogramms gilt:

```
argc    argv
+---+   +---+   +---+   +---------
| 3 |   | o---->| o---->| echo \0
+---+   +---+   +---+   +----------------------
                | o---->| dieser Text steht \0
                +---+   +----------------------
                + o---->| hier \0
                +---+   +---------
                | 0 |
                +---+
```

Die **main** Funktion hat nach Konvention zwei Parameter, **argc** und **argv**. **argc** ist ei-
ne Integer-Variable und empfängt die Anzahl der übergebenen Texte. **argv** ist ein
Zeiger auf einen Vektor. Der Vektor enthält Zeiger auf die einzelnen Zeichenketten. In
UNIX Version 7 gilt **argv[argc] == 0**, in UNIX Version 6 fehlt der abschließende
Nullzeiger. Ab UNIX Version 7 gibt es noch einen dritten Parameter, das sogenannte
environment. Dies soll hier unberücksichtigt bleiben.

Es ist üblich, daß als erste Zeichenkette der Name übergeben wird, unter dem das
Image aufgerufen wurde. Das Beispiel zeigt, daß Argumente auch Zwischenraum
enthalten können, wenn sie beim Kommandoaufruf entsprechend mit Anführungszeichen umgeben sind.

```
/*
 *      echo0.c -- Argumente ausgeben
 */

#include <stdio.h>

main(argc, argv)
        register int argc;      /* Anzahl Argumente */
        register char **argv;   /* Zeiger auf Argumente */
{
        while (-- argc)
                printf("%s ", *++argv);
        putchar('\n');
}
```

echo0.c illustriert, wie man die Parameter für **main** deklariert und verarbeitet. **argc** ist
immer positiv; in der **while** Schleife wird **argc** daher dekrementiert, bevor untersucht wird, ob außer dem Kommandonamen noch weitere Argumente verfügbar
sind. Da *echo* den Kommandonamen selbst nicht ausgeben soll, wird **argv** inkrementiert, bevor eine Zeichenkette mit Hilfe von **printf** ausgegeben wird.

Nachdem die Argumente, jeweils durch ein Leerzeichen getrennt, ausgegeben wurden, muß noch ein Zeilentrenner ausgegeben werden. Dies erfolgt hier mit Hilfe der Büchereifunktion **putchar**, die zur Ausgabe von einzelnen Zeichen dient. **putchar** steht mit Hilfe von **#include <stdio.h>** zur Verfügung.

Das *echo* Kommando bietet übrigens eine einfache Möglichkeit, Dateinamen auszugeben. Im Aufruf

```
$ echo *
```

verwandelt der UNIX Kommandoprozessor die Angabe * in eine Liste von Dateinamen und übergibt diese Liste an *echo* zur Ausgabe. *echo* erhält das Zeichen * als Argument nur dann, wenn es beim Kommandoaufruf mit Anführungszeichen umgeben ist, oder wenn keine geeigneten Dateinamen existieren.

5.16.2 Die Verarbeitung von Optionen

UNIX Kommandos können vom Benutzer oft mit *Optionen* gesteuert werden. Das öffentliche *echo* Kommando gibt zum Beispiel keinen Zeilentrenner aus, wenn als erstes Argument **−n** angegeben wird:

```
$ /bin/echo -n hallo Axel
hallo Axel$
```

Betrachten wir nun, wie solche Optionen normalerweise verarbeitet werden. Wir verlangen, wie das in UNIX üblich ist, daß Optionen immer mit dem Zeichen − beginnen, und daß sie beliebig oft (und später auch in beliebiger Reihenfolge) angegeben werden können.

```
/*
 *      echo.c -- Argumente ausgeben
 *      -n Option um Zeilentrenner zu unterdruecken
 */

#include <stdio.h>

main(argc, argv)
        register int argc;
        register char **argv;
{       register int nflag = 0;

        while (-- argc && **++argv == '-')
        {       switch ((*argv)[1]) {
                case 'n':
                        nflag = 1;
                        continue;
                default:
                        break;
                }
                break;
        }

        while (argc --)
                printf("%s ", *argv++);

        if (! nflag)
                putchar('\n');
}
```

In der ersten **while** Schleife wird untersucht, ob das gerade betrachtete Kommandoargument mit – beginnt. Die Schleife wird verlassen, wenn entweder keine Kommandoargumente mehr übrig sind, oder wenn ein Kommandoargument gefunden wird, das nicht mit – beginnt.

Nach Ablauf der Schleife enthält **argc** die Anzahl der noch nicht bearbeiteten Kommandoargumente, und **argv** verweist auf den Zeiger auf das erste noch nicht bearbeitete Argument.

Die zweite **while** Schleife sorgt wie bei *echo0.c* dafür, daß die verbleibenden Argumente ausgegeben werden. Man beachte allerdings, daß jetzt die Werte von **argc** und **argv** jeweils noch nicht verwendet wurden, daß also diesmal die Inkrement- und Dekrementoperatoren diesen Variablen folgen müssen.

Wie verlangt, wird ein Zeilentrenner **\n** nur ausgegeben, falls **nflag** den Wert 0 hat. Ein Schönheitsfehler ist noch immer, daß auch dem letzten Argument in der Ausgabe noch ein Leerzeichen folgt. Dies könnte man zum Beispiel folgendermaßen verhindern:

```
while (argc --)
        printf(argc? "%s ": "%s", *argv++);
```

Jetzt ist das Format als Ausdruck angegeben. Die Operatorkombination **?:** erfüllt die Funktion einer **if** Anweisung, allerdings *innerhalb* eines Ausdrucks: der Wert vor **?** ist die Bedingung, von der abhängt, ob dann der Ausdruck zwischen **?** und **:** oder der nach **:** folgende Ausdruck bewertet und als Resultat der Operatorkombination geliefert wird. Folgen keine weiteren Argumente, ist **argc** Null, und dann wird das Format verwendet, das kein nachfolgendes Leerzeichen enthält. Einfacher (und verständlicher!) wäre wohl

```
while (argc --)
{       printf("%s", *argv++);
        if (argc)
                putchar(' ');
}
```

nflag wird in seiner Definition mit 0 initialisiert. Die Verarbeitung der **−n** Option besteht dann darin, daß die Variable **nflag** vor Beginn der eigentlichen Ausgabe einen von 0 verschiedenen Wert erhalten muß, wenn kein Zeilentrenner ausgegeben werden soll. Wir zeigten eine Lösung, die gleich zur Verarbeitung anderer Optionen eingerichtet ist.

In einer **switch** Phrase wird ein Integer-Wert berechnet. Diese **switch** Phrase geht einer Anweisung voraus, in der beliebig viele **case** Marken mit verschiedenen Integer-Konstanten vorkommen können. Nachdem der Integer-Wert berechnet wurde, wird die Ausführung des Programms bei der **case** Marke mit der entsprechenden Integer-Konstanten fortgesetzt. Existiert keine solche Marke, aber eine **default** Marke, so wird dort die Ausführung fortgesetzt. Existiert auch keine **default** Marke, so wird die abhängige Anweisung insgesamt nicht ausgeführt.

switch entspricht dem *computed goto* in Fortran. **case** Marken müssen jeweils ganzen Anweisungen vorausgehen, bleiben aber ansonsten bei der Ausführung unberücksichtigt, das heißt, wenn sie sequentiell erreicht werden, führen sie *nicht* wie etwa in Pascal dazu, daß der Rest der abhängigen Anweisung übersprungen wird. Diese Aktion erreicht man jedoch mit einer **break** Anweisung.

In den meisten Fällen ist die abhängige Anweisung ein Block, ohne lokale Deklarationen, und die **switch** Anweisung hat etwa folgende Form:

```
switch (ausdruck) {
case konstante:
        anweisungen
        break;
case konstante:
        ...
        break;
default:
        anweisungen
        break;
}
```

Dabei können beliebig viele **case** Marken einer Reihe von Anweisungen vorausgehen. Die **default** Marke kann an einer beliebigen Stelle auftreten. Die letzte **break** Anweisung kann entfallen.

Den UNIX Konventionen folgend soll unser Programm beliebig viele Optionen in beliebiger Reihenfolge erlauben. Es muß auch nicht geprüft werden, ob eine Option zusätzlich zum gewünschten Buchstaben noch andere, nachfolgende Zeichen enthält. Falls die **switch** Anweisung als zweites Zeichen im gerade betrachteten Argument den Optionsbuchstaben **n** entdeckt, müssen wir daher die **while** Schleife fortsetzen, andernfalls sollten wir sie abbrechen, denn das betrachtete Argument ist keine Option mehr.

Innerhalb einer Schleife bricht die **break** Anweisung die Schleife ab; innerhalb der **switch** Anweisung bricht **break** jedoch nur die **switch** Anweisung ab! Wir verwenden deshalb eine **continue** Anweisung, die immer die nächstgelegene äußere Schleife mit Inkrement (bei **for**) oder dem Iterationstest fortsetzt. Falls unser **switch** keine geeignete Option entdeckt, verlassen wir die **switch** Anweisung mit **break** und gleich anschließend die **while** Schleife mit einer weiteren **break** Anweisung.

In diesem Beispiel hätte man den **default** Teil auch einfach weglassen können, da er nur aus **break;** besteht. Nach Murphy ist es jedoch im allgemeinen zur Kontrolle ganz sinnvoll, immer in einem **switch default** Aktionen zu spezifizieren: *if it can happen, it will happen*!

switch, **break** und ganz besonders **continue** sind ein recht undiszipliniertes Instrumentarium, das man daher möglichst nur in dem hier beschriebenen Schema einsetzen sollte. Weil bei Modifikationen sehr leicht zu übersehen, ist es zum Beispiel auch recht riskant, einen **case** Abschnitt nicht mit **break** zu beenden, sondern absichtlich implizit den nächsten **case** Abschnitt mitbenutzen zu lassen. Derartige Feinheiten müssen unbedingt kommentiert werden!

5.16.3   Beliebig viele Optionen

Manche Programme, wie zum Beispiel das *ls* Dateikatalogprogramm, akzeptieren sehr viele verschiedene Optionen. Es ist daher oft zweckmäßig, daß man auch mehrere Optionen in *einem* Argument angeben läßt:

```c
/*
 *      flags.c -- Optionen abpruefen
 *      mehrere Optionen in einem Parameter
 */

#define LOW     'a'             /* erste Option */
#define HIGH    'z'             /* letzte */
#define FLAG(x) flags[(x)-LOW]  /* zur Auswahl */

static char flags[HIGH-LOW+1];  /* Speicher fuer Optionen */

static show()                   /* Optionen zeigen */
{       register char i;

        for (i = LOW; i <= HIGH; ++i)
                if (FLAG(i))
                        printf("Option %c: %d\n", i, FLAG(i));
}

main(argc, argv)
        register int argc;
        register char ** argv;
{
        while (-- argc && **++argv == '-')
                while (*++*argv)
                        switch (**argv) {
                        case LOW:
                                /* alle erlaubten Optionen */
                        case HIGH:
                                ++ FLAG(**argv);
                                continue;
                        default:
                                printf("Option %c??\n",
                                        **argv);
                                continue;
                        }

        show();

        if (argc)
                do
                        printf("Text %s\n", *argv++);
                while (--argc);
}
```

flags.c demonstriert, daß man sehr leicht in einem Argument, das mit − beginnt, alle Buchstaben einzeln als Optionen betrachten kann. Die äußere **while** Schleife funktioniert wie in **echo.c**, und terminiert auch mit der gleichen Invariante. Für die innere **while** Schleife nützen wir die Tatsache aus, daß **argv** auf eine Liste von Zeigern verweist. Die innere Schleife verwendet jeweils einen dieser Zeiger, eben *** argv**, dazu, in seiner Zeichenkette der Reihe nach alle Zeichen zugänglich zu machen. ***argv** muß zuerst an dem führenden − vorbei inkrementiert werden, und verweist dann auf ein Zeichen im Argument. Wenn dieses Zeichen einer der **case** Marken genügt, wird es gezählt, andernfalls erfolgt eine entsprechende Beschwerde. In jedem Fall rückt die innere Schleife zu einem neuen Zeichen im gleichen Argument vor. Die innere Schleife wird bei dem abschließenden Nullzeichen abgebrochen und in der äußeren Schleife wird das nächste Argument analog verarbeitet.

Optionen gehen − nach UNIX Konvention − anderen Argumenten, meist Dateinamen, voraus. Erreichen wir also ein Argument, das nicht mehr mit − beginnt, so zeigen wir mit der Prozedur **show** die aktuellen Werte der Optionen. Ein **%c** Formatelement dient bei **printf** dazu, einzelne Zeichen auszugeben.

Nach den Optionen können andere Argumente folgen. Das Programm demonstriert, wie man mit Hilfe von **argc** unterscheidet, ob andere Argumente vorliegen. Beim *ls* Dienstprogramm würde dann Information für die angegebenen Dateinamen ausgegeben, wir beschränken uns darauf, schlicht die weiteren Argumente auszugeben. Existieren keine weiteren Argumente, gibt *ls* Information über den aktuellen Katalog aus. Wir tun in diesem Fall garnichts.

Die Analogie zu *ls* hinkt insofern, als bei *ls* nur ein *einziges* Argument Optionen enthalten kann. *flags.c* entspricht dem Modell, wenn man schlicht die äußere **while** Anweisung in eine **if** Anweisung verwandelt.

5.16.4   Ein Makro mit Parameter

Wir verbergen die Repräsentierung der Optionen dadurch, daß wir einerseits die nötige Dimensionierung des Vektors **flags** direkt aus den Optionen berechnen lassen. Das Programm wird dadurch portabler, denn im EBCDIC Zeichensatz sind zum Beispiel die Buchstaben nicht kompakt angeordnet.

Zum andern greifen wir auf **flags** nur über Textersatz zu: **FLAG** wird für den C Preprozessor als Makro mit Parameter vereinbart. Wird dieser Makro mit einem Textargument aufgerufen, so wird im Ersatztext des Makros jeweils der Parametername durch den Argumenttext ersetzt.

Makros mit Parametern gleichen in C völlig Funktionsaufrufen, allerdings mit einem wesentlichen Unterschied: da Textersatz stattfindet, können wir auf **FLAG(* *argv)** den Inkrementoperator anwenden − bei einem Funktionsaufruf wäre dies nicht möglich.

Wenn man nicht vollständig klammert, hat das Verfahren auch gewisse Fallstricke bereit:

```
#define max(a,b) a>b? a: b
```

sieht zwar gut aus, ist aber eine böse Enttäuschung, wenn man es etwa im Zusammenhang

```
max(15,10)-20
```

verwendet. Als Resultat erwartet man −5 und erhält **15**, da nach Textersatz − Vorrang vor der Kombination **? :** hat und folglich implizit als

```
(15 > 10) ? (15): (10 - 20)
```

geklammert wird! Ebenso sollte man Makros nicht mit Argumenten aufrufen, die Nebeneffekte enthalten:

```
i = 10, max(i++,5)
```

Nach Textersatz wird **i++** *zweimal* bewertet, als Resultat erhalten wir **11** und **i** selbst hat den Wert **12**!

Wie das Beispiel demonstriert, kann man jedoch parametrisierte Makros sehr gut dazu verwenden, Programmtext klarer zu formulieren und kritische Definitionen an einer einzigen Stelle im Programm zusammenzufassen.

5.16.5   Optionen und Texte gemischt

Das UNIX Dienstprogramm *pr* dient zur Ausgabe von Textdateien; dabei werden die Ausgabeseiten entsprechend mit Titeln versehen. Über eine Reihe von Optionen kann man diese Titel explizit angeben oder unterdrücken, die Seitenlänge kontrollieren, usw.

Bei *pr* können Optionen und Dateinamen durcheinander angegeben werden. Außerdem haben hier Optionen selbst noch Wertargumente. Wir wollen kurz untersuchen, wie man in diesem Fall codieren würde:

```
/*
 *      options.c -- Optionen abpruefen
 *      Optionen mit Werten und Texte gemischt
 */

#define LOW     'a'             /* erste Wertoption */
#define HIGH    'z'             /* letzte */
#define VAL(x)  vals[(x)-LOW]   /* zur Auswahl */

static int vals[HIGH-LOW+1];    /* Speicher fuer Werte */
```

```c
static show(s)                          /* Werte und Text zeigen */
        register char * s;
{       register char i;

        for (i = LOW; i <= HIGH; ++ i)
                if (VAL(i))
                        printf("-%c %d\n", i, VAL(i));
        if (s && *s)
                printf("Text %s\n", s);
}

main(argc, argv)
        register int argc;
        register char **argv;
{       register char i;

        while (-- argc)
                if (**++argv == '-')
                {       switch (i = *++*argv) {
                        case 0:
                                show("-");
                                continue;
                        case LOW:
                                /* alle erlaubten */
                        case HIGH:
                                if (*++*argv)
                                        VAL(i) = atoi(*argv);
                                else if (-- argc)
                                        VAL(i) = atoi(*++argv);
                                else
                                {       printf("Wert??\n");
                                        break;
                                }
                                continue;
                        default:
                                printf("Option %c??\n", i);
                                continue;
                        }
                        break;
                }
                else
                        show(*argv);
        show("");
}
```

Wir verarbeiten der Reihe nach die übergebenen Argumente. Ist das führende Zeichen −, so betrachten wir noch das nächste Zeichen. Gibt es keines, so war das ganze Argument nur − und einer UNIX Konvention zufolge sollte dies dann wie ein Textargument verarbeitet werden, denn manche Programme bearbeiten aufgrund dieser Angabe dann ihre Standard-Eingabe.

Liegt eine bekannte Option vor, so wollen wir das zugehörige Wertargument − eine Zahl − berechnen. Manche UNIX Programme verlangen jetzt, daß dieser Wert noch Teil der Option ist, andere verlangen den Wert als eigenes, unmittelbar folgendes Argument. Wir codieren so, daß beides erlaubt ist: Folgt dem Optionsbuchstaben kein Nullzeichen, decodieren wir den Wert beginnend mit diesem Zeichen, folgt ein Nullzeichen, muß noch ein Argument folgen, und dieses wird dann als Wert decodiert. Man beachte, wie wir sorgfältig die Schleifeninvariante aufrecht erhalten, die darin besteht, daß **argc** immer die Anzahl der noch nicht verarbeiteten Argumente enthält, und daß **argv** indirekt auf das erste noch nicht verarbeitete Argument zeigt.

atoi ist eine Büchereifunktion, die eine Zeichenkette als dezimalen Wert (mit optional führendem Zwischenraum und Vorzeichen) interpretiert und umwandelt.

Beginnt ein Argument zu *options.c* nicht mit −, so muß es sich um einen anderen Text handeln. In diesem Fall zeigen wir mit **show** die aktuellen Optionswerte und das Textargument. Im 'Ernstfall' würde hier wohl eine Datei unter Berücksichtigung der Optionen verarbeitet werden.

5.17   Umwandlungen: Zeiger sind keine Integer

Der Datentyp, auf den ein Zeigerwert verweist, ist sehr entscheidend an Zeigerarithmetik beteiligt:

```
z + 5
```

verweist auf sehr verschiedene Speicherzellen, je nach Definition des Zeigers **z**.

Mit der *Umwandlungsoperation*, einem sogenannten *cast*,[2] kann man in C fast beliebige Umwandlungen erzwingen. Ein *cast* hat die Form

```
( typangabe ) ausdruck
```

und den Vorrang der unitären Operatoren. Die **typangabe** hat dabei die Form

```
typ deklarator
```

wobei in diesem **deklarator** *kein* Name angegeben wird, denn er dient nur zur Formulierung der **typangabe**.

Mit einem *cast* kann man unter anderem Zeigerwerte in Integer, oder auch in Zeigerwerte auf andere Datentypen verwandeln. Das Bit-Muster für den Zeigerwert wird dabei nicht verändert, es wird nur anders interpretiert. Von wenigen, allerdings wichti-

---

[2]   Zu deutsch *Gipsverband*, eine sehr plastische Beschreibung des Vorgangs.

gen Ausnahmen abgesehen, produzieren solche Zeigerumwandlungen meistens
unverständliche und sehr maschinenabhängige Programme.

Betrachten wir trotzdem ein unangenehmes Beispiel, um den Unterschied zwischen
verschiedenartigen Zeigerwerten und Integer-Werten zu verstehen:

```c
/*
 *      cast.c -- Zeiger Spielereien
 */

#include <stdio.h>

#define P(p)    printf("(p) == %x\n", (p))
#define LEN     4                       /* Elemente im long Vektor */
#define POS     2                       /* Position im long Vektor */

short sv[LEN * sizeof(long) / sizeof(short)];
short * zs;

long * zl;
long (* zlv) [LEN];

main()
{       register int i;

        for (i = 0; i * sizeof(short) < sizeof sv; i ++)
                P( sv[i] = i );
        putchar('\n');

        P( & sv[POS * sizeof(long) / sizeof(short)] );
        P( zs = sv + POS * sizeof(long) / sizeof(short) );
        P( zl = (long *) sv + POS );
        P( i = (int) sv + POS * sizeof(long) );
        putchar('\n');

        P( sv[POS * sizeof(long) / sizeof(short)] );
        P( * zs );
        P( * (short *) i);
        putchar('\n');

        P( * zl );
        P( * (long *) i);
        P( * (long *) zs);
        P( (long) sv[POS * sizeof(long) / sizeof(short)] );
        putchar('\n');
```

```
P( zlv = (long (*) [LEN]) sv );
P( zlv + POS );
P( zl = (* zlv) + POS );
putchar('\n');

P( * zl );
}
```

Um die Formulierung der Ausgabe zu vereinfachen, benutzen wir hier einen Makro mit Parametern: im Ersatztext von **P** wird der Name **p** des Parameters jeweils durch den Text des Arguments ersetzt. Parameter werden dabei im Ersatztext auch in einer Zeichenkette erkannt, Makroaufrufe jedoch nicht.

Die Zeichnung zeigt, was wir hier analysieren wollen:

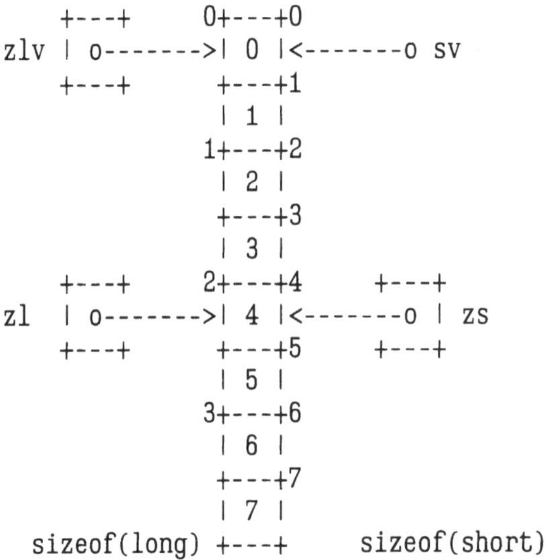

Wir definieren einen Vektor **sv** und einige Zeiger, die jedoch auf Objekte sehr verschiedenen Typs zeigen sollen. Mit Hilfe von *casts* und mit expliziten Längenumrechnungen stellen wir dann die Zeiger so ein wie in der Zeichnung angedeutet. Zum Schluß geben wir die Werte der Objekte aus auf die die einzelnen Zeiger verweisen.

Wir verwenden in diesem Beispiel zwei neue Datentypen: **short** sind Integer-Werte, die weniger Speicherplatz benötigen sollen als **long** Integer-Werte. Der Wertebereich ist für **short** natürlich entsprechend kleiner. C Implementierungen dürfen die einzelnen Integer-Datentypen verschieden implementieren; auf 32-Bit Rechnern benötigen **short** Werte meistens 16 Bits, **long** und **int** Werte 32 Bits; auf 16-Bit Rechnern sind normalerweise **int** und **short** synonym.

long Konstanten entstehen, wenn man am Ende einer Integer-Konstanten den Buchstaben **L** anfügt.

Da der Speicherbedarf der verschiedenen Datentypen von der jeweiligen Maschine abhängt, muß man den **sizeof** Operator benutzen, um den Speicherbedarf zuverlässig festzustellen. **sizeof** hat als Operand entweder analog zum *cast* eine Datentypangabe in Klammern, oder einen beliebigen Ausdruck. Für einen Vektornamen liefert **sizeof** den Speicherbedarf des gesamten Vektors und *nicht* den Speicherbedarf für einen Zeiger auf ein Vektorelement. In jedem Fall ist das Resultat der notwendige Speicherplatz gemessen in Bytes.

Bytes sind sonst nicht definiert; man sollte eigentlich auch nicht vermuten, daß Bytes und **char** Werte identisch sind. Aus diesem Grund verwenden wir hier auch neue Datentypen, deren Speicherbedarf je nach Maschine variieren kann.

Mit Hilfe des **%x** Formatelements geben wir diesmal alle Ergebnisse in Basis 16 aus; damit ist leichter ersichtlich, wie gewisse Werte im Speicher entstehen. Hier folgt nun das Resultat, wenn *cast.c* auf einem bsd4.1 UNIX System bearbeitet wird:

```
( sv[i] = i ) == 0
( sv[i] = i ) == 1
( sv[i] = i ) == 2
( sv[i] = i ) == 3
( sv[i] = i ) == 4
( sv[i] = i ) == 5
( sv[i] = i ) == 6
( sv[i] = i ) == 7

( & sv[POS * sizeof(long)/sizeof(short)] ) == 1758
( zs = sv + POS * sizeof(long)/sizeof(short) ) == 1758
( zl = (long *) sv + POS ) == 1758
( i = (int) sv + POS * sizeof(long) ) == 1758

( sv[POS * sizeof(long)/sizeof(short)] ) == 4
( * zs ) == 4
( * (short *) i) == 4

( * zl ) == 50004
( * (long *) i) == 50004
( * (long *) zs) == 50004
( (long) sv[POS * sizeof(long)/sizeof(short)] ) == 4

( zlv = (long (*) [LEN]) sv ) == 1750
( zlv + POS ) == 1770
( zl = (* zlv) + POS ) == 1758

( * zl ) == 50004
```

Gehen wir zum Nahkampf über: zunächst füllen wir den **short** Vektor **sv** mit Integer-Werten, die der jeweiligen Position eines Elements entsprechen. Wir kontrollieren dabei die **for** Schleife derart, daß wir verhindern, daß ein Indexwert benutzt wird, durch den der Speicherbereich des Vektors verlassen wird. Da der Indexwert ein Integer-Wert ist, müssen wir ihn mit dem Speicherbedarf für ein Vektorelement, also für einen **short** Wert, multiplizieren, um sinnvoll mit dem Speicherbedarf für den Vektor **sv** vergleichen zu können.

Wenn wir den Vektor als einen **long** Vektor auffassen, wollen wir das Element in Position **POS** betrachten. Wir verwandeln **POS** in einen Indexwert im **short** Vektor **sv**, indem wir **POS** dem Größenverhältnis zwischen **long** und **short** entsprechend strecken. Als Basis der folgenden Unternehmungen geben wir die Adresse dieses Elements in **sv** aus.

zs ist ein Zeiger auf **short** Objekte, **sv** ist ein konstanter Zeigerwert, der auf ein **short** Objekt, den Anfang des Vektors **sv**, verweist. Um zu erreichen, daß **zs** auf das oben erwähnte **POS** Element verweist, muß man zum **short** Zeigerwert **sv** wieder **POS** addieren, und zwar entsprechend gestreckt.

Den 'gleichen' Zeigerwert erreicht man erheblich einfacher, wenn man zuerst **sv** als Zeiger auf **long** interpretiert, und dann direkt **POS** addiert. Aus diesen zwei Beispielen wird klar, daß das Resultat der Addition von Zeigerwerten und Integer-Werten entscheidend davon abhängt, auf welchen Datentyp der Zeigerwert nach Meinung des C Übersetzers verweist!

Als letztes Beispiel in dieser Gruppe betrachten wir dann noch, wie der Zeigerwert **sv** als Integer Wert betrachtet wird. Um wieder die gleiche Adresse zu erzielen, muß man diesmal **POS** mit dem tatsächlichen Speicherbedarf eines **long** Wertes strecken, bevor dann Integer-Werte addiert werden. Zeigerwerte sind keine Integer!

Die nächsten drei Resultate illustrieren, daß **zs** und der Integer Wert **i**, als Zeigerwert auf ein **short** Objekt betrachtet, jeweils auf das gleiche Element im Vektor **sv** verweisen.

Der Zeiger **zl** enthält zwar das gleiche Bit-Muster wie zum Beispiel der Zeiger **zs**, aber wenn wir den Verweisoperator auf **zl** anwenden, erhalten wir einen **long** Wert, da **zl** als Zeiger auf **long** Objekte vereinbart wurde! Die Ausgabe demonstriert, daß auf der betrachteten Maschine ein **long** Wert aus zwei benachbarten **short** Werten besteht. Die Reihenfolge dieser Werte kann übrigens auf den einzelnen Rechnern verschieden sein!

Das Beispiel zeigt, daß man tatsächlich den *Zeigerwert* anders interpretieren muß. Wandelt man nur den Wert eines Elements von **sv** in **long** um, erhält man *numerisch* natürlich kein neues Resultat, da ein **short** Integer-Wert immer als **long** Integer-Wert dargestellt werden kann.

zlv ist ein Zeiger auf einen Vektor mit **LEN long** Elementen. Ein geeigneter *cast* wandelt **sv** auch in einen Zeigerwert um, der in C ohne Beschwerden an **zlv** zugewiesen werden kann. Dieser *cast* illustriert eine recht komplizierte Datentypangabe.

zlv ist ein Zeiger auf einen **long** *Vektor*; wenn wir zu **zlv** den Integer-Wert **POS** addieren, erhalten wir einen Zeigerwert, der wiederum auf einen Vektor verweist. Zwischen dem neuen und dem alten Zeigerwert liegen dabei aber **long** *Vektoren* und nicht nur **long** Elemente! **zlv + POS** verweist auf Zeile **POS** in einer Matrix, die aus beliebig vielen Zeilen mit jeweils **LEN long** Elementen besteht, die im Speicher nacheinander angelegt sind. Solche mehrdimensionalen Vektoren werden im nächsten Abschnitt diskutiert.

Um mit Hilfe von **zlv** wieder unser früher betrachtetes **long** Objekt zu erreichen, müssen wir **POS** zum Namen eines **long** Vektors, also zu (✱ **zlv**) addieren. Die letzten beiden Zeilen in der Ausgabe zeigen, daß wir dann wieder 'unser' Element erreichen. Daß (✱ **zlv**) der geeignete Vektorname ist, sieht man sehr leicht aus dem Muster der Vereinbarung von **zlv**.

5.18 Mehrdimensionale Vektoren

Auch in C kann ein Vektor Vektoren als Elemente besitzen. Auf diese Weise konstruiert man Vektoren mit zwei und mehr Dimensionierungen. Die (globale) Definition

```
int v[][4] = {
        { 00, 01, 02, 03 },
        { 10, 11, 12, 13 },
        { 20, 21, 22, 23 }
      };
```

konstruiert zum Beispiel die Matrix

```
         0     1     2     3
      +----+----+----+----+
   0  | 00 | 01 | 02 | 03 |
      +----+----+----+----+
   1  | 10 | 11 | 12 | 13 |
      +----+----+----+----+
   2  | 20 | 21 | 22 | 23 |
      +----+----+----+----+
```

Wenn man die Definition analysiert, erkennt man, daß diese Matrix als Vektor betrachtet wird, dessen Elemente jeweils Vektoren mit vier **int** Elementen sind. Da Vektorelemente immer im Speicher einander direkt folgen, sehen wir sofort, daß in C eine Matrix zeilenweise gespeichert wird; allgemein variiert der rechte Index eines mehrdimensionalen Vektors am schnellsten, wenn man im Speicher fortschreitet. Man nennt dies *row-major* Speicherung.

Es ergibt sich außerdem, daß zwar die linke, erste Dimensionierung den Speicherbedarf des mehrdimensionalen Vektors mit festlegt, daß sie aber zur Berechnung der Position von Elementen *nicht* beiträgt. In Parameterdeklarationen, bei denen ja kein Speicherplatz reserviert wird, kann deshalb die (erste) Dimensionierung entfallen.

In einer globalen Definition kann ein Vektor initialisiert werden. Dazu folgt dem Deklarator ein = Zeichen und eine Liste von Werten in geschweiften Klammern. Die Werte in der Liste werden entsprechend in benachbarte Elemente des Vektors eingetragen. Für einen mehrdimensionalen Vektor sollte man die Initialisierung als Liste von Werte*listen* formulieren, wie das hier geschehen ist. Es ist dabei zulässig, daß man in einer Liste weniger Werte angibt, als die zugehörige Dimensionierung verlangt. Der C Übersetzer füllt die restliche Fläche, wie immer bei globalen Definitionen, mit 0.

Wird ein globaler Vektor initialisiert, so kann die (erste) Dimensionierung fehlen. Der C Übersetzer berechnet den nötigen Wert aus der Initialisierung.

Argumente und Parameter müssen zueinander passen. Die hier definierte Matrix **v** kann nur an eine Parameterdeklaration der Form

```
int pv[][4];
```

übergeben werden, das heißt, nur die erste Dimensionierung kann in der Parameterdeklaration fehlen, alle anderen Dimensionierungen sind notwendig, um die Position der Elemente der Matrix zu bestimmen.

Der C Übersetzer betrachtet einen Vektor als Parameter immer als einen Zeiger. Im vorigen Abschnitt wurde am Beispiel des Zeigers **zlv** vorgeführt, daß ein Zeigerwert auf einen *Vektor* von **int** Elementen analog wie eine Matrix benutzt werden kann. Die Parameterdeklaration

```
int pv[][4];
```

ist daher äquivalent zu folgender Deklaration:

```
int (*pv)[4];
```

Die folgende Zeichnung illustriert eine andere Möglichkeit, eine Matrix zu speichern: ein Vektor enthält Zeiger auf die einzelnen Zeilen' der Matrix. Bei dieser Speichertechnik müssen die Zeilen der Matrix nicht notwendigerweise gleich lang sein; dies wird bekanntlich in der UNIX Konvention zur Übergabe von Parametern an das Hauptprogramm ausgenutzt.

```
    +---+       0    1    2    3
    |   |       +----+----+----+----+
  0 | o------->| 00 | 01 | 02 | 03 |
    |   |       +----+----+----+----+
    +---+
    |   |       +----+----+----+----+
  1 | o------->| 10 | 11 | 12 | 13 |
    |   |       +----+----+----+----+
    +---+
    |   |       +----+----+----+----+
  2 | o------->| 20 | 21 | 22 | 23 |
    |   |       +----+----+----+----+
    +---+
```

Man muß sich sehr genau klar machen, daß die Definition eines Zeigers noch keinen Platz für ein *Objekt* reserviert, auf das der Zeiger verweisen kann. Wenn man die skizzierte Liste von Vektoren durch globale Definitionen konstruieren will, so muß man die Zeilen explizit definieren:

```
int w0[] = { 00, 01, 02, 03 };
int w1[] = { 10, 11, 12, 13 };
int w2[] = { 20, 21, 22, 23 };

int *w[] = { w0, w1, w2 };
```

Der Zeigervektor kann dann mit den Adressen der Zeilenvektoren initialisiert werden. Dieser Zeigervektor kann an eine Parameterdeklaration der Form

```
int * pw[];
```

oder äquivalent dazu natürlich auch an

```
int ** pw;
```

übergeben werden. Wenn man das folgende Programm, das einfach die jeweiligen Matrizen ausgibt, ausführt, erkennt man, daß bei beiden Parameterdeklarationen, und natürlich auch bei beiden Matrixdefinitionen, **int** Elemente *identisch* in einem C Programm ausgewählt werden.

```
/*
 *      matrix.c -- mehrdimensionale Vektoren
 */

#include <stdio.h>

int v[][4] = {
        { 00, 01, 02, 03 },
        { 10, 11, 12, 13 },
        { 20, 21, 22, 23 }
};

fv(pv)
        int pv[][4];
{       register int i, j;

        for (i = 0; i < 3; i ++)
        {       for (j = 0; j < 4; j ++)
                        printf("%3d", pv[i][j]);
                putchar('\n');
        }
}
```

```
int w0[] = { 00, 01, 02, 03 };
int w1[] = { 10, 11, 12, 13 };
int w2[] = { 20, 21, 22, 23 };

int *w[] = { w0, w1, w2 };

fw(pw)
        int * pw[];
{       register int i, j;

        for (i = 0; i < 3; i ++)
        {       for (j = 0; j < 4; j ++)
                        printf("%3d", pw[i][j]);
                putchar('\n');
        }
}

main()
{       printf("Argument passt zu Parameter:\n\n");
        fv(v); putchar('\n'); fw(w); putchar('\n');
        printf("Argument passt nicht zu Parameter:\n\n");
        fv(w); putchar('\n'); fw(v); putchar('\n');
}
```

Man erkennt aber auch, daß sehr verschiedene Befehlsfolgen generiert werden. Nur wenn Argumente und Parameter zueinander passen, werden die Elemente der Matrix auch korrekt aufgefunden. Die letzten beiden Teile der Ausgabe sind total falsch.

Anders als in Pascal darf deshalb in C die Auswahl eines Matrixelements *nicht* mit einer Liste von Ausdrücken formuliert werden. Die Auswahl muß in jedem beteiligten Vektor einzeln erfolgen.

Eine Zeichenkette ist ein Vektor von **char** Elementen. Es wäre einigermaßen kompliziert, wenn man einen solchen Vektor mit einzelnen **char** Konstanten initialisieren müßte; als Abkürzung ist es deshalb erlaubt, daß man einen **char** Vektor mit Hilfe einer Zeichenkette initialisiert.

Da eine Zeichenkette als Vektor auch einen Zeigerwert darstellt, kann man auch einen **char** Zeiger mit Hilfe einer Zeichenkette initialisieren. In diesem Fall wird erfreulicherweise sowohl der Zeiger initialisiert, als auch gleich das Objekt – der Text in der Zeichenkette – konstruiert, auf das der Zeigerwert verweist. Die Argumente für das früher betrachtete *echo* Kommando könnte man beispielsweise mit folgender Definition bereitstellen:

```
char * argv[] = { "echo", "dieser Text steht", "hier", 0 };
int argc = sizeof argv / sizeof argv[0] - 1;
```

Kapitel 6: Modulare Programmierung

Größere C Programme bestehen aus vielen kleinen Funktionen, die meist in mehreren Quelldateien stehen. Im Gegensatz zu Pascal eignet sich C sehr gut zur Entwicklung solcher Programme – da Funktionen statisch nicht verschachtelt werden können, genügt ein einfacher *relocating loader* um C Programme aus vielen einzelnen Dateien zu montieren. Statisch nicht verschachtelte Funktionen erlauben außerdem eine effiziente Implementierung des Funktionsaufrufs. Das UNIX Dienstprogramm *lint* dient dazu, die verschiedenen Dateien auf Verträglichkeit untereinander zu prüfen, auf Konsistenz von Argumenten und Parametern, auf erwartete und produzierte Resultatwerte von Funktionen, usw.

Eine Quelldatei als Teil eines Programms, der unabhängig von anderen Dateien übersetzt werden kann, besteht aus einer Reihe von globalen Variablen und Funktionsdefinitionen. Wir bezeichnen eine solche Zusammenfassung von Daten und Funktionen als *Modul*. Als Kriterium für die Zerlegung einer Problemlösung in Module sollte man das *information hiding* Prinzip [Par72a] heranziehen: jeder Modul sollte eine bestimmte Funktionalität realisieren, und die Aspekte ihrer Implementierung vor den anderen Modulen verbergen. Module sind also nicht nur lose Funktionssammlungen – das können C Quelldateien natürlich auch sein – sondern sie realisieren nach Möglichkeit *einen* bestimmten Algorithmus, erlauben die Manipulation einer Klasse von Daten und verbergen deren Repräsentierung, usw. Modulkonzepte gibt es explizit in Modula-2, in der UCSD Version von Pascal, als *packets* in Ada und in einer Reihe von anderen Sprachen.

Im vorliegenden Kapitel besprechen wir die Konstruktion einer Gruppe von Programmen, die sich mit der Sortierung von Objekten befassen. An diesen Programmen können wir einigermaßen vorführen, wie man eine Problemlösung in Module zerlegt, wie man diese Module als einzelne Quelldateien in C codiert und schließlich zusammen montiert.

Beispiele für modulare Programmierung sollten möglichst groß sein, damit überzeugend demonstriert wird, daß man nur mit Zerlegung in kleinere Teile ein größeres Problem überhaupt beherrschen kann. Andererseits geht durch die Größe eines Projekts sehr leicht der wesentliche Aspekt verloren – und in unser Buch passen muß das Beispiel natürlich auch noch. Wir zeigen deshalb einen 'Sortierbaukasten', bei dem zwar nur ein kleines Problem gelöst wird – nämlich die Sortierung verschiedener Klassen von Objekten – bei dem aber dafür die Module zu einer Vielzahl von Programmen kombiniert werden können. Damit wir die Übersicht über die möglichen Endprodukte nicht verlieren, stellen wir dazu noch den Büchereimanager *ar* und das *make* Dienstprogramm [Fel79a] vor, mit denen man in UNIX sehr elegant die Produktion mittelgroßer Programmpakete abwickeln kann.

6.1 Problemstellung

Wir wollen Objekte sortieren und dabei verschiedene Sortieralgorithmen ebenso wie verschiedene Datenrepräsentierungen studieren und verwenden können.

In der UNIX C Bücherei gibt es die Prozedur

```
qsort(base, nel, width, compar)
        char * base; int nel, width, (*compar)();
```

mit der ein Vektor von Objekten sortiert werden kann. **base** ist der Beginn des Vektors, der aus **nel** Elementen mit jeweils **width** Bytes besteht. Zum Vergleich zweier Elemente dient die **compar** Funktion, die von **qsort** mit zwei Zeigerwerten aufgerufen wird; der Resultatwert von **compar** muß reflektieren, ob die durch die Zeigerwerte bezeichneten Elemente des Vektors wertgleich sind (Resultatwert **0**), in korrekter Reihenfolge angegeben wurden (Resultatwert **> 0**) oder nicht (Resultatwert **< 0**).

Wir lösen unsere Sortieraufgabe, indem wir im Hauptprogramm Objekte eingeben, sortieren und ausgeben lassen. Zum Sortieren verwenden wir **qsort** aus der Bücherei, oder auch aus eigener Produktion. Die Repräsentierung und Manipulation der jeweiligen Objekte fassen wir dabei in einem Datenmodul zusammen, den wir für verschiedene Datentypen realisieren wollen.

6.2 Das Hauptprogramm

Konkret codieren wir zuerst folgendes Hauptprogramm:

```
/*
 *      sort/main.c -- Hauptprogramm im Sortierbaukasten
 */

main()
{       char * liste;           /* die Elemente */
        int n, l;               /* Anzahl und Laenge */
        extern int vgl();       /* Vergleichsfunktion */

        eingabe(& liste, & n, & l);
        if (n > 1)
                qsort(liste, n, l, vgl);
        ausgabe(liste, n, l);
}
```

Zentral ist dabei natürlich der Aufruf der Büchereiprozedur **qsort**, dessen Argumente von der Bücherei diktiert werden. Da wir alle Aspekte der Daten einem separaten Modul überlassen, steht bereits fest, daß dort eine **eingabe** Routine existieren muß, die die für **qsort** nötigen Werte liefert. Da **eingabe** mehrere Resultatwerte liefern soll, bietet sich eine Formulierung als Prozedur an. Nur wenn überhaupt mehrere Elemente eingegeben wurden, ist ein Aufruf von **qsort** zum Sortieren nötig. Das Programm funktioniert soweit also auch dann, wenn garnichts eingegeben wird – eine Tatsache, die man unbedingt anstreben sollte.

Auch die Ausgabe der Daten ist natürlich Sache des Datenmoduls. Um möglichst wenig festzulegen, sollten wir der **ausgabe** Routine alle Informationen liefern, die wir über die Daten besitzen. Da man in C immer mehr Argumente übergeben kann, als Parameter erwartet werden, bleibt es der **ausgabe** Routine überlassen, ob sie diese Information auch verwendet.

An **qsort** muß eine Vergleichsfunktion übergeben werden. In unserer Lösung wird verlangt, daß diese Funktion **vgl** heißt, und im Datenmodul mit diesem Namen zur Verfügung gestellt wird – dies ist das Resultat der **extern** Deklaration. Eine flexiblere Lösung besteht natürlich darin, daß man sich auch einen Zeiger auf diese Funktion von **eingabe** liefern läßt:

```
...
int (*vgl)();    /* Zeiger auf eine Funktion */

eingabe(& liste, & n, & l, & vgl);
```

Übergibt man zusätzlich an **eingabe** die Parameter des Hauptprogramms, so kontrolliert **eingabe** die Situation vollständig, und kann beispielsweise in Abhängigkeit von den Kommandoargumenten (den Parametern des Hauptprogramms) verschiedene Vergleichsfunktionen verwenden lassen, damit umgekehrt sortiert wird, ein bestimmtes Sortierfeld ausgewählt wird, usw. Wir verzichteten darauf, um das Beispiel in Grenzen zu halten.

main.c ist fertig und kann mit dem Kommando

```
$ cc -c main.c
```

übersetzt werden. Die – **c** Option verlangt vom C Übersetzer, daß die angegebenen Dateien nur übersetzt, aber nicht zu einem Image montiert werden. Das Resultat der Übersetzung steht dann in einer Datei, deren Namen aus dem Namen der Quelldatei und der Endung **.o** an Stelle von **.c** gebildet wird, in unserem Fall also in *main.o.*

6.3 Externe Vereinbarungen

Die Namen **eingabe**, **qsort** und **ausgabe** werden in *main.c* nicht vereinbart. Da sie in der Position von Funktionsnamen beim Funktionsaufruf auftreten, vereinbart sie der C Übersetzer implizit als Funktionen mit **int** Resultat.

Für **vgl** gilt dies nicht – **vgl** wird in *main.c* als *Name einer Funktion* als Argument an **qsort** übergeben. In diesem Zusammenhang unterscheidet sich die Angabe **vgl** nicht von einem Variablennamen, den wir nicht definiert haben, oder den wir vielleicht falsch buchstabiert haben.

In dieser Situation muß man **vgl** deklarieren, und zwar als Funktion mit **int** Resultat, die an anderer Stelle erst definiert wird. Dies geschieht, indem man einen geeigneten Deklarator und Typ in der Speicherklasse **extern** angibt. Auch Variablen kann man so **extern** vereinbaren.

Für jede solche Deklaration muß schließlich beim Zusammenfügen der einzelnen Module zu einem Image eine nach Namen – und hoffentlich auch nach Typ – korrespondierende, *globale* Definition vorhanden sein. Kandidaten für die globalen Definitionen sind gerade die, die *nicht* durch Angabe der Speicherklasse **static** innerhalb eines Moduls verborgen wurden. Es empfiehlt sich im übrigen, die Korrespondenz der Typen vor der Montage noch mit *lint* zu überprüfen!

Objekte in der Speicherklasse **extern** können global in einer Quelldatei, also außerhalb aller Funktionen, oder auch lokal in einer Funktion deklariert werden. Sie werden zwar in beiden Fällen bei der Montage mit globalen Definitionen verbunden. Eine lokale **extern** Deklaration hat aber den Vorteil, daß der Geltungsbereich des externen Namens auf die lokale Verwendung im Block der Deklaration eingeschränkt wird. Man kontrolliert dadurch also präziser, wie weit ein externer Name verfügbar sein soll.

Im vorliegenden Fall ist die Plazierung der **extern** Deklaration einigermaßen irrelevant, da *main.c* ohnehin nur eine Funktion enthält. Man sollte aber grundsätzlich – nämlich im Hinblick auf die spätere Modifikation von Programmen und Modulen – das Prinzip verfolgen, immer *so lokal wie möglich, so global wie nötig* zu vereinbaren, um das Risiko späterer unabsichtlicher Kahlschläge durch Einführung neuer Namen zu minimieren. Die Technik begegnet erfolgreich einem wesentlichen Vorwurf gegen Sprachen wie Pascal [Wul73a], bei denen die Algol-Blockstruktur, und in Pascal die Abwesenheit von **own**, dazu zwingt, monolithisch zu codieren und Definitionen global zu plazieren.

6.4   Sortieralgorithmen

Wenden wir uns nun dem Problem zu, einen Sortieralgorithmus zu implementieren. Streng genommen ist dies nicht mehr nötig, da ein gutes Verfahren in der UNIX C Bücherei zur Verfügung steht, aber wir können auf diese Weise einige Aspekte der portablen Umwandlung von Zeigerwerten in der Praxis erproben, die im Abschnitt 5.17 vorgeführt wurden.

6.4.1   Der "bubble sort" Algorithmus

Ineffizient, aber primitiv, beruht dieses Verfahren darauf, in der Liste der zu sortierenden Elemente jeweils zwei benachbarte Elemente richtig anzuordnen. Geht man die Liste der Elemente einmal durch, wandert dabei das wertgrößte Element an das Ende der Liste – wie Luftblasen (*bubbles*) in einem Aquarium nach oben. Geht man ´oft genug´ sukzessiv verkürzte Teile der Liste durch, ist die Liste schließlich sortiert.

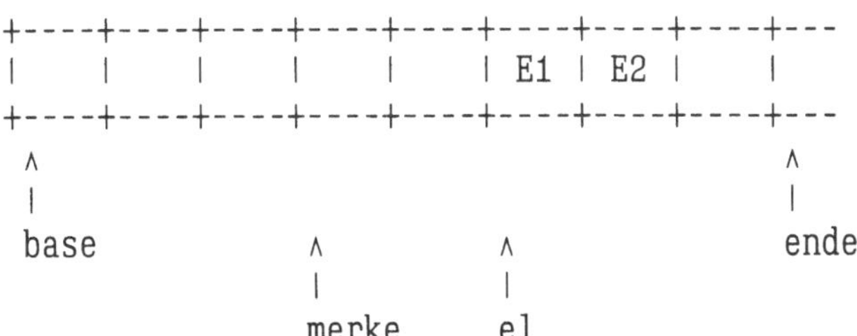

Konkret nehmen wir an, daß der Bereich von **base** bis **ende** unsortiert sein könnte. Wir suchen nach dem kleinsten Index **merke**, für den gilt, daß der Bereich von **merke** bis **ende** sortiert ist, und daß sich unmittelbar hinter **merke** folgend das Maximum der Werte im Bereich von **base** bis **merke** befindet.

Ist **merke < = base**, so sind wir fertig. Andernfalls sollte **merke** kleiner als **ende** sein, und wir wiederholen das Verfahren mit **merke** als neuem Wert von **ende**.

Um **merke** zu bestimmen, verwenden wir eine Schleife, deren Invariante die Maximumbedingung ist, und die die Sortierbedingung beweist. Die Maximumbedingung gilt sicher, wenn wir **merke** vor **base** zeigen lassen, dann ist nämlich nichts zu beweisen.

Hat **merke** einmal einen Wert, und haben wir durch paarweise Vergleiche beginnend bei **base** gezeigt, daß alle Elemente im Bereich von **merke** und dem Laufindex **el** sortiert sind, betrachten wir zum Induktionsbeweis der Sortierbedingung das Paar von Elementen **E1** und **E2** bei **el**. Nach der Induktionsannahme gilt auch für **E1** die Maximumbedingung. Ist jetzt die Sortierbedingung verletzt, tauschen wir diese zwei Elemente und setzen **merke** auf **el**. Läuft **el** von **base** bis unmittelbar vor **ende**, dann führen wir auf diese Weise den nötigen Induktionsbeweis und finden den kleinstmöglichen Wert für **merke**.

Wir initialisieren **merke** auf **base**, da nach dem ersten Durchgang durch die innere Schleife trotzdem die Induktionsannahme hergestellt ist.

Bei der Codierung müssen wir dann sorgfältig darauf achten, daß die verschiedenen Zeiger, die ja aufgrund der Büchereikonvention als Zeiger auf **char** vereinbart sind, jeweils auf Elemente zeigen, die aus **width** Bytes bestehen. Mit den in den Abschnitten 2.6 und 5.17 erarbeiteten Fähigkeiten ist dies jedoch nicht besonders schwierig.

```
+---------------------------------------+
| ende > base                           |
|        +----------------------------+ |
|        |        el = merke = base    | |
|        +----------------------------+ |
|        |                            | |
|        |        +-------------------+ |
|        |        |  Reihenfolge bei el | |
|        |        |   falsch  | korrekt | |
|        |        +-----------+-------+ |
|        |        | vertauschen |       | |
|        |        +-----------+         | |
|        |        | merke = el |        | |
|        |        +-----------+-------+ |
|        |        |   el verschieben   | |
|        |        +-------------------+ |
|        | el < ende                    |
|        +----------------------------+ |
|        |        ende = merke        | |
|        +----------------------------+ |
|                                       |
+---------------------------------------+
```

```c
/*
 *      sort/bubble.c -- Sortieralgorithmus
 */

qsort(base, nel, width, compar)
        char * base;            /* Beginn der Liste */
        int nel;                /* Anzahl Elemente */
        int width;              /* sizeof Element */
        int (* compar)();       /* Vergleichsfunktion */
{       register char * ende,   /* base..ende unsortiert */
                * el,           /* aktuelles Element */
                * merke;        /* letzter Tausch */

        for (ende = base + (nel-1)*width; ende > base;
                        ende = merke)
                for (merke = el = base; el < ende; el += width)
                        if ((* compar)(el, el+width) > 0)
                                swap(merke = el,
                                        el+width, width);

}
```

Bleibt das Problem der Vertauschung zweier Elemente, also die Realisierung der **swap** Prozedur. Dies sollte zwar eigentlich im Datenmodul erledigt werden, aber die vorgegebene Büchereifunktion nimmt den Austausch ebenfalls selbst vor. Wir betrachten dazu die Elemente als **char** Vektoren aus jeweils **width** Bytes und codieren folgendermaßen:

```
swap(a, b, l)                          /* tauscht Elemente */
        register char * a, * b;
        register int l;
{
        if (a != b)
                while (l --)
                        *a ^= *b, *b ^= *a, *a++ ^= *b++;
}
```

Mehr oder weniger spaßeshalber werden hier zwei **char** Werte ohne zusätzliche Speicherzelle mit Hilfe der exklusiven ODER Operation ∧ vertauscht. Für Bit-Werte gilt hier nämlich

```
a1 == a  ∧ b
b1 == b  ∧ a1 == b ∧ a ∧ b == a ∧ 0 == a
a2 == a1 ∧ b1 == a ∧ b ∧ a == b
```

das heißt, die Werte werden mit dieser Technik gerade vertauscht.

6.4.2 Der "quick sort" Algorithmus

Ein wesentlich besseres Sortierverfahren geht auf C.A.R. Hoare [Hoa61a] zurück: Gelingt es, die unsortierte Menge nach Wahl eines Wertes **x** wie folgt aufzuteilen

```
+---------+----------+---------+
|  < x    |   == x   |  > x    |
+---------+----------+---------+
```

so muß man im nächsten Schritt jeweils die beiden äußeren, unsortierten Teilmengen bearbeiten. Der Sortiervorgang besteht also darin, rekursiv den Algorithmus zur Aufteilung auf die Teilmengen anzuwenden, bis diese nur noch aus einzelnen Elementen bestehen.[1]

Im Idealfall werden die Mengen durch die Aufteilung jeweils halbiert. Funktioniert die Aufteilung linear proportional zur Länge der jeweiligen Liste, so entsteht ein besseres Verfahren als der *bubble sort*, dessen Aufwand proportional zum Quadrat der Länge der Liste ist.

Wie teilen wir auf? Wir führen zwei Zeiger **le** und **ge** ein, deren Invariante sich aus folgender Skizze ergibt:

---

[1] Aus Effizienzgründen sollte man schon bei etwas größeren Teilmengen mit der Aufteilung aufhören und lieber zum Schluß noch ein bis zwei *bubble sort* Durchgänge anschließen.

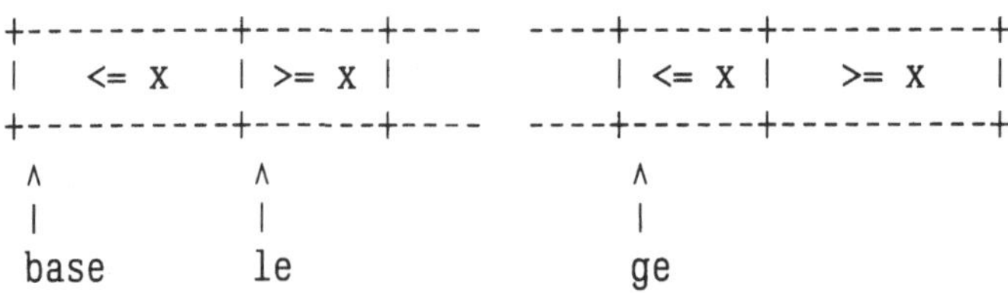

Die Elemente *vor* **le** dürfen nicht größer sein als **x**, die Elemente *nach* **ge** entsprechend nicht kleiner. Dies kann durch zwei einfache Schleifen untersucht werden.

Herrscht die angedeutete Situation, so vertauscht man die Elemente an **le** und **ge** und verschiebt die Zeiger aufeinander zu.

Das Verfahren zur Aufteilung bricht ab, wenn die Zeiger überkreuzt sind, da dann die Elemente *zwischen* **le** und **ge** gerade beiden Bedingungen genügen müssen, also gerade den Wert **x** besitzen. Wählt man **x** ansonsten beliebig aus der Menge, kann man sich leicht klarmachen, daß wenigstens *zwei* der drei Teilmengen nicht leer sein können, daß also die rekursive Anwendung des Verfahrens auf die Teilmengen zum Abschluß kommen muß.

Eine – nicht optimal effiziente – Fassung des Verfahrens ist folgende:

```
+-----------------------------------------+
|          Aufteilungswert x waehlen      |
+-----------------------------------------+
|          Anfangswerte: le = base        |
|                        ge = Ende        |
+-----------------------------------------+
|                                         |
|       +-------------------------------+ |
|       | Element bei le < x            | |
|       |      +----------------------+ | |
|       |      |    le verschieben     | | |
|       |      +----------------------+ | |
|       |                              | |
|       +-------------------------------+ |
|       | Element bei ge > x            | |
|       |      +----------------------+ | |
|       |      |    ge verschieben     | | |
|       |      +----------------------+ | |
|       |                              | |
|       +-------------------------------+ |
|       |     Zeiger verschraenkt       | |
|       |         nein        | ja     | |
|       +---------------------+--------+ |
|       |     vertauschen     |        | |
|       +---------------------+        | |
|       | le und ge verschieben |      | |
|       +---------------------+--------+ |
| bis Zeiger verschraenkt                 |
+-----------------------------------------+
| Teilmenge von base bis ge sortieren     |
+-----------------------------------------+
| Teilmenge von le bis Ende sortieren     |
+-----------------------------------------+
```

Auch diesmal muß man bei der Codierung lediglich darauf achten, daß die Zeiger korrekt bewegt werden:

```c
/*
 *      sort/quick.c -- Sortieralgorithmus
 */

qsort(base, nel, width, compar)
        char * base;            /* Beginn der Liste */
        int nel;                /* Anzahl Elemente */
        int width;              /* sizeof Element */
        int (* compar)();       /* Vergleichsfunktion */
{       register char * x,      /* Aufteilungselement */
                      * le,     /* base..le <= x */
                      * ge;     /* ge.. >= x */

        if (nel < 2)            /* zu wenig Elemente */
                return;

        x = base + (nel/2) * width;
        le = base;
        ge = base + (nel-1) * width;

        do
        {       while ((* compar)(le, x) < 0)
                        le += width;
                while ((* compar)(x, ge) < 0)
                        ge -= width;
                if (le <= ge)
                {       swap(le, ge, width);
                        if (le == x)
                                x = ge;
                        else if (ge == x)
                                x = le;
                        le += width;
                        ge -= width;
                }
        } while (le <= ge);

        qsort(base, (ge - base)/width + 1, width, compar);
        qsort(le, nel - (le - base)/width, width, compar);
}
```

Wir wählen **x** als Zeiger auf das mittlere Element der Liste. Dazu muß man *zuerst* die Anzahl der Elemente halbieren (mit Abbruch, bei ganzzahliger Division), und erst dann das Resultat mit der Elementlänge strecken, damit man nicht versehentlich auf einen Punkt zwischen Elementen zeigt. Kennzeichnet man den Wert von **x** durch einen Zeiger in die Menge – was sich hier natürlich anbietet – muß man genau verfolgen, ob dieser Wert im Zuge der Aufteilung etwa verlagert wird; ist dies der Fall, muß man den Zeiger entsprechend korrigieren. Als **swap** Prozedur verwenden wir dieselbe wie im vorigen Abschnitt. Man sollte sich davon überzeugen, daß die an (*** compar**) übergebenen Zeiger stets in die Menge weisen, wenn man die **while** Bedingungen so wie angegeben wählt, und den Wert für **x** ursprünglich aus der Menge selbst bezieht!

Die bei den rekursiven Aufrufen jeweils benötigte Anzahl der zu sortierenden Elemente ergibt sich aufgrund folgender Überlegung: Beim ersten Aufruf muß die Teilmenge im Bereich von **base** bis **ge** sortiert werden; da **ge** noch in die Teilmenge zeigt, enthält sie ein Element *mehr* als sich aus der Distanz der Zeiger ergibt. Die zweite Teilmenge reicht von **le** bis zum Ende der ursprünglichen Liste, enthält also die Elemente nicht, die *vor* **le** liegen.

6.5   Ein Datenmodul für Zahlen

6.5.1   Eigene Datentypen – "typedef"

Nach der Diskussion im Abschnitt 6.2 steht fest, daß ein Datenmodul folgende Routinen zur Verfügung stellen muß:

```
eingabe(liste, n, l) PTR * liste; int * n, * l;
ausgabe(liste, n, l) PTR liste; int n, l;
int vgl(a, b) PTR a, b;
```

Hinter **PTR** verbirgt sich ein Zeiger auf den Datentyp, der im Datenmodul realisiert werden soll. Für einen derartigen Datentyp kann man mit einer **typedef** Deklaration einen Typnamen vereinbaren, der dann genau wie die vordefinierten Typnamen benutzt werden kann, zum Beispiel

```
typedef int OBJEKT;
typedef OBJEKT * PTR;
```

Eine solche Typdeklaration hat die übliche Form von Vereinbarungen in C. An Stelle einer Speicherklasse steht jedoch **typedef** und der Name im Deklarator bezeichnet kein Objekt, sondern steht für den neuen Datentyp. Traditionellerweise schreibt man diese Typnamen mit Großbuchstaben. In unserem Beispiel ist dann **OBJEKT** äquivalent zu **int** und **PTR** ist der Typ von Zeigern, die auf **OBJEKT**, also **int**, verweisen.

Das Beispiel zeigt bereits, daß **typedef** kompliziertere Konstruktionen erlaubt, als sie mit **#define** möglich sind: in

```
#define PTR       int *


int vgl(a, b) PTR a, b;
```

erhielte zwar **a** den Typ **int ***, aber **b** wäre ein **int** Wert und kein Zeiger, wie dies bei der Verwendung von **typedef** der Fall ist!

typedef Vereinbarungen sollte man verwenden, wenn man eine zentrale Aussage über einen Typ machen oder wenn man komplizierte Konstruktionen entflechten will. **typedef** ist insbesondere nützlich bei der Verarbeitung mehrdimensionaler Vektoren, da man dadurch die Dimensionierung an zentraler Stelle vornehmen kann.

Bei den derzeit verfügbaren Übersetzern ist **typedef** im Stil eines Makroprozessors implementiert, das heißt, anders als in Pascal werden in C solche vom Benutzer benannten Typen als völlig äquivalent zur vereinbarten Konstruktion angesehen – *cc* oder *lint* überprüfen also die konsistente Verwendung der **typedef** Datentypen untereinander nicht.

Strenggenommen müßten wir im vorliegenden Fall **PTR** als **char *** vereinbaren, da dies in *main.c* bereits so geschehen ist und *lint* andernfalls einige Beschwerden anmelden wird. Zeigerwerte können jedoch als Zeigerwerte auf beliebige Objekte interpretiert werden, ohne daß dadurch das zugrundeliegende Bit-Muster verändert wird. In *main.c* und vor allem in den Sortierprozeduren haben wir sehr sorgfältig so codiert, daß wir jetzt im Datenmodul den exakten Typ für **PTR** noch frei als Zeigertyp wählen können.

6.5.2   Die Speicherklasse "static"

Für Programmentwicklung unter UNIX ist es charakteristisch, daß man 'neue' Routinen möglichst nur als Varianten bereits existenter Routinen erstellt. Im Abschnitt 4.12 haben wir schon eine **eingabe** Routine für einen **int** Vektor entwickelt. Im vorliegenden Fall müssen wir allerdings den Vektor **feld** für die Zahlen als *Resultat* der **eingabe** Prozedur liefern, dennoch entsteht keine wesentlich neue Lösung:

```
/*
 *       sort/zahl.c -- Zahlen verwalten
 */

#include <stdio.h>

#define VIELE   10              /* maximal moeglich */

typedef int     OBJEKT;         /* Datentyp der Zahlen */
typedef OBJEKT  * PTR;
```

```
eingabe(liste, n, l)                /* fuellt feld[0..*n-1] */
        PTR * liste;
        register int * n;
        int * l;
{       static OBJEKT feld[VIELE]; /* die Zahlen */

        *liste = feld;
        *n = 0;
        *l = sizeof (OBJEKT);

        puts("Bitte Zahlen eingeben");

        for ( ; *n < VIELE; (*n) ++)
                if (scanf("%d", & feld[*n]) <= 0)
                        break;
}
```

feld wird im Datenmodul definiert und gilt logisch als Privatbesitz der **eingabe** Prozedur. **eingabe** muß die Adresse von **feld** sowie Größe und Anzahl der (belegten) Elemente als Resultat liefern. Man würde einen bösen Fehler begehen, wenn man **feld** einfach als lokale Variable in **eingabe** vereinbart: lokale Variablen, also Variablen in den Speicherklassen **register** oder **auto**, existieren nur, während der Block aktiv ist, in dem sie definiert wurden. Liefert man die Adresse einer lokalen Variablen als Resultat, so erzeugt man also mit großer Sicherheit einen Zeigerwert auf ein nicht mehr existentes Objekt!

Man kann dieses Problem im Stil von Pascal umgehen und **feld** global definieren, um dadurch eine ausreichende Lebensdauer zu erzielen. Unschön an diesem Vorgehen ist, daß so ein lokales Objekt global gemacht und den Angriffen anderer Prozeduren direkt ausgesetzt wird.

Als Alternative gibt es in C die Speicherklasse **static**. Diese Vokabel ist uns leider schon begegnet: *global* definierte Objekte existieren auf alle Fälle während der gesamten Ausführung eines Programms. Werden globale Objekte mit Hilfe von **static** definiert, wird jedoch der Geltungsbereich ihrer Namen auf die Datei eingeschränkt, in der die **static** Definition erscheint.

Die Speicherklasse **static** kann aber auch bei *lokalen* Definitionen angegeben werden. Derartige Objekte existieren dann auch während der ganzen Ausführung des Programms, und nicht nur während der Aktivierung des zugehörigen Blocks. Die Werte von **static** definierten Objekten bleiben also zwischen Aktivierungen des Blocks erhalten – und diese Objekte existieren auch im rekursiven Zusammenhang nur einmal.

Im vorliegenden Fall wurde **feld** in der Prozedur **eingabe static** definiert – damit existiert der Name **feld** nur innerhalb der Prozedur, aber der Vektor existiert während der ganzen Ausführung des Programms in das **eingabe** integriert wird.

6.5.3 Restliche Überlegungen

Betrachten wir noch ein paar Dinge am Rande: **eingabe** verwendet die Büchereifunktion **puts** dazu, eine Zeichenkette als Standard-Ausgabe auszugeben. **puts** gibt
anschließend an die Zeichenkette jeweils einen Zeilentrenner aus.

eingabe verwendet den Resultatparameter **n** auch intern. Damit **n** beim Aufrufer verändert werden kann, muß ein Zeiger auf die eigentliche Integer-Variable übergeben
werden. Innerhalb von **eingabe** kann man die Integer-Variable normal verwenden,
wenn man als ´Name´ gerade **∗n** verwendet. Eine subtile Vorrangfalle ist dabei folgende: Unitäre Operatoren wie **∗** und **++** werden von rechts her bewertet. Vergißt
man die Klammern, so würde bei

```
for ( ; *n < VIELE; *n ++)
```

der Zeigerwert **n** und nicht der Integer-Wert **∗n** inkrementiert – mit entsprechend
verheerender Wirkung. Derartige Fehler zu finden ist schwierig; wahrscheinlich sollte
man sich angewöhnen, Parameter *grundsätzlich* zu klammern, für die Zeiger speziell
zur Resultatausgabe übergeben werden, um diese Fehler a priori auszuschließen.

Eine geeignete **ausgabe** Routine kennen wir schon aus dem Abschnitt 5.4. Hier ist
eine weitere Fassung, diesmal mit Zeigern:

```
ausgabe(liste, n)                        /* zeigt liste[0..n-1] */
        register PTR liste;
        register int n;
{

        while (n-- > 0)
                printf("%6d ", *liste++);
        putchar('\n');
}
```

Plausibel, aber nicht gerade robust, wäre die Annahme, daß die Anzahl der auszuge-
benden Elemente **n** nicht negativ sein wird – das würde den Programmtext doch immerhin um 4 Zeichen verkürzen! Da diese Prozedur mit der Größe eines Elements
nichts Nützliches anfangen kann – wir lassen natürlich den C Übersetzer den Zeiger
liste durch die richtige Deklaration korrekt inkrementieren – wird das beim Aufruf in
main.c übergebene dritte Argument wie angekündigt hier nicht übernommen.

Als Resultat der Vergleichsfunktion **vgl** könnte man einfach die Differenz der durch
die Zeigerargumente ausgewählten Werte liefern. Wie im nächsten Abschnitt näher
erklärt wird, codieren wir etwas aufwendiger, um hier vom exakten numerischen
OBJEKT Typ unabhängig zu werden:

```
int vgl(a, b)                         /* vergleicht zwei Werte */
        register PTR a, b;
{       register OBJEKT diff;

        if ((diff = *a - *b) < 0)
                return -1;
        return diff > 0;
}
```

Man beachte, wie die Differenz nur einmal gebildet und dann zweimal mit Null verglichen wird, in der Hoffnung, daß damit der C Übersetzer beim zweiten Mal nur noch die Condition Codes prüft. Interessanter ist hier jedoch die Verwendung des Resultats einer Vergleichsoperation als **int** Wert.

6.5.4   Gleitkommaoperationen

C besitzt folgende Datentypen zur Repräsentierung von numerischen Werten:

```
double        long unsigned int
    float                     short char
```

double und **float** repräsentieren Gleitkommawerte, die anderen Datentypen dienen zum Speichern von Integer-Werten.

Die Anordnung zeigt gleichzeitig die Hierarchie zur Umwandlung bei Arithmetik: **float** Werte werden grundsätzlich zur Arithmetik und zur Übergabe als Parameter in **double** Werte umgewandelt, **short** und **char** Werte werden in **int** Werte umgewandelt. Anschließend findet eine arithmetische Operation immer im Datentyp einer ihrer beiden Operanden statt, und zwar in dem Typ, der in dieser Liste am weitesten links steht.

Was müßten wir an unserem Datenmodul ändern, damit er zum Beispiel **float** Werte repräsentiert? Zuerst muß die zentrale **typedef** Deklaration geändert werden:

```
typedef float   OBJEKT;
```

In der Eingabe sollten wir dann Gleitkommawerte mit Dezimalpunkt oder in der üblichen Exponentendarstellung angeben können, und diese Darstellung müßte auch **printf** liefern. Wir müssen also sicher **scanf** und **printf** mit neuen Formatelementen informieren, daß sie jetzt mit Gleitkommawerten rechnen sollen:

```
#define INFMT    "%f"
#define OUTFMT   "%g "


        ...
        scanf(INFMT, ... )


        ...
        printf(OUTFMT, ... )
```

Bei **vgl** muß nichts geändert werden, da der C Übersetzer aufgrund der Umwandlungsregeln selbstständig **diff** mit dem Gleitkommawert **0.0** vergleichen wird, und da speziell der letzte Vergleich

```
return diff > 0;
```

auf alle Fälle ein **int** Resultat liefern wird. Die Formulierung

```
return *a - *b;
```

wäre für manche Werte von ***a** und ***b** schlicht falsch: der C Übersetzer wandelt den **return** Wert nach Maßgabe des Resultattyps der Funktion um – **vgl** muß ein **int** Resultat liefern, und bei der Umwandlung von Gleitkomma- in Integer-Werte wird abgebrochen!

6.5.5 Bedingte Übersetzung

Wir haben soeben gesehen, daß kein wesentlicher Unterschied zwischen den Datenmodulen für **float** und **int** Werte besteht. Der C Übersetzer *cc* erlaubt die Angabe von Definitionen bereits in der Kommandozeile. Wir könnten *zahl.c* mit folgendem Aufruf übersetzen lassen:

```
$ cc -DZAHL=float -D'INFMT="%f"' -D'OUTFMT="%g "' -c zahl.c
```

Die Option

```
-Dname=wert
```

entspricht der Preprozessor-Zeile

```
#define name    wert
```

allerdings muß man etwa bei der Übergabe der Doppel-Anführungszeichen sorgfältig codieren: in der Shell Kommandozeile sind die einfachen Anführungszeichen unbedingt nötig, damit die Doppel-Anführungszeichen nicht bereits von der Shell verarbeitet und entfernt werden.

In der Quelldatei *zahl.c* darf man nun **INFMT** und **OUTFMT** nicht mehr definieren, wenn sie aus dem Aufruf von *cc* übernommen werden sollen. **ZAHL** sollte man in die **typedef** Deklaration einbauen. Dabei empfiehlt es sich aber, die Quelldatei so zu formulieren, daß eine Voreinstellung vorhanden ist, falls diese Werte bei der Übersetzung nicht angegeben werden.

Die Preprozessor-Konstruktion

```
#ifdef  name
        ...
#else
        ...
#endif
```

dient dazu, die Übersetzung auf ausgewählte Teile der Quelle zu beschränken, in Abhängigkeit davon, ob **name** im Preprozessor zu diesem Zeitpunkt definiert ist oder nicht. Es gibt dabei noch andere Bedingungen:

```
#ifndef name
```

untersucht, ob **name** gerade *nicht* definiert ist, und

```
#if      ausdruck
```

bewertet **ausdruck**, der allerdings aus Konstanten und Werten bestehen muß, die im Preprozessor definiert sind. Diese Operanden können mit den in C üblichen Operatoren verknüpft werden. Ist **ausdruck** von Null verschieden, gilt die Bedingung als erfüllt.

Im konkreten Fall würden wir unsere Voreinstellung folgendermaßen realisieren:

```
#ifndef ZAHL
#       define  ZAHL    int
#endif

#ifndef INFMT
#       define  INFMT   "%d"
#endif

#ifndef OUTFMT
#       define  OUTFMT  "%d "
#endif

typedef ZAHL OBJEKT;
```

Auf diese Weise können alle relevanten Teile einzeln bei der Übersetzung von außen her beeinflußt werden.

6.6   Ein Datenmodul für Worte

Die Eingabe von Worten haben wir im Abschnitt 5.3 bereits realisiert. Für das vorliegende Problem isolieren wir zunächst als eigene Funktion die Anweisungen, die ein einziges Wort in eine Zeichenkette einlesen. Der Funktion **getword** werden **word**, der Beginn der Zeichenkette sowie die maximal mögliche Länge **lim** als Parameter übergeben; als Resultat erwarten wir die Länge des eingelesenen Wortes. Wir folgen dabei der Konvention der Büchereifunktion **strlen**: bei der Längenangabe soll das abschließende Nullzeichen nicht berücksichtigt werden. Vor dem Wort wird Zwischenraum ignoriert und das Wort endet wieder vor Zwischenraum oder wenn der verfügbare Speicher erschöpft oder das Dateiende erreicht wird.

```
/*
 *        sort/getword.c -- Wort einlesen
 *        Resultat ist strlen() des Wortes, oder 0
 */

#include <stdio.h>
#include <ctype.h>

int getword(word, lim)
        char word[];            /* Zielflaeche */
        register int lim;       /* maximale Laenge */
{       register int ch,        /* Eingabezeichen */
                n;              /* Index und Laenge */

        if (lim < 2 || feof(stdin))
                return 0;

        while (isascii(ch  = getchar()) && isspace(ch))
                ;

        if (ch == EOF)          /* Dateiende */
                return 0;

        n = 0;
        do                      /* sammeln */
        {       word[n++] = ch;
                ch = getchar();
        } while (isascii(ch) && ! isspace(ch) && n < lim-1);
        word[n] = '\0';         /* abschliessen */

        if (ch != EOF)          /* letztes Zeichen zurueck */
                ungetc(ch, stdin);

        return n;
}
```

Um Zwischenraum zu klassifizieren haben wir diesmal die im Abschnitt 5.12 besprochenen Zeichenfunktionen aus der Datei *ctype.h* verwendet.

Wir haben außerdem sorgfältig vermieden, überhaupt noch zu lesen, wenn in der Standard-Eingabe bereits früher das Dateiende entdeckt wurde: der Makroaufruf **feof(stdin)** liefert in diesem Fall gerade einen von Null verschiedenen Wert. Liest unser Programm aus einer Datei, ist diese Feinheit nicht nötig – Dateiende bleibt Dateiende, unabhängig davon, wie oft wir darauf zugreifen.

Beeendet man aber bei Eingabe vom Terminal ein Wort am Ende einer Zeile mit der *eot* Taste (siehe Abschnitt 5.6), und beendet dann die ganze Eingabe sofort nochmals mit *eot*, diesmal im Effekt am Anfang der Eingabezeile, so folgt einem Wort am Dateiende in diesem Fall nicht der sonst übliche Zeilentrenner, also Zwischenraum.

Dann wird aber **ungetc** nicht aufgerufen (**EOF** darf man nicht in die Eingabe zurückstellen), und beim nächsten Aufruf von **getword** würde ohne Auswertung der **feof** Bedingung dann nochmals **getchar** aufgerufen werden. Bei Eingabe vom Terminal bleibt aber Dateiende *nicht* Dateiende – ein dritter Druck auf *eot* wäre nötig, um die Eingabe zuverlässig zu beenden. Ein subtiles Problem, zugegeben, das man aber sehr leicht vermeiden kann.

getword ist ein Teil des Textspeichers, der im Abschnitt 5.3 vorgestellt wurde. Die komplette **eingabe** Routine folgt nun ganz analog zur **eingabe** Routine im Datenmodul für Zahlen:

```
/*
 *      sort/string1.c -- Worte verwalten
 */

#define CLIM    200             /* maximales Textvolumen */
#define WLIM    20              /* maximale Anzahl Worte */
typedef char * OBJEKT;
typedef OBJEKT * PTR;

eingabe(liste, n, l)                    /* fuellt word[0..*n-1] */
        PTR * liste;
        register int * n;
        int * l;
{       static OBJEKT word[WLIM]; /* Wortanfaenge */
        static char chr[CLIM];  /* Text */
        register int c,         /* Index in chr[] */
                len;            /* des aktuellen Worts */

        *liste = word;
        *l = sizeof(OBJEKT);

        puts("Bitte Worte eingeben");
        c = *n = 0;
        do
                if (len = getword(chr + c, CLIM - c))
                {       word[(*n) ++] = chr + c;
                        c += len + 1;
                }
        while (len && c < CLIM - 2 && *n < WLIM);
}
```

Hier haben wir übrigens **c** nicht bei der Definition, sondern erst unmittelbar vor Beginn der Schleife initialisiert. Die Korrektheit der Schleife hängt stark davon ab, daß **c** mit dem Indexwert 0 beginnt. Es ist im allgemeinen keine gute Idee, eine derart kritische Initialisierung lange vor ihrer Verwendung vorzunehmen – bei einer späteren Modifikation des Programms passiert es sehr leicht, daß eine 'unbenutzte' Variable kurz anderweitig verwendet wird, und dann ist unser Textspeicher vermutlich inoperativ. Steht die Initialisierung nahe bei ihrer Verwendung, reduziert sich die Chance eines Mißbrauchs entsprechend.

Der Rest des Datenmoduls für Worte ist sehr einfach: die **ausgabe** Routine folgt aus Abschnitt 5.4, und die Vergleichsfunktion überläßt natürlich alle Arbeit der Büchereifunktion **strcmp**:

```
ausgabe(liste, n)                       /* zeigt liste[0..n-1] */
        register PTR liste;
        register int n;
{

        while (n-- > 0)
                puts(*liste++);
}

int vgl(a, b)                           /* vergleicht zwei Worte */
        register PTR a,  b;
{

        return strcmp(*a, *b);
}
```

6.7 Dynamische Speicherverwaltung

Speichert man Worte, so liegt es nahe, daß man sich den nötigen Speicherplatz dynamisch durch Kontakt mit dem Betriebssystem verschafft, also mit Hilfe einer Büchereifunktion. Die C Bücherei enthält dazu beispielsweise die Funktion

```
char * calloc(nelem, elsize) unsigned nelem, elsize;
```

Die Funktion liefert einen Zeigerwert auf einen Vektor, der aus **nelem** Elementen besteht, die jeweils **elsize** Bytes enthalten. Der Vektor ist auf Null initialisiert. Die Parameter sind **unsigned**, also Integer-Werte ohne Vorzeichen, und können dadurch 'beliebig' groß sein. Sollte nicht mehr genügend Speicherplatz vorhanden sein, liefert **calloc** einen Nullzeiger.

Die Flächen, die mit **calloc** reserviert wurden, können auch zur Wiederverwendung durch **calloc** wieder freigegeben werden. Einen Zeigerwert, den man ursprünglich als Resultat von **calloc** erhalten hat, übergibt man dazu an die Büchereiprozedur **cfree**.

Ein beachtliches Durcheinander resultiert, wenn man Zeigerwerte zurückgibt, die nicht von **calloc** stammen. Führt man zum Beispiel

```
cfree(NULL);
```

aus, dann geht erfahrungsgemäß nicht dieser Aufruf schief, sondern beim *nächsten* Aufruf von **calloc** resultiert ein Programmabbruch mit Speicherauszug und entsprechend bissigen Kommentaren der Shell.

Will man wie wir Worte dynamisch speichern, darf man nicht den Platz für das nachfolgende Nullzeichen vergessen. Am besten verpackt man den Vorgang in eine **strsave** Funktion:

```
char * strsave(s)                    /* Zeichenkette speichern */
        register char * s;
{       register char * save = (char *)
                        calloc(strlen(s)+1, sizeof(char));
        extern char * strcpy(); /* Zeichenkette kopieren */

        if (save)
                return strcpy(save, s);
        puts("kein Platz"), exit(1);
}
```

Die Fehlerreaktion ist nicht nett – Programmabbruch mit Hilfe der Büchereiprozedur **exit** – aber im vorliegenden Fall kaum zu vermeiden.

Damit ergibt sich schließlich folgende neue **eingabe** Prozedur:

```
/*
 *        sort/string2.c -- Worte dynamisch verwalten
 */

#define WLIM    20                  /* maximale Anzahl Worte */
#define MAXLEN  100                 /* maximale Wortlaenge */

typedef char * OBJEKT;
typedef OBJEKT * PTR;

eingabe(liste, n, l)                /* fuellt word[0..*n-1] */
        PTR * liste;
        register int * n;
        int * l;
{       static OBJEKT word[WLIM]; /* Wortanfaenge */
        char buf[MAXLEN];         /* Speicher fuer ein Wort */
        extern char * strsave(); /* Zeichenkette speichern */
```

```
        *liste = word;
        *n = 0;
        *l = sizeof(OBJEKT);

        puts("Bitte Worte eingeben");

        do
                if (getword(buf, MAXLEN))
                        word[(*n) ++] = strsave(buf);
                else
                        break;
        while (*n < WLIM);
}
```

Optimal ist diese Lösung auch noch nicht. Die Wortlänge ist auf **MAXLEN** limitiert; diese Länge kann allerdings großzügig gewählt werden, da der entsprechende Speicherplatz, als lokale Variable, nur während der Aktivierung der **eingabe** Routine existiert.

Die maximal mögliche Anzahl Worte ist noch immer auf **WLIM** begrenzt, da der Vektor für Wortanfänge **static** in **eingabe** definiert wird. Dieses Problem kann man umgehen, wenn man die Wortanfänge ebenfalls dynamisch speichert. Dafür bieten sich folgende Büchereifunktionen an:

```
        char * malloc(size) unsigned size;
        char * realloc(ptr, size) char * ptr; unsigned size;
```

malloc funktioniert analog zu **calloc**, initialisiert allerdings die resultierende Fläche nicht. Mit **realloc** kann man eine dynamisch erworbene Fläche **ptr** vergrößern oder verkleinern lassen. Reagieren wir einfachheitshalber wieder mit Programmabbruch, wenn diese Funktionen bei Mißerfolg Nullzeiger liefern, so ergibt sich etwa folgende Lösung:

```
        /*
         *      sort/string.c -- Worte dynamisch verwalten
         */

        #define WLIM    10              /* Inkrement */
        #define MAXLEN  100             /* maximale Wortlaenge */

        typedef char * OBJEKT;
        typedef OBJEKT * PTR;
```

```
eingabe(liste, n, l)                    /* fuellt (*liste)[0..*n-1] */
        register PTR * liste;
        register int * n;
        int * l;
{       char buf[MAXLEN];        /* Speicher fuer ein Wort */
        register int wlim;       /* momentane Grenze */
        extern char * strsave(); /* Zeichenkette speichern */

        *l = sizeof(OBJEKT);
        *liste = (PTR) malloc((wlim = WLIM) * *l);

        puts("Bitte Worte eingeben");

        for (*n = 0; *liste; )
        {       do
                        if (getword(buf, MAXLEN))
                                (*liste)[(*n) ++] = strsave(buf);
                        else
                        {       *liste = (PTR)
                                  realloc(*liste, *n * *l);
                                return;
                        }
                while (*n < wlim);
                *liste = (PTR) realloc(*liste,
                        (wlim += WLIM) * *l);
        }
        puts("kein Platz\n"), exit(1);
}
```

6.8 Programmanagement

6.8.1 Quellen verwalten – "make"

Falls inzwischen die Übersicht verloren gegangen ist darüber, welche Quelldateien
wir entwickelt haben, und wie wir sie zu verschiedenen Programmen zusammenfügen können, dann ist das ein natürliches Phänomen. Ebenso interessant ist die Frage, was eigentlich getan werden muß, wenn wir eine einzelne Datei ändern und diese Änderung in alle betroffenen Programme integrieren wollen.

Derartige Probleme beherrscht man mit Feldman's *make* Kommando: *make* verwendet eine Beschreibung der Abhängigkeiten zwischen Image und Quelldateien,
samt Kommandos um ein Image aus den Quellen zu produzieren sowie die in der
Dateihierarchie bekannten letzten Modifikationszeitpunkte der Dateien dazu, ein ak-
tuelles Image jeweils mit minimalem Übersetzungsaufwand herzustellen. Die Beschreibung steht üblicherweise in einer Datei *makefile*, die *make* per Voreinstellung
verwendet, und die man für ein Projekt jeweils konstruiert.

In unserem Fall enthält *makefile* etwa folgendes:

```
#         Sortierbaukasten

int :    zahl.o main.o
         cc -o int zahl.o main.o

int_b :  zahl.o bubble.o main.o swap.o
         cc -o int_b zahl.o bubble.o main.o swap.o

int_q :  zahl.o quick.o main.o swap.o
         cc -o int_q zahl.o quick.o main.o swap.o
```

Leerzeilen werden von *make* ignoriert. # leitet jeweils einen Kommentar ein, der sich dann bis zum Zeilenende erstreckt.

Eine Zeile die mit einem Namen beginnt, dem ein Doppelpunkt folgt, definiert, daß dieser Zielname von den Quellnamen abhängt, die dann ihrerseits dem Doppelpunkt folgen. Wir nennen diese Zeile daher die *Bedingung*; bei den beteiligten Namen handelt es sich meistens um Dateinamen. Der Bedingung folgen *Kommandozeilen*, die jeweils mit einem Tabulatorzeichen beginnen und Shell-Kommandos enthalten. Diese Kommandos dienen normalerweise dazu, die Zieldatei aus den Quelldateien zu erzeugen.

make wird mit einer Liste von Namen aufgerufen. Ist kein Name explizit angegeben, wird der Zielname der ersten Bedingung im *makefile* verwendet, in unserem Beispiel also **int**.

Für jeden Namen sammelt *make* dann alle Bedingungen, in denen er als Ziel angegeben ist. Dadurch ergibt sich eine Liste von Quellnamen. Das Verfahren wird rekursiv fortgesetzt und es ergibt sich ein Baum, der die Abhängigkeit des gewünschten Namens von allen seinen Quellnamen beschreibt.

Dieser Baum wird nun in *postorder*, also Unterbäume vor Wurzeln durchlaufen. Die Wurzeln sollten Dateinamen sein, deren Modifikationsdatum betrachtet wird. Existiert keine entsprechende Datei, wird das aktuelle Datum verwendet. Stellt sich heraus, daß eine Wurzel älter ist als ein Element ihres Unterbaums, so werden die Kommandos ausgeführt, die der Bedingung für die Wurzel im *makefile* folgen. Gibt es mehrere Bedingungen mit gleichem Ziel, so dürfen Kommandos nur einer Bedingung folgen.

Der Effekt ist normalerweise, daß gerade die Dateien neu erzeugt werden, die für ein bestimmtes Resultat nötig sind, und die entweder noch nicht existieren oder die älter sind als die Quellen aus denen sie erzeugt werden. *make* dient also zur Dokumentation des Zusammenhangs der verschiedenen Dateien, und sorgt gleichzeitig für minimalen Aufwand bei der Integration von Änderungen. Überblickt man die möglichen Folgen nicht, so können mit dem Aufruf

```
$ make -n ziele
```

die Anweisungen, die *make* erzeugen würde, ausgegeben werden, ohne daß sie ausgeführt werden.

Wie das Beispiel zeigt, muß man meist nur die Montageanweisungen explizit im *makefile* angeben – *make* geht selbstständig davon aus, daß zum Beispiel Montageobjekte, also Dateien mit der Kennung **.o**, von gleichnamigen Quellen mit der Kennung **.c** abhängen. Nur Abhängigkeiten durch Verwendung von **#include** müssen für Montageobjekte ausgewiesen werden – für öffentliche Definitionsdateien wie *stdio.h* ist das allerdings nicht üblich.

6.8.2 Der Büchereimanager "ar"

Unser *make* Beispiel ist nicht vollständig, es kämen ja noch weitere sechs Programme für Gleitkommawerte und Zeichenketten hinzu. Es zeigt sich, daß jedes Programm aus gewissen Montageobjekten besteht, die nur zu diesem Programm gehören und es charakterisieren. Hinzu kommt für jedes Programm eine individuelle Auswahl aus einer Reihe von Funktionen, die die Rolle einer projektspezifischen Bücherei spielen.

Eine Bücherei kann man mit dem UNIX Dienstprogramm *ar* bilden und verwalten. Für uns interessant wäre etwa folgende Bücherei:

```
$ ar rv lib getword.o main.o strsave.o swap.o
$ ranlib lib
```

Existieren die entsprechenden Objekte, ersetzt (Option **r**) *ar* sie in der Büchereidatei *lib* und berichtet ausführlich (Option **v**). Existiert die Bücherei noch nicht, wird sie dabei angelegt.

ar akzeptiert die Optionen als erstes Argument, dann folgen der Name der Bücherei und schließlich die Namen der Dateien, die in die Bücherei eingestellt werden sollen. *ar* kann auch Dateien aus der Bücherei extrahieren (Option **x**) oder löschen (Option **d**).

Die resultierende Bücherei kann genau wie Montageobjekte dem C Übersetzer zur Montage angeboten werden. Im Gegensatz zu explizit angegebenen Montageobjekten, die immer in ein Image aufgenommen werden, werden aus einer Bücherei nur die Objekte entnommen, die Namen enthalten, die zu **extern** Deklarationen im bisherigen Image korrespondieren. Das *ranlib* Kommando dient dazu, die Suche nach solchen Namen in der privaten Bücherei effizient zu gestalten. *ranlib* ist immer nötig nachdem eine Bücherei mit Montageobjekten verändert wurde.

Existiert die Bücherei *lib* und das Montageobjekt *bubble.o*, dann könnten wir ein Programm zum Beispiel folgendermaßen konstruieren:

```
$ cc zahl.c bubble.o lib -o int_b
```

Dem C Übersetzer kann man eine beliebige Mischung von Quellen, Büchereien und Montageobjekten anbieten. Büchereien sollte man dabei aber zuletzt angeben, damit auch alle undefinierten Symbole gesucht werden können.

6.8.3 ″make″ für Fortgeschrittene

make verfügt über eine einfache Möglichkeit zum Textersatz: Ist ein Name in Klammern eingeschlossen und geht ihm ein **$** Zeichen voraus, so wird für den Namen jeweils ein Ersatztext eingefügt. Die Klammern sind dabei nur nötig, wenn der Name aus mehr als einem Zeichen (Buchstabe oder Ziffer) besteht. Zwei **$** Zeichen im *makefile* stellen ein einziges dar.

Der Ersatztext stammt entweder aus dem Aufruf von *make* oder er ist der Rest einer Zeile im *makefile*, die mit dem Namen beginnt, dem dann ein **=** Zeichen folgt. Bei Definition im Aufruf von *make* muß in einem Argument der Name gefolgt von **=** Zeichen und Ersatztext angegeben werden.

Wie diese Makros im *makefile* den Text vereinfachen, zeigt das folgende Beispiel. Hier wird auch noch der Makro **$@** verwendet, für den als Ersatztext implizit der jeweilige Zielname definiert ist. Das Beispiel zeigt zugleich, daß man unter Umständen auch mit einem ′rekursiven′ Aufruf von *make* die Dinge stark vereinfachen kann.

```
# ----- Sortierbaukasten

SORT =                    # eigene Sortierroutine
K =                       # Kennung

all :    int$K string$K float$K
bubble :
         make SORT=bubble.o K=_b
quick :
         make SORT=quick.o K=_q

# ----- Integer-Werte

INT =          zahl.o $(SORT) lib
int$K :           $(INT)
         cc -o $@ $(INT)

# ----- Worte

STRING =       string.o $(SORT) lib
string$K :        $(STRING)
         cc -o $@ $(STRING)
```

```
# ----- Gleitkommawerte

FLOAT =          float.o $(SORT) lib
float$K :        $(FLOAT)
         cc -o $@ $(FLOAT)
float.o :        zahl.c
         cc -c -DZAHL=float -D'INFMT="%f"' -D'OUTFMT="%g "' zahl.c
         mv zahl.o $@


# ----- neue Fassungen drucken

print :          *.c
         pr $? | lpr
         touch print      # Datum notieren
```

Auch die letzten drei Zeilen sind eine für *make* typische Redewendung: **print** soll eine leere Datei sein, die genau zu dem Zweck unterhalten wird, als Modifikationsdatum den Zeitpunkt zu besitzen, an dem letztmals die Quelldateien *.c gedruckt wurden. **print** hängt von allen Quellen ab – *.c wird von der Shell und auch von *make* durch alle Dateinamen im aktuellen Katalog ersetzt, die aus beliebig vielen beliebigen Zeichen bestehen, denen .c folgt. Der implizit definierte Makro **$?** wird von *make* durch die Namen derjenigen Quelldateien aus der Bedingung ersetzt, die *später* modifiziert wurden als die Zieldatei. Wir drucken also genau die Dateien, die modifiziert wurden nachdem **print** modifiziert wurde. Das *touch* Kommando setzt das Modifikationsdatum der als Argument angegebenen Datei und dient hier folglich dazu, den Zeitpunkt des Druckvorgangs zu notieren.

6.8.4 "make" und Büchereien

Wie beschreibt man zweckmäßigerweise die Herstellung einer Bücherei? Folgendes liegt nach unseren bisherigen Kenntnissen nahe:

```
lib :   getword.o main.o strsave.o swap.o
        ar rv $@ $?
```

Nun besteht aber der Sinn einer Bücherei auch darin, die Montageobjekte nur als Elemente der Bücherei und nicht auch noch als separate Dateien zu besitzen. Diese Formulierung im *makefile* würde also im Regelfall dazu führen, daß alle Objekte neu erzeugt werden müssen. Die Bücherei hängt von den Quellen ab – aber dies läßt sich so nicht vernünftig ausdrücken:

```
lib :   getword.c main.c strsave.c swap.c
        cc -c $?
```

Jetzt werden zwar nur die nötigen Objekte neu erzeugt, aber wie bringen wir sie in die Bücherei?

```
ar rv $@ *.o
```

klingt gut, erwischt aber ziemlich sicher auch Montageobjekte, die nichts in der Bücherei zu suchen haben!

Abhilfe schafft hier eine neue syntaktische Konstruktion: Für einen Zielnamen kann es zwar viele Bedingungen im *makefile* geben, aber nur einer Bedingung dürfen Kommandos folgen, die ausgeführt werden, wenn irgendeine der Bedingungen zeitlich nicht erfüllt ist.

Sind in der Bedingung Ziel und Quellen jedoch durch *zwei* Doppelpunkte getrennt, so können *jeder* derartigen Bedingung für den gleichen Zielnamen Kommandos folgen. Ausgeführt wird dann jeweils genau die Kommandoliste, die *einer* zeitlich nicht erfüllten Bedingung folgt.

Konkret schreiben wir das *makefile* für unsere Bücherei wie folgt:

```
# ----- Buecherei

lib ::            getword.c
        cc -c getword.c; ar rv $@ getword.o; ranlib $@
        rm getword.o
lib ::            main.c
        cc -c main.c; ar rv $@ main.o; ranlib $@
        rm main.o
lib ::            strsave.c
        cc -c strsave.c; ar rv $@ strsave.o; ranlib $@
        rm strsave.o
lib ::            swap.c
        cc -c swap.c; ar rv $@ swap.o; ranlib $@
        rm swap.o
```

Jetzt hängt die Bücherei *lib* einzeln von jeder Quelle ab, und es werden genau die Objekte neu erzeugt, in die Bücherei eingebracht und sofort wieder gelöscht, deren Quellen später modifiziert wurden als die Bücherei selbst. Die Formulierung kann ebenfalls durch ʼrekursiveʼ Aufrufe verbessert werden – Makrodefinitionen im Aufruf von *make* haben Vorrang vor Definitionen im *makefile*:

```
# ----- Buecherei

LIB =            main
$(LIB) :
        cc -c $(LIB).c
        ar rv lib $(LIB).o
        ranlib lib
        rm $(LIB).o
```

```
lib ::            getword.c
       make LIB=getword getword
lib ::             main.c
       make LIB=main main
lib ::            strsave.c
       make LIB=strsave strsave
lib ::             swap.c
       make LIB=swap swap
```

Kapitel 7: Strukturen, Varianten und Bit-Felder

7.1 Begriff und Zweck

Eine *Struktur* ist eine Zusammenfassung von *Komponenten,* das heißt, von Daten verschiedenen Typs, unter einem gemeinsamen Namen. Es handelt sich dabei um die **record** Konstruktion von Pascal.

Als *Variante* bezeichnen wir eine Zusammenfassung von *Alternativen*, das heißt, von Daten verschiedenen Typs, die die gleiche Speicherfläche zu verschiedener Zeit in Anspruch nehmen. Es handelt sich dabei um das Konzept des **case**-varianten **record** in Pascal, oder – zum Teil – der **equivalence** Vereinbarung in Fortran.

Strukturen dienen zur logischen Gruppierung von zusammengehörigen Daten, für die man gemeinsam Speicherplatz bereitstellen will, die man gemeinsam an Funktionen übergeben oder die man als Resultat von Funktionen erhalten will. Strukturen dienen insbesondere zur dynamischen Konstruktion von Informationsstrukturen wie verketteten Listen oder Bäumen.

Enthalten solche Informationsstrukturen Komponenten, deren Typ und Verwendung eindeutig von anderen Komponenten abhängt, dann kann man durch eine Formulierung als Variante den Speicherbedarf eines solchen Objekts reduzieren: die Wertkomponente eines Eintrags in einer Symboltabelle zum Beispiel enthält je nach Typ des Eintrags vielleicht einen **float** oder **int** Wert für eine Konstante, oder einen Zeiger auf die Beschreibung einer Variablen. Da ein Symbol immer nur einen Typ und damit in der Symboltabelle nur eine Art von Wertkomponente besitzen kann, liegt es nahe, den gleichen Speicherplatz für alle Arten von Werten zu verwenden, die Wertkomponente also als Variante zu vereinbaren. Aus der Typkomponente des Eintrags in der Symboltabelle läßt sich dann immer bestimmen, welche Alternative der Variante gerade aktuell ist.

```
struct symbol {                 /* Eintrag in Symboltabelle */
        int typ;                /* Typ des Symbols */
        union {
                int i;          /* Wert falls Integer */
                float f;        /* Wert falls Gleitkomma */
                VARIABLE * v;   /* Beschreibung */
                } wert;
        } tabelle[100];
```

Varianten dienen auch zur kontrollierten Bearbeitung der gleichen Speicherfläche, also des gleichen Bit-Musters, mit Operatoren für verschiedene Datentypen. Kennt man die Hardware-Repräsentierung, dann kann man zum Beispiel Exponent und Mantisse eines **float** Wertes individuell mit Bit-Operationen als Integer-Werte manipulieren, wenn man den Speicherbereich des **float** Wertes als Variante definiert, die **float** als eine Alternative und eine Auflösung in geeignete Integer-Datentypen als andere Alternative besitzt. Diese Verwendung von Varianten kann sehr effizient sein, sie ist aber sehr maschinenabhängig.

```
union {                              /* Perkin-Elmer 32-Bit */
        float f;                     /* als Gleitkomma Wert */
        struct {
                char exp;            /* Vorzeichen, Exponent */
                char mantisse[3];
                } byte;
        };
```

Bisher kennen wir **char** Werte als (vermutlich) vom Speicherbedarf her kleinste Objekte. Will man Objekte manipulieren, die aus Folgen von wenigen Bits bestehen, so müßte man entweder Speicherplatz verschwenden und zur Repräsentierung wenigstens **char** Objekte bereitstellen, oder man müßte die Bit-Folgen bei Bedarf aus einem **unsigned** Wort, also einem Integer-Wert ohne Vorzeichen, mit Bit-Manipulationen mühsam extrahieren und später wieder einfügen:

```
unsigned getbits(wort, p, l)     /* l Bits ab p von rechts */
        register unsigned wort;
        register int p, l;
{
        return wort >> p & ~(~0 << l);
}


putbits(wort, p, l, bits)        /* l bits ab p einfügen */
        register unsigned * wort, bits;
        int p, l;
{       register unsigned mask = ~(~0 << l);

        *wort &= ~(mask << p);
        *wort |= (bits & mask) << p;
}
```

mask dient hier dazu, l Bits am rechten Ende eines Wortes zu extrahieren: mit dem Bit-Komplementoperator ~ wird **0** – unabhängig von der Länge eines **int** Wortes – komplementiert; die resultierende Kette von 1-Bits wird mit dem Bit-Shift-Operator < < nach links verschoben, wodurch rechts genau l 0-Bits entstehen. Wird nochmals komplementiert, haben wir l 1-Bits am rechten Ende eines Worts. Verschieben wir das Wort selbst um **p** Bits nach rechts, dann kann man durch eine Bit-UND-Verknüpfung mit **mask** gerade die l Bits extrahieren, die sich in dem Wort ab Position **p** (von rechts her gezählt) befanden. Verschiebt man umgekehrt **mask** nach links, komplementiert, und verknüpft mit dem Wort, so löscht man diese Bits. Mit einer Bit-ODER-Operation kann man anschließend in diese gelöschte Fläche die neuen Werte einbringen.

Innerhalb von Strukturen gibt es *Bit-Felder*, eine Möglichkeit, den Speicherbedarf von **unsigned** Komponenten in Bits explizit anzugeben. Damit kann man einerseits Information extrem kompakt repräsentieren und andererseits Datenformate auf der Bit-Ebene definieren. Da die üblichen Hardware-Architekturen Einzel-Bit-Zugriff selten gut unterstützen, ergibt sich zwar eine bequeme Formulierung, aber nicht unbedingt ein Effizienzgewinn – im Effekt kommt man um die gerade vorgestellten Bit-Manipulationen nicht herum.

7.2 Sprachliche Konzepte

7.2.1 Strukturen

Wie in Abschnitt 5.2 ausgeführt wurde, hat eine Vereinbarung folgende Form:

```
typname deklarator [ = initialisierung ] , ... ;
```

Eine Struktur wird nun als weiterer **typname** eingeführt. Zu diesem Typnamen kann man in Vereinbarungen beliebige Deklaratoren hinzufügen, dadurch resultieren dann einfache Strukturvariablen, Vektoren von Strukturen, Zeiger auf Strukturen, und Funktionen mit Strukturen oder Zeigern auf Strukturen als Resultat. Global oder **static** vereinbarte Strukturen kann man außerdem initialisieren.

Die Strukturvereinbarung selbst hat folgende Form:

```
struct [ name ] {
        typname deklarator , ... ;
        ...
        }
```

Die Konstruktion beginnt mit dem reservierten Wort **struct**, dem optional ein Name folgen kann, der dann diese Anordnung von Komponenten bezeichnet. Die Komponenten erscheinen als normale Vereinbarungen, allerdings ohne Angabe zur Speicherklasse und ohne eigene Initialisierung. Für die Komponenten sind beliebige Deklaratoren erlaubt, dadurch entstehen skalare Komponenten, Vektorkomponenten, Strukturen als Komponenten, usw. Eine Struktur kann Zeiger auf Funktionen als Komponenten enthalten, aber natürlich keine Funktionen selbst.

Betrachten wir das obligate Beispiel:

```
struct person {
        char name[30];          /* Nachname */
        char initial;           /* Vorname */
        struct {
                int tag;
                char monat[4];
                int jahr;
                } geburts,       /* Geburtstag */
                heirats;         /* Hochzeitstag */
        char sex;               /* Mann oder Frau */
        double gehalt;
        };
```

Hier sind in einer Struktur die Informationen zusammengestellt, die man vielleicht zur Beschreibung einer Person benötigt. Als Komponenten hat die Struktur selbst auch zwei Strukturen, zufälligerweise mit gleichen Komponenten, zur Beschreibung des Geburts- und Hochzeitstags. Da diese Datum-Struktur später nicht mehr benötigt wird, bleibt sie ohne Namen, das heißt, vor der Komponentenliste erscheint in diesem Fall kein Name.

Diese Vereinbarung deklariert nur **person** als Name einer Komponentenliste. Da dem Typnamen, also der ganzen Strukturbeschreibung, in der Vereinbarung *keine* Deklaratoren folgen, werden keine Variablen vereinbart. Die Struktur selbst hätte auch unbenannt bleiben können, dann wäre nur noch die Anordnung der Komponenten untereinander vereinbart worden.

Hat man **struct person** auf diese Weise vereinbart, kann man nun auch entsprechende Variablen anlegen. Da die Struktur benannt wurde, muß man die Komponentenliste jetzt nicht mehr wiederholen:

```
struct person
        person = { "Doe", 'J', { 1, "Mai", 1940 } },
        * sp,
        viele[10];
```

Die Namen von Strukturen und Komponenten befinden sich in einer eigenen Klasse, die nach Kontext von den anderen Namen unterschieden wird. Dadurch kann eine Variable durchaus den gleichen Namen besitzen wie eine Struktur oder Komponente.

In diesem Beispiel wurde die skalare Variable **person** als **struct person** definiert und initialisiert. Außerdem wurden ein Zeiger **sp** auf eine solche Struktur und der Vektor **viele** definiert, dessen Elemente den Typ **struct person** besitzen.

Eine Struktur wird ähnlich initialisiert wie ein Vektor: dem Deklarator folgt eine Liste von Werten in geschweiften Klammern. Die Werte werden der Reihe nach den Komponenten der Struktur zugeordnet; sind nicht genügend Werte vorhanden, wird der Rest der Struktur mit Null initialisiert. Enthält die Struktur selbst ein Aggregat (Vektor oder Struktur) als Komponente, so kann man dessen Initialisierung wiederum in geschweifte Klammern einschließen. Hier geschah dies für den Geburtstag, aber nicht für die verschiedenen **char** Vektoren – diese initialisiert man leichter mit Zeichenketten.

7.2.2 Operationen mit Strukturen

In den neueren Implementierungen kann man Strukturen insgesamt an Strukturen zuweisen, als Argumente übergeben, und als Resultate von Funktionen erhalten. Außerdem kann man die Adresse der ganzen Struktur bestimmen. Bezogen auf die Definitionen im vorhergehenden Abschnitt sind etwa folgende Operationen möglich:

```
viele[0] = person;
sp = viele;
person = * sp;
sp = & person;
viele[0] = * sp;
```

Interessanter ist natürlich der Zugriff auf Komponenten. Dazu gibt es den Operator .
mit sehr hohem Vorrang und impliziter Klammerung von links her. Als linker Operand
sollte ein Objekt angegeben werden, und als rechter Operand ein Komponentenname aus der Struktur, die das Objekt als Typ hat. Im vorliegenden Beispiel ist also folgendes möglich:

```
printf("%c. %s wurde am %d. %s %d geboren\n",
       person.initial,
       (* sp).name,
       person.geburts.tag,
       viele[0].geburts.monat,
       (* viele).geburts.jahr);
```

Die Auswahl einer Komponente hat sehr hohen Vorrang, dadurch sind Klammern
notwendig, wenn man, wie bei **(∗sp).name**, zuerst einem Zeiger folgt und dann am
Ziel eine Komponente auswählt. Diese Operation ist jedoch so häufig, daß es dafür
zur Abkürzung einen eigenen Operator – > gibt (Minuszeichen und Winkel). Dieser
Operator hat als linken Operanden einen Zeigerwert und als rechten Operanden einen Komponentennamen aus der Struktur, auf die der Zeigerwert verweist. Dies führt
im Extremfall zu folgendem:

```
printf("%c. %s wurde am %d. %s %d geboren\n",
       (& person)->initial,
       sp->name,
       (& person)->geburts.tag,
       (& viele[0])->geburts.monat,
       viele->geburts.jahr);
```

Vernünftige Formulierungen bedienen sich natürlich jeweils der einfachsten Schreibweise!

Der Speicherbedarf für eine Struktur muß aus der Vereinbarung zu bestimmen sein.
Daraus folgt, daß eine Struktur zwar sich selbst nicht als Komponente enthalten
kann, wohl aber einen entsprechenden Zeiger. Eine verkettete Liste mit zehn Elementen könnte man dynamisch zum Beispiel folgendermaßen konstruieren und
durchlaufen:

```
main()
{        register struct element {
                int info;
                struct element * next;
                } * e,
                * f = (struct element *) 0;
         register int i;

         for (i = 0; i < 10; ++ i)
         {        e = (struct element *)
                        calloc(1, sizeof(struct element));
                  e->info = i;
                  e->next = f;
                  f = e;
         }

         while (e)
         {        printf("%d\n", e->info);
                  f = e->next;
                  cfree(e);
                  e = f;
         }
}
```

f wird als Nullzeiger initialisiert; dazu wird der Integer-Wert **0** mit einem *cast* in den entsprechenden Zeigertyp auf die Struktur **element** umgewandelt. In der **for** Schleife werden der Reihe nach zehn Strukturobjekte dynamisch erzeugt. Auch das Resultat von **calloc** wird explizit umgewandelt, um das Semantik-Prüfprogramm *lint* nicht unnötig zu provozieren. Die Objekte werden verkettet, wobei der Zeiger **f** dem Zeiger **e** hinterherhinkt. In der **while** Schleife wird die Kette in umgekehrter Reihenfolge inspiziert und mit **cfree** wieder eliminiert. Obgleich dies nicht unbedingt nötig ist, wird hier jeweils zuerst der verkettende Zeigerwert aus der **next** Komponente entnommen, bevor das Objekt dynamisch freigegeben wird.

7.2.3   Bit-Felder

Bit-Felder entstehen durch eine leichte Erweiterung der Syntax eines Deklarators innerhalb einer Strukturkomponente:

```
[ deklarator ] [ : konstante ]
```

Einem 'normalen' Deklarator kann nach Doppelpunkt eine Konstante folgen, die den Speicherbedarf in Bits definiert. Der Deklarator kann dabei sogar fehlen, dann bleibt das Bit-Feld anonym und dient zum kontrollierten Aussparen von Flächen. Hat die Konstante den Wert 0, so wird die nächste Komponente unbedingt am Beginn des nächsten Worts im Speicher angelegt.

Bit-Felder sind definitiv unterprivilegiert – es gibt weder Vektoren von Bit-Feldern noch Zeiger auf Bit-Felder, und als Typ eines Bit-Feldes wird verbindlich nur **unsigned** unterstützt. Bit-Felder können (auf der PDP-11) nicht explizit initialisiert werden. Bit-Felder können auch nicht wortübergreifend angelegt oder definiert werden: ein Bit-Feld muß immer in die Repräsentierung von **int** passen; ist in einem 'angebrochenen' Wort nicht mehr genügend Platz für die folgende Bit-Feld-Komponente, so wird sie am Beginn eines neuen Worts angelegt. Aus der Diskussion folgt schon, daß die Anordnung von Bit-Feldern recht maschinenabhängig ist. Dies gilt noch mehr, da auch die Reihenfolge verschieden ist, in der eine Folge von Bit-Feldern in einem Wort angelegt wird!

Bit-Felder dienen also entweder zur (maschinenunabhängigen) kompakten Speicherung kleiner Werte, oder zur (maschinenabhängigen) Nachbildung externer Datenformate mit Zugriff auf einzelne Bits. Im diesen Fällen spielen die erwähnten Einschränkungen keine große Rolle.

Betrachten wir als Beispiel den Zugriffsschutz einer Datei in einem PDP-11 UNIX System, bei dem Bit-Felder von rechts her angelegt werden:

```
struct mode {
        unsigned other : 3,        /* Schutz gegen andere */
                 group : 3,        /* Schutz gegen Gruppe */
                 owner : 3,        /* Schutz gegen Besitzer */
                       : 1,        /* (Text aufbewahren) */
                 setgid: 1,        /* Gruppe annehmen */
                 setuid: 1;        /* Besitzer annehmen */
        } mode;
```

Zugriff auf Bit-Felder erfolgt genau wie auf andere Komponenten; im vorliegenden Fall könnte man zum Beispiel folgende Operationen formulieren:

```
#define READ    4
#define WRITE   2
#define EXEC    1

mode.other = EXEC;
mode.group = mode.other | READ;
mode.owner = mode.group | WRITE;
```

7.2.4 Varianten

Varianten werden analog zu Strukturen definiert und verwendet, das einleitende Wort **struct** wird nur durch **union** ersetzt. Während die Komponenten einer Struktur der Reihe nach aufsteigende relative Adressen erhalten, besitzen alle Alternativen einer Variante die gleiche relative Adresse – nämlich Null, bezogen auf den Anfang der Variante. Die Namen von Varianten und deren Alternativen befinden sich in der gleichen Klasse wie die Strukturnamen.

Ein Beispiel für die Verwendung von Varianten folgt im Abschnitt 7.4.

7.3 Datenerfassung mit Masken

Als Beispiel für die Verwendung von statisch definierten Strukturen betrachten wir ein einigermaßen allgemeines Programm zur Datenerfassung mit Schirmmasken. Wir konzentrieren uns dabei auf Definition und Traversierung der Masken als Datenstruktur und ignorieren Ein- und Ausgabeprobleme, also die spezifische Behandlung eines Terminals. Um das Resultat nützlich zu machen, sollte man vor allem einen Maskengenerator bereitstellen, der die Initialisierung der Datenstruktur bequemer vornehmen läßt, als wir das hier erreichen.

Dieses Beispiel ist eine idealisierte Fassung eines Programms, das im Rahmen der Abwicklung des Landesturnfests 1984 des Schwäbischen Turnerbundes entwickelt wurde. Auch in dieser Form ist das Programm noch größer als die bisherigen Beispiele – der Preis für einen gewissen Realismus.

Das Beispiel demonstriert Algorithmen zur automatischen und auch zur gesteuerten Traversierung eines allgemeinen Baumes und die Initialisierung und Verwendung einer komplizierten Anordnung von Strukturen. In der Terminologie halten wir uns dabei an [Knu68a].

7.3.1 Terminal-Operationen – "mask/crt.c"

Wir gehen davon aus, daß folgende Prozeduren zur Ausgabe am Bildschirm zur Verfügung stehen:

at(zeile, spalte) int zeile, spalte;

Die nächste Ausgabe erfolgt an der angegebenen Position. Dabei werden die Zeilen von oben nach unten und die Spalten von links nach rechts jeweils ab Null gezählt.

clear()

Der Inhalt des Bildschirms wird gelöscht.

full()

Die Ausgabe erfolgt mit voller Intensität (Voreinstellung).

half()

Die Ausgabe erfolgt mit halber Intensität. Da manche Bildschirme dies über 'Attributzeichen' steuern, die sich vor dem entsprechenden Feld befinden müssen, geht jeweils ein entsprechender Aufruf von **at** voraus.

putkey(ch) int ch;

Das Zeichen **ch** wird ausgegeben. Falls kein Aufruf von **at** und **clear** dazwischen liegt, erfolgt die nächste Ausgabe danach eine Schirmposition weiter rechts, beziehungsweise nach *backspace* weiter links.

Diese Ausgabeprozeduren sind für ein spezielles Terminal jeweils leicht zu konstruieren. Unabhängigkeit vom Typ des Terminals könnte man im Stil der *termlib* aus den Berkeley UNIX Versionen erreichen.

Während der Eingabe muß auch zugleich die Auswahl der Masken erfolgen können. Dies soll über spezielle Funktionstasten geschehen – auf vielen Terminal-Tastaturen gibt es 'Pfeil'-Tasten, die jeweils eine besondere Zeichenfolge an den Rechner schicken. Zusätzlich benötigen wir Tasten zum Abschluß der Eingabe und zum Löschen eines Feldinhalts:

```
#define UP      5       /* fruehere Wurzel */
#define DOWN    24      /* naechste Wurzel */
#define LEFT    19      /* frueherer Knoten */
#define RIGHT   4       /* naechster Knoten */
#define ESCAPE  033     /* Ende der gesamten Eingabe */
#define ERASE   9       /* Eingabeknoteninhalt loeschen */
```

Die Definition der Werte ist wieder Terminal-abhängig, die Zahlenbeispiele stammen von einem Osborne-1 System mit WordStar. Als Abbruchtaste wurde *escape* gewählt, und als Löschtaste (nicht ganz glücklich) *tab*.

Das wesentliche Problem bei einer solchen Steuerung ist aber die Eingabe von beliebigen Einzelzeichen direkt zum Programm. Wie man dies erreicht, kann erst im zweiten Band geschildert werden. Im Moment schlagen wir als 'Kochrezept' für Einzelzeicheneingabe vor, das Programm folgendermaßen aufzurufen:

```
$ stty cbreak -echo; a.out; stty -cbreak echo
```

Mit Hilfe des Kommandos *stty* werden die notwendigen Parameter so kontrolliert, daß einzelne Zeichen sofort dem Programm übergeben werden (**cbreak**) und daß kein automatisches Echo für die eingegebenen Zeichen erfolgt. Diese Parameter müssen anschließend korrigiert werden, sonst sieht man am Terminal nichts mehr! Wir besorgen dies mit einem zweiten Aufruf von *stty* unmittelbar nach Ausführung unseres Programms *a.out*.

Nach diesen Vorbereitungen genügen eigentlich die uns schon bekannten Funktionen **getchar** zur Eingabe eines Zeichens und **ungetc** zum Zurückstellen eines Zeichens in die Eingabe. Damit Funktionstasten transparent umcodiert werden können, verwenden wir im Rest des Programms jedoch nur folgende Funktionen:

int getkey()

Jeder Aufruf liefert einen Tastendruck aus der Eingabe. Manche Tastendrukke liefern auch die oben definierten Werte **UP**, etc.

int ungetkey(key) int key;

Ein einzelner Tastendruck **key** kann in die Eingabe zurückgestellt werden, und wird dann beim nächsten Aufruf von **getkey** geliefert. Dieses Zeichen wird auch als Resultat von **ungetkey** geliefert.

7.3.2 Problemstellung – "mask/mask.h"

Wir definieren eine Schirmmaske als einen allgemeinen Baum. In der Definitionsdatei *mask.h* steht außer den Definitionen der Funktionstasten noch folgende Vereinbarung für einen Knoten dieses Baumes:

```
struct mask {
        int y, x;                /* relative Zeile/Spalte */
        int len;                 /* erlaubte Eingabelaenge */
        char * info;             /* Text */
        int (* fun)();           /* Eingabepruefung */
        struct mask * m,         /* Vektor von Unterbaeumen */
                    * lim;       /* m + Anzahl Unterbaeume */
};
```

Ein Knoten enthält Information und Verzweigungen auf andere Knoten. Da wir einen allgemeinen Baum statisch festlegen wollen, können die Verzweigungen als Vektor von weiteren Knoten vereinbart werden. Jeder Knoten kann dabei einen anderen Grad besitzen, folglich speichern wir in dem Knoten selbst nur zwei Zeiger **m** und **lim**, die auf den Anfang des Vektors und den Punkt unmittelbar hinter dem Vektor verweisen.

Die Information kann ein- oder ausgegeben werden. Zur Ausgabe genügt die Angabe einer Zeichenkette, deren Anfang im Zeiger **info** festgehalten wird.

Soll in den Knoten eingegeben werden, so wird der Text dynamisch gespeichert, und der Anfang des Puffers wird ebenfalls in **info** aufgezeichnet. Die Komponente **len** ist in diesem Fall aber nicht 0 wie bei einem Ausgabeknoten, sondern sie enthält die maximale Anzahl Zeichen, die in diesen Knoten eingegeben werden dürfen, limitiert also den Platzbedarf des Eingabeknotens am Bildschirm.

Ist ein Zeiger **fun** auf eine Funktion angegeben, so soll während der Eingabe von Zeichen in den Knoten diese Funktion für jedes Zeichen aufgerufen werden, damit die Zeichen geprüft, akzeptiert, ignoriert, oder auch umcodiert werden können.

Da wir den Maskenbaum am Bildschirm zweidimensional zeigen wollen, muß ein Knoten auch Information über seine Position am Bildschirm enthalten. Dies könnte man absolut definieren; wie unser konkretes Beispiel aber demonstrieren wird, ist es flexibler, wenn diese Information in jedem Knoten relativ zur vorhergehenden Wurzel interpretiert wird. Die absolute Position eines Knotens auf dem Bildschirm ergibt sich dann als Summe der relativen Positionen in dem Pfad, der von der Wurzel des gesamten Maskenbaumes zum Knoten führt.

Unser Problem wird nun sein, eine Schirmmaske als Beispiel zu definieren, und Funktionen zu entwickeln, mit denen der Maskenbaum am Bildschirm ausgegeben und mit denen in die Eingabeknoten in beliebiger, vom Benutzer zu steuernder Reihenfolge eingegeben werden kann.

7.3.3   Initialisierung – "mask/schirm.c"

Wir wollen konkret einen Schirm zur Erfassung von Personaldaten realisieren. Relativ zur linken oberen Ecke vermessen, verlangen wir folgendes Layout:

```
              1         2         3
       0....5....0....5....0....5....0...

   0   ...............................
    .  Name, Vorname
    .
    .  Geburtstag: ........ Geschlecht: .
    .
   5
    .  Wohnung       Tel: ..............
    .         ...............................
    .         Strasse, Nummer
    .         ....  .........................
  10         PLZ  Ort
    .
    .
    .  Buero        Tel: ..............
    .         ...............................
  15         Strasse, Nummer
    .         ....  .........................
    .         PLZ  Ort
```

Es gibt natürlich viele Möglichkeiten, die Knoten in einen Baum zu organisieren. Als ein Extrem kann man eine lineare Liste bilden, als anderes Extrem kann man einen maximal breiten Baum mit einem Niveau konstruieren. Wir werden später die Funktionstasten zur Auswahl von Eingabeknoten so implementieren, daß **LEFT** und **RIGHT** im gleichen Niveau eines Unterbaums zwischen Knoten wandern, während **UP** und **DOWN** die gleiche Funktion in bezug auf das nächstkleinere Niveau des Baumes haben. Wir sollten also die Knoten unseres Schirmes so anordnen, daß **UP** und **DOWN** Sprünge zu Gruppen von Knoten auslösen, die logisch zusammengehören und unter denen dann lokal mit **LEFT** und **RIGHT** gewählt werden kann.

Es liegt nahe, auf dem ersten Niveau des Baumes drei Knoten zu definieren, die dann jeweils die Knoten zur Person, zur Wohnung, und zum Büro kontrollieren. Wohnung und Büro sind gleich angeordnet, relativ zu ihrer jeweiligen linken oberen Ecke. Wie sich zeigen wird, können wir gemeinsame Unterbäume unseres Maskenbaums, die nur Ausgabefelder in relativ gleicher Anordnung enthalten, durch einen einzigen Unterbaum darstellen, auf den mehrfach verwiesen wird. Dies nützen wir für Wohnung und Büro aus. Insgesamt ergibt sich folgende Definition des Schirms:

```c
#include "mask.h"

#define MASK(x) (x), ((x) + sizeof(x) / sizeof(x)[0])

                    /* y    x len   info  fun  m  lim */
static struct mask
        ort[] = {
                { 0, 14,   0, "Tel:"                  },
                { 2,  4,   0, "Strasse, Nummer"       },
                { 4,  4,   0, "PLZ"                    },
                { 4,  9,   0, "Ort"                    },
                },
        wohnung[] = {
                { 0,  0,   0, 0, 0, MASK(ort)          },
/* Telefon */   { 0, 19,  15, 0, numeric              },
/* Strasse */   { 1,  4,  30                          },
/* PLZ     */   { 3,  4,   4, 0, numeric              },
/* Ort     */   { 3,  9,  25                          },
                },
        buero[] = {
                { 0,  0,   0, 0, 0, MASK(ort)          },
/* Telefon */   { 0, 19,  15, 0, numeric              },
/* Strasse */   { 1,  4,  30                          },
/* PLZ     */   { 3,  4,   4, 0, numeric              },
/* Ort     */   { 3,  9,  25                          },
                },
        person[] = {
/* Name    */   { 0,  0,  34                          },
                { 1,  0,   0, "Name, Vorname"          },
                { 3,  0,   0, "Geburtstag:"            },
/* Geburt  */   { 3, 12,   8                          },
                { 3, 21,   0, "Geschlecht:"            },
/* m/f     */   { 3, 33,   1, 0, sex                  },
                },
        masken[] = {
                { 0,  0,   0, 0, 0,
                        MASK(person)                  },
                { 6,  0,   0, "Wohnung", 0,
                        MASK(wohnung)                 },
                { 13, 0,   0, "Buero", 0,
                        MASK(buero)                   },
                };

struct mask schirm = {
                3,  9,  0, 0, 0, MASK(masken)
                };
```

Das Auszählen der relativen Schirmpositionen ist natürlich etwas mühsam, genauso wie das Auszählen der Werte für die **lim** Komponenten (die man am besten mit **sizeof** implizit berechnen läßt) – bei häufiger Verwendung sollte man sich einen Maskengenerator konstruieren, der das Auszählen und Generieren der internen Namen besorgt.

Man sieht, wie hier verschachtelte Aggregate (Vektoren von Strukturen) durch verschachtelte, geklammerte Wertelisten initialisiert werden. Jede geklammerte Liste enthält von links her nur genügend Werte, um alle im zugehörigen Aggregat von Null verschiedenen Werte zu initialisieren, der Rest der Teilaggregate – also zum Beispiel die **m** und **lim** Zeiger aller Blätter – werden dann als globale Variablen implizit mit Null initialisiert.

Die Definition

```
#define MASK(x) (x), ((x) + sizeof(x) / sizeof(x)[0])
```

ist eine praktische Abkürzung, um insbesondere die **lim** Zeiger vom Übersetzer initialisieren zu lassen: Der **sizeof** Operator liefert zwar nur die Länge eines Vektors. Dividiert man aber durch die Länge des ersten Elements, so erhält man die Anzahl der Elemente im Vektor. Addiert man diese zum Namen des Vektors, also zur Anfangsadresse, so entsteht die erste Adresse im Anschluß an den Vektor, also gerade der für **lim** benötigte Zeigerwert.

Die Namen der beteiligten Vektoren bleiben alle in dieser Datei verborgen, da nur **schirm**, die Wurzel des Maskenbaumes, nicht **static** definiert wird.

Bei einigen Knoten soll die Eingabe überprüft werden, mit einer Funktion **numeric** zum Beispiel bei Postleitzahlen und mit einer Funktion **sex** bei der Angabe zum Geschlecht. Diese Namen müssen vereinbart sein, bevor man sie zur Initialisierung verwenden kann. Am besten definiert man diese Funktionen noch unmittelbar vor den Masken:

```
#include <ctype.h>

static int numeric(ch)              /* auf Zahl pruefen */
        register int ch;
{
        return isascii(ch) && isdigit(ch)? ch: 0;
}

static int sex(ch)                  /* auf f/m pruefen */
        register int ch;
{
        return ch == 'f' || ch == 'm'? ch: 0;
}
```

Eine Prüffunktion wird für jedes Eingabezeichen aufgerufen, und muß Null liefern, wenn das Zeichen ignoriert werden soll, oder das Zeichen, das als Eingabe betrachtet werden soll.

Wir verwenden hier übrigens wieder den Auswahloperator **?:** mit dem einer von zwei Werten – vor und hinter dem Doppelpunkt – zur Bewertung und als Resultat ausgewählt wird. Die Auswahl hängt von der Bedingung ab, die dem Fragezeichen vorausgeht. Die ganze Konstruktion erinnert stark an eine **if** Anweisung, kann aber innerhalb eines Ausdrucks eingesetzt werden.

7.3.4 Traversierung zur Ausgabe – "mask/put.c"

Die Ausgabe erfolgt, während wir den Maskenbaum in *preorder*, also Wurzel vor Unterbäumen, rekursiv durchlaufen – eine Routineoperation. Auch die Implementierung der relativen Positionierung der Knoten auf dem Bildschirm ist in der rekursiven Lösung trivial:

```
#include "mask.h"

putmask(zeile, spalte, mp)        /* preorder Traverse */
        int zeile, spalte;
        register struct mask * mp;
{       register struct mask * subp;

        put(zeile += mp->y, spalte += mp->x, mp);
        for (subp = mp->m; subp < mp->lim; ++ subp)
                putmask(zeile, spalte, subp);
}
```

Einen Knoten geben wir dann mit der Prozedur **put** aus. Dabei wird ein Ausgabeknoten (**len == 0**) in halber Intensität dargestellt. Bei einem Eingabeknoten wird die mögliche Breite durch Punkte dargestellt, anschließend wird der eventuell schon vorhandene Text an Stelle der Punkte gezeigt. Das Attribut wird *links neben* dem Text ausgegeben – dies muß man beim Entwurf der Maske berücksichtigen.

```
put(zeile, spalte, mp)                /* Knoten ausgeben */
        int zeile, spalte;
        register struct mask * mp;
{       register int i;
        register char * cp;

        if (mp->len || mp->info)
        {       at(zeile, spalte - 1);
                if (mp->len)
                        full();
                else
                        half();
                at(zeile, spalte);
                for (i = 0; i < mp->len; ++ i)
                        putkey('.');
```

```
                           if (cp = mp->info)
                           {       at(zeile, spalte);
                                   while(*cp)
                                           putkey(*cp++);
                           }
                   }
           }
```

7.3.5   Traversierung zur Eingabe – "mask/get.c"

Interessant an dem Beispiel ist vor allem die Konstruktion der Eingabetraversierung:
füllt der Benutzer alle Eingabeknoten der Reihe nach, so wollen wir wieder in
preorder vorgehen. Dazwischen darf er aber mit Funktionstasten die Traversierung
steuern: **LEFT** und **RIGHT** sollen in *preorder* vor- und zurückgehen. **UP** und
DOWN sollen sich auf dem vorhergehenden Niveau, also auf der vorhergehenden
Rekursionsebene bei der Traversierung, wie **LEFT** und **RIGHT** verhalten. Die
Traversierung soll aber nur mit **ESCAPE** verlassen werden können. Entscheidend ist
natürlich auch, daß Ausgabeknoten implizit übergangen werden sollen.

Die Architektur der Traversierung folgt dem Schema der Ausgaberoutine:

```
        #include "mask.h"

        getmask(zeile, spalte, mp)       /* gesteuerte Traverse */
                int zeile, spalte;
                register struct mask * mp;
        {       register struct mask * subp;
                register int key;        /* Eingabetaste */

                zeile += mp->y;
                spalte += mp->x;
                if (mp->len)
                        get(zeile, spalte, mp);

                if (subp = mp->m)
                {       do
                        {       getmask(zeile, spalte, subp);
                                switch (key = getkey()) {
                                case LEFT:
                                        -- subp;
                                        break;
                                case RIGHT:
                                        ++ subp;
                                        break;
```

```
                        case UP:
                                ungetkey(LEFT);
                                return;
                        case DOWN:
                                ungetkey(RIGHT);
                                return;
                        case ESCAPE:
                                ungetkey(ESCAPE);
                                return;
                        }
                        ungetkey(key);
                } while (subp >= mp->m && subp < mp->lim);
        }
}
```

Handelt es sich um einen Eingabeknoten (**mp−>len !=̇ 0**), wird die Eingaberoutine **get** aufgerufen. Existieren Unterbäume (**mp−>m != 0**), wird **subp** als Zeiger auf die Wurzel des ersten Unterbaums initialisiert, und die Traversierroutine wird rekursiv aufgerufen. Nach Rückkehr von diesem Aufruf muß eine Eingabetaste verfügbar sein, die dann den weiteren Verlauf der Traversierung kontrolliert: **LEFT** und **RIGHT** beeinflussen die Position **subp** im Vektor der Unterbäume auf dem aktuellen Niveau, **UP** und **DOWN** beenden eine Rekursionsebene, sorgen also für eine Rückkehr zum nächstkleineren Niveau im Baum. Dort müssen sie dann jedoch nochmals, und zwar dann als **LEFT** und **RIGHT** interpretiert werden. **ESCAPE** beendet ebenfalls einen Aufruf von **getmask** vorzeitig, wird aber nicht umcodiert, und beendet daher der Reihe nach alle Rekursionsebenen.

Ein Eingabeknoten muß nicht unbedingt vorhanden sein; **get** wird also nicht unbedingt aufgerufen. Betrachtet man die Programmstruktur, so erkennt man, daß also beim Aufruf von **getmask** schon eine Eingabetaste vorhanden sein muß, die *nicht* vom Benutzer stammen kann – es gibt zunächst keinen Punkt im zeitlichen Ablauf und auf dem Schirm, an dem er zur Eingabe aufgefordert werden könnte, da der erste Eingabeknoten ja erst erreicht werden muß. Als Invariante vor und nach dem Aufruf von **getmask** ergibt sich also, daß mit Hilfe von **ungetkey** eine fiktive Eingabetaste erzeugt worden sein muß. Bei der Taste muß es sich um **RIGHT** handeln, damit die Traversierung in *preorder* vorangetrieben wird.

Verlangt man zusätzlich, daß die Traversierung nur mit **ESCAPE** beendet werden kann, ergibt sich folgendes Hauptprogramm:

```
/*
 *      mask/mask.c -- Hauptprogramm
 */

#include "mask.h"

main()
{       extern struct mask schirm;

        clear();
        putmask(0, 0, & schirm);
        do
        {       ungetkey(RIGHT);
                getmask(0, 0, & schirm);
        } while (getkey() != ESCAPE);
}
```

Die Lösung birgt ein Risiko: existiert in **schirm** *kein* Eingabeknoten, sorgt **main** dafür, daß die Eingabetraversierung in eine endlose Schleife ausartet! Erlaubt man aber etwa auch, daß die Traversierung mit **RIGHT** aus dem letzten Knoten heraus verlassen wird, so kann man 'vom Schirm herunterfallen' – für den Benutzer eine nicht unbedingt angenehme Erfahrung. Das Problem läßt sich leicht durch eine globale Variable umgehen, die bei Erreichen des ersten Eingabeknotens gelöscht wird, und die das Verlassen der Schleife in **main** auch ohne **ESCAPE** gestattet.

Auch die **get** Prozedur zur Eingabe in einem Knoten ist jetzt leicht zu formulieren:

```
static get(zeile, spalte, mp)    /* Knoten eingeben */
        int zeile, spalte;
        register struct mask * mp;
{
        getkey();
        at (zeile, spalte);
        switch(ungetkey(getkey())) {
        case LEFT:
        case RIGHT:
        case UP:
        case DOWN:
        case ESCAPE:
                break;
        default:
                getfield(zeile, spalte, mp);
        }
}
```

Zuerst muß die fiktive Eingabetaste entfernt werden, denn sie stammt nicht vom Benutzer. An der korrekten Schirmposition wird dann eine Taste aus der Eingabe erwartet und sofort wieder zurückgestellt. Handelt es sich um eine Taste zur Steuerung der Traversierung, ist die Aufgabe für **get** bereits erledigt – der Benutzer will den Knoten aussparen – und die Invariante für **getmask** existiert, denn es steht eine Eingabetaste bereit, mit der der Benutzer den weiteren Verlauf der Traversierung kontrolliert.

Bleibt als letztes die tatsächliche Eingabe von Information, die sich jedoch direkt als Reaktion auf einzelne Eingabetasten ergibt. Die erste dieser Tasten wurde von **get** in die Eingabe zurückgestellt, dies vereinfacht die Programmstruktur sehr wesentlich. **getfield** ist dadurch aber auch für die globale Invariante verantwortlich, nämlich für die Existenz einer steuernden Taste in der Eingabe.

Da diese Prozedur etwas länglich ist, wollen wir sie abschnittsweise kommentieren:

```
static getfield(zeile, spalte, mp) /* Text fuer Feld holen */
        int zeile, spalte;
        register struct mask * mp;
{       char * new;                 /* neuer Wert */
        register char * cp;         /* aktuelles Zeichen */
        register int key;           /* Eingabetaste */

        if (!(cp = new = calloc(mp->len + 1, 1)))
                puts("kein Platz"), exit(1);
```

cp und **new** zeigen auf einen dynamisch erworbenen Puffer, in dem die neue Eingabe gespeichert werden soll. Die nötige Länge ergibt sich aus der **len** Komponente des Eingabeknotens. Die folgende Schleife füllt den Puffer bis zur maximalen Länge, oder sie wird vorzeitig durch eine Funktionstaste beendet.

```
        do
{       switch (key = getkey()) {
        case LEFT:
        case '\b':
                if (cp == new)
                {       key = LEFT;
                        break;
                }
                -- cp;
                putkey('\b');
                continue;
```

LEFT oder auch *backspace* dienen als Korrekturtasten. Erreichen wir dadurch wieder den Anfang des Puffers, wird der Eingabevorgang abgebrochen und **LEFT** als Funktionstaste notiert. Andernfalls wandern wir mit der aktuellen Pufferposition **cp** und auf dem Bildschirm nach links.

```
            case RIGHT:
                if (* cp)
                        key = * cp;
                else if (mp->info
                        && cp - new < strlen(mp->info))
                        key = mp->info[cp - new];
                else
                        continue;
                /* vorheriges Zeichen akzeptieren */
```

RIGHT restauriert entweder ein vorher im aktuellen Puffer schon vorhandenes, aber mit *backspace* übergangenes Zeichen, oder das entsprechende Zeichen aus dem alten Wert des Eingabeknotens. Existiert keines von beiden, wird **RIGHT** ignoriert.

```
            default:
                if (! mp->fun || (key = (* mp->fun)(key)))
                {       putkey(*cp++ = key);
                        key = RIGHT;
                }
                continue;
```

Ein 'normales' Eingabezeichen wird gegebenenfalls durch die Prüffunktion untersucht, abgelegt, und am Schirm gezeigt. Als Eingabetaste wird aber **RIGHT** notiert, damit eine steuernde Taste existiert, falls wir gerade die maximale Länge des Puffers überschreiten.

```
            case ERASE:
                *new = '\0';
                cp = new+1;
            case '\n':
            case '\r':
                key = RIGHT;
            case UP:
            case DOWN:
            case ESCAPE:
                break;
        }
        break;
    } while (cp - new < mp->len);
```

Die übrigen besonderen Tasten führen zum Abbruch der Eingabeschleife. Speziell bei **ERASE** werden die Verhältnisse im Puffer so arrangiert, daß anschließend der alte Wert im Eingabeknoten gelöscht wird.

```
if (cp <= new)
        cfree(new);
else
{       if (mp->info)
                cfree(mp->info);
        if (* new)
        {       * cp = '\0';
                mp->info = new;
        }
        else
        {       cfree(new);
                mp->info = 0;
        }
}
```

Ist der neue Puffer leer, bezogen auf den aktuellen Punkt, wird der Puffer gelöscht. Andernfalls wird der alte Wert im Eingabeknoten, falls existent, dynamisch gelöscht – er kann also keinesfalls statisch bei der Definition angelegt worden sein! Existiert ein neuer Wert, wird er in die Maske eingebaut, andernfalls wird durch einen Nullzeiger notiert, daß kein Eingabewert mehr vorhanden ist. Zum Schluß geben wir den neuen Wert des Eingabeknotens nochmals aus, um heftige Benutzung von *backspace* entsprechend zu bereinigen, und wir erzeugen die nötige Invariante:

```
put(zeile, spalte, mp);
ungetkey(key);
}
```

Nach dem Vorbild der *preorder* Ausgabetraversierung ist die Konstruktion der Eingabetraversierung relativ leicht, wenn man sich die Notwendigkeit und Funktion der Invariante klar gemacht hat. Hier erweist sich die Möglichkeit, ein Eingabezeichen zurückstellen zu können, als unschätzbare Hilfe zur Vereinfachung des Programms.

7.4   Verarbeitung von Formeln

Als Beispiel für die dynamische Verwaltung von Strukturen und für den Einsatz von Varianten betrachten wir in diesem Abschnitt ein Programm zur Eingabe und Bewertung von arithmetischen Ausdrücken. Obgleich das Programm nur in den Grundzügen entwickelt wird, ist es doch bereits ein komfortabler kleiner Tischrechner.

Auch dieses Beispiel ist notgedrungen größer als die vorangegangenen. Es ist insofern nicht ganz typisch, als man im UNIX System zur Syntaxanalyse nicht die hier verwendete *recursive descent* Methode von Hand codieren, sondern die Erkennung der Sprache mit Hilfe des Compiler-Generators *yacc* realisieren würde.

7.4.1 Problemstellung

In unseren Formeln erlauben wir mit gewohntem Vorrang und impliziter Klammerung von links her die üblichen Operatoren für die vier Grundrechenarten sowie Klammern, negative Vorzeichen, Gleitkommakonstanten im Stil von C und die Kleinbuchstaben als Namen von Variablen.

Anweisungen an unser Programm müssen mit Semikolon, Zeilentrenner, oder dem Dateiende abgeschlossen werden. Eine leere Anweisung und damit auch das Dateiende verursacht das Ende der Programmausführung.

Die Anweisungen wurden so entworfen, daß sich ein konventioneller Tischrechner ergibt, der die vorgelegten Formeln bewertet. Zusätzlich können aber Formeln als Werte von Variablen gespeichert werden, die ihrerseits von anderen Variablen abhängen. Solche Formeln können dann für verschiedene Werte der abhängigen Variablen bewertet werden. Konkret existieren folgende Anweisungsformate:

summe

Die Formel wird bewertet und das Resultat wird ausgegeben. Werden undefinierte Variablen als Null bewertet, so ergibt sich in jedem Fall ein Zahlenwert. Andernfalls wird die Formel nach Möglichkeit vereinfacht und dann mit möglichst wenigen Klammern ausgegeben.

name = summe

Die Formel wird als Wert der Variablen **name** gespeichert. Ein eventueller alter Wert geht verloren. Eine Variable kann dabei zwar von sich selber abhängen; während einer Bewertung wird dies aber als unzulässige Rekursion bemängelt.

name = name

Falls für die Variable **name** eine Formel gespeichert ist, wird diese Formel bewertet – und dadurch vereinfacht – und dann als neuer Wert der Variablen gespeichert.

?summe

Die Formel wird unbewertet ausgegeben. Besteht **summe** aus einer einzigen, definierten Variablen, so wird die für die Variable gespeicherte Formel ausgegeben. Diese Anweisung dient hauptsächlich zur Fehlersuche während der Entwicklung des Programms, sie ist aber auch für den Benutzer brauchbar.

Betrachten wir ein einfaches Anwendungsbeispiel, bei dem die Antworten des Programms jeweils eingerückt sind:

```
10 + 20
          30
a = 8 / b
a
          8/b               (b ist undefiniert)
b = 4; a
          2
b = 2; a
          4
?a
          8/b
a = a; a                    (a wird vereinfacht)
          4
b = 1; a                    (a ist vereinfacht)
          4
?a                          (a enthaelt nur noch 4)
          4
```

Das Programm wird natürlich in mehrere Quelldateien aufgeteilt, damit während der Entwicklung jeweils möglichst kleine Dateien bearbeitet werden müssen. Wie dies bei solchen Programmen üblich ist, gibt es zusätzlich zu den Quelldateien eine *Definitionsdatei*, die immer per **#include** hinzugefügt wird, und die die globalen Vereinbarungen enthält. Wir betrachten die einzelnen Dateien der Reihe nach in den folgenden Abschnitten.

7.4.2 Definitionen – "calc/calc.h"

Wir repräsentieren eine Anweisung, und als Sonderfall davon eine Formel, als binären Baum, dessen Knoten folgendermaßen vereinbart werden:

```
struct symbol {                    /* Layout eines Symbols */
        char typ;                  /* NUM, VAR, + - ... */
        union {                    /* Wert */
                double _al;        /* NUM */
                struct symbol      /* fuer + - * / VAR */
                        * _op[2];
                } v_;
        };

#define val     v_._al             /* numerischer Wert */
#define left    v_._op[0]          /* linker Operand */
#define right   v_._op[1]          /* rechter Operand */
#define exp     v_._op[1]          /* Wert einer Variablen */
```

```
                                              /* .typ Werte */
        #define NUM       '#'                 /* numerischer Wert */
        #define LVAR      'a'                  /* erste Variable */
        #define HVAR      'z'                  /* letzte Variable */
        #define ASSIGN    '='                  /* Zuweisung */
        #define END       ';'                  /* Formeltrenner */
        #define PRINT     '?'                  /* Ausgabekommando */
```

Da wir die Knoten dynamisch verwalten werden, wird nur die Struktur des Knotens vereinbart, aber kein Knoten definiert. Die **typ** Komponente legt fest, was in dem Knoten dargestellt wird; die **v_** Komponente enthält in Abhängigkeit davon die nötigen Informationen: den Wert einer Konstanten, Zeiger auf die von einem Operator abhängigen Operanden, also auf andere Knoten, oder – im Variablenspeicher – einen Zeiger auf einen Knoten als Wert einer Variablen. Da diese Informationen nicht gemeinsam existieren können, sind sie als Variante vereinbart.

Durch die Vereinbarung als Variante benötigt man bei Verweisen jeweils einen Komponentennamen mehr. Dies ist etwas unbequem, und sehr unpraktisch, falls man später noch modifizieren muß. Wir vereinbaren deshalb mit dem Preprozessor Namen, die im Stil von Komponentennamen verwendet werden können, die aber in Wirklichkeit die richtigen Alternativen aus der Informationskomponente auswählen.

Zum Schluß geben wir wichtigen Werten in der **typ** Komponente explizite Namen. Verweist ein Knoten auf eine Variable, so liegt seine **typ** Komponente im Wert zwischen **LVAR** und **HVAR** und **v_** bleibt ungenutzt. Der Wert von **typ** dient dann als Index in den (globalen) Variablenspeicher, einem Vektor von Knoten. In den Elementen des Vektors benutzen wir die **typ** Komponente dynamisch zum Verhindern von Rekursion, und die **v_** Komponente verweist – falls die Variable definiert ist – auf die Wurzel der gespeicherten Formel.

Der Variablenspeicher 'muß' global definiert werden und in fast allen Teilen des Programms zugänglich sein. Vereinbart man ihn **extern** in der Definitionsdatei und definiert ihn explizit in einer der beteiligten Dateien, so dupliziert man unter Umständen Text – und das sollte man im Interesse von Modifikationen *unbedingt* vermeiden. Folgende Technik ist zweckmäßiger:

```
        #ifndef EXTERN
        #define EXTERN   extern
        #endif


        EXTERN struct symbol var[HVAR-LVAR+1];
        #define VAR(x)  var[(x) - LVAR]
        #define isdef(x) VAR(x).exp
        #define isvar(x) ((x) >= LVAR && (x) <= HVAR)
```

Ist das Symbol **EXTERN** nicht definiert, wird es in der Definitionsdatei als **extern** definiert. Markiert man die globalen Vereinbarungen mit **EXTERN**, so sind sie dann normalerweise Deklarationen und verweisen auf eine globale Definition an anderer Stelle. In *einer* Quelldatei, also wohl beim Hauptprogramm, definiert man

```
#define EXTERN  /* kein Wort */
```

bevor man die Definitionsdatei hinzufügt, und sorgt dadurch dafür, daß die globalen Definitionen aus dem gleichen Text erzeugt werden, der sonst als Deklaration dient. Die Technik ist ebenso primitiv wie robust.

Wie wir das im Abschnitt 5.16 gelernt haben, definieren wir wieder Makros für den Zugriff auf den Variablenspeicher. **VAR** dient zum Verbergen der exakten Indexwerte: der Name einer Variablen, also die **typ** Komponente aus dem Verweis, genügt als Argument, um die Beschreibung der richtigen Variablen zugänglich zu machen. **isdef** ist die Bedingung, daß eine Variable definiert ist – sie muß dann nämlich auf eine Formel zeigen. **isvar** ist die Bedingung, daß eine **typ** Komponente tatsächlich auf eine Variable verweist. In diesen Makros wird die Tatsache ausgenutzt, daß im C Preprozessor solange Textersatz stattfindet, bis sich nichts mehr ändert – Makros können also selbst Makros benutzen.

In der Definitionsdatei verbleiben noch zwei globale Variablen:

```
EXTERN struct symbol * nextsym; /* aktuelle Eingabe */
EXTERN char zero;               /* 1: undefiniert == 0 */
```

nextsym ist ein technischer Kniff zur Syntaxanalyse, die wesentlich einfacher wird, wenn man das nächste Eingabesymbol beliebig oft betrachten kann. **zero** ist eine Bedingung, die durch ein Kommandoargument in **main** beeinflußt wird, und die bestimmt, ob eine undefinierte Variable mit Null bewertet werden soll.

In der zeitlichen Entwicklung des Programms entstand die Definitionsdatei in dieser Form zuerst. Sie enthielt fast alle vorgestellten Vereinbarungen, nur die Notwendigkeit für **zero**, **isdef** und **isvar** ergab sich erst im Währenden.

7.4.3   Hauptprogramm – "calc/calc.c"

Das Hauptprogramm entstand zwar nicht sofort in der hier betrachteten, vollständigen Form, aber es wurde trotzdem als nächstes realisiert. Es hat die Aufgabe, Eingabe und Ausführung der Anweisungen zu treiben.

Eine erste minimale Variante ruft nur die **ausdruck** Funktion auf, um eine Formel eingeben und repräsentieren zu lassen. Schon in dieser Phase ergibt sich die Notwendigkeit, eine Formel ausgeben zu können. Als erste Näherung genügt aber eine *preorder* oder *postorder* Traversierung im Stil vom Abschnitt 7.3.4.

Eine Routine zur Fehlerbehandlung ist aber von Anfang an nötig. Da wir die Formel rekursiv konstruieren, ausgeben und bewerten werden, muß sich die Fehlerbehandlung aus der Rekursion retten können. Das Problem muß ganz am Anfang und allgemein gelöst werden, denn die Lösung beeinflußt das globale Design des Programms. In unserem Fall liegt nahe, eine angefangene Anweisung zu eliminieren und dann einfach die nächste Anweisung zu bearbeiten. Wir müssen also aus einer tiefen Verschachtelung von Funktionsaufrufen praktisch zur äußersten Schleife im Programm zurückkommen können – der schlimmste (und disziplinierteste) Fall einer globalen **goto** Anweisung.

Diese existiert aber, und zwar als ein Paar von Büchereiroutinen: **setjmp** muß zuerst aufgerufen werden und speichert Information in einem **jmp_buf**, dessen systemabhängige Deklaration aus einer öffentlichen Datei *setjmp.h* stammt. **longjmp** kann dann mit der von **setjmp** hinterlegten Information und einem Integer-Wert aufgerufen werden. Die Dinge werden dabei so arrangiert, daß das Programm nochmals vom Aufruf von **setjmp** zurückkommt! Die Routine, die **setjmp** ursprünglich aufgerufen hat, und die dabei beim ersten Mal den Funktionswert 0 erhalten hat, muß noch aktiv sein. Sie erhält jetzt den von **longjmp** hinterlegten Integer-Wert als neues Resultat, und das Programm wird sonst so fortgesetzt, als ob **setjmp** erstmals aufgerufen worden wäre – alle zwischenzeitlichen Funktionsaktivierungen sind verschwunden.

Betrachten wir zuerst die Verwendung dieses globalen Sprungs, also die Fehlerroutine:

```
#include <stdio.h>
#include <setjmp.h>
#define EXTERN                      /* global definieren */
#include "calc.h"

static jmp_buf reset;               /* Aufsetzpunkt */

error(s)                            /* Fehlerroutine */
        register char * s;          /* Text der Meldung */
{       register char i;

        puts(s);
        while (nextsym->typ != END)
        {       cfree(nextsym);
                getsym();
        }
        for (i = LVAR; i <= HVAR; ++ i)
                VAR(i).typ = 0;
        longjmp(reset, 1);          /* alles abbrechen */
        /*NOTREACHED*/
}
```

Zuerst wird eine Meldung ausgegeben, dann erfolgen Aufräumungsarbeiten – darunter das Abräumen der Eingabezeile – deren Notwendigkeit und Formulierung sich erst später ergibt, und die auch erst im Währenden codiert werden – und schließlich retten wir uns mit dem globalen Sprung.

Der Kommentar /*NOTREACHED*/ besagt für uns, daß wir an dieser Stelle von dem Funktionsaufruf nicht zurückkommen. Für *lint* ist dieser Kommentar auch nützlich: da verhindert er gewisse bissige Bemerkungen.

Betrachten wir jetzt das Hauptprogramm. Zunächst müssen wie üblich die Kommandoargumente verarbeitet werden:

```
#define USAGE    puts("usage: calc [-z]"), exit(1)


main(argc, argv)                    /* Hauptprogramm */
        int argc;
        char ** argv;
{       register struct symbol * p, * q;
        extern struct symbol * eval();
        extern struct symbol * ausdruck();

        while (--argc && **++argv == '-')
        {       switch (*++*argv) {
                case 'z':
                        zero = 1;
                        continue;
                }
                break;
        }
        if (argc)
                USAGE;
```

Wir sind konventionell aber unhöflich: kennt unser Benutzer die Fähigkeiten des Programms nicht, erhält er schlicht einen Einzeiler **USAGE** mit Benutzungshinweisen. Macht der Benutzer beim Aufruf keine Fehler, kommt unser Aufsetzpunkt nach Fehlern, und dann die wesentliche Schleife im Programm:

```
        if (setjmp(reset))          /* Aufsetzpunkt */
                cfree(nextsym);

        while (getsym() != END)
        {       p = ausdruck();
```

Beim ersten Aufruf liefert **setjmp** den Wert 0, später hängt das Resultat von **longjmp** ab. Wir nützen die Bedingung nochmals zu Aufräumungsarbeiten, die sich aus der Invariante der **while** Schleife ergeben werden.

Wir lesen ein Symbol aus der Eingabe – für **getsym** ergibt sich die Aufgabe, ein Symbol zu extrahieren und als **nextsym** global zur Verfügung zu stellen; der Resultatwert von **getsym** ist die **typ** Komponente von **nextsym**. Ist das Symbol nicht das Ende der Eingabe – eine leere Anweisung – so muß es einen **ausdruck** einleiten, der uns von der entsprechenden Funktion als Baum geliefert werden soll.

Schafft die Funktion das nicht, so hat sie **error** aufzurufen, und uns interessiert nur, daß daran anschließend klare Verhältnisse herrschen. Beinahe – nur enthält **nextsym** nach dem Abräumen der Eingabezeile in **error** mit Hilfe von **getsym** noch das **END** Symbol, und diesen Speicherplatz geben wir auch noch dynamisch im Anschluß an die zweite Rückkehr von **setjmp** frei.

Die Eingabe einer Anweisung haben wir erfolgreich auf später verschoben. Die **typ** Komponente der Wurzel des resultierenden Baumes designiert, was jetzt als Verarbeitung passieren muß:

```
switch (p->typ) {
case ASSIGN:            /* a = summe speichern */
        if (p->left->typ != p->right->typ)
                assign(p->left->typ, p->right);
        else            /* a = a vereinfachen */
        {       assign(p->left->typ,
                        eval(p->right));
                dispose(p->right);
        }
        cfree(p->left);
        cfree(p);
        break;
case PRINT: /* ?a gespeicherte Formel zeigen */
        if (isvar(p->right->typ)
            && isdef(p->right->typ))
                infix(VAR(p->right->typ).exp);
        else            /* ?summe   zeigen */
                infix(p->right);
        putchar('\n');
        dispose(p);
        break;
default:                        /* summe bewerten */
        infix(q = eval(p));
        putchar('\n');
        dispose(p);
        dispose(q);
        break;
}
```

Eigentlich ist alles selbstverständlich, wenn man plausible Erklärungen für die verwendeten Funktionen annimmt:

Eine **ASSIGN** Wurzel hat als linke und rechte Operanden eine Variable und eine Formel. Ist die Formel nicht selbst die Variable, erhält die **assign** Prozedur die Aufgabe, die Formel als Wert der Variablen zu speichern.

Besteht die Formel nur aus der Variablen, an die sie zugewiesen wird, erhält die **eval** Funktion die Aufgabe, eine Formel zu konstruieren, die eine Vereinfachung – und möglichst Bewertung – der Formel ist, deren Wurzel als Argument übergeben wird. Das Resultat der Bewertung wird per **assign** wieder gespeichert.

Eine **PRINT** Wurzel hat als einzigen, rechten Operanden eine Formel. Handelt es sich um eine definierte Variable, so muß die als 'Komponente' **exp** gespeicherte Formel ausgegeben werden. Andernfalls wird die für **PRINT** angegebene Formel ausgegeben. Die Ausgabe erfolgt in jedem Fall mit einer **infix** Prozedur, die als Argument die Wurzel einer Formel erhält.

Haben wir keine besondere Wurzel in unserer Anweisung, liegt schlicht eine Formel vor. Die kann aber **eval** bewerten, und das Resultat kann **infix** ausgeben!

Bei einem derartigen Programm muß man pfleglich mit dynamisch erworbenem Speicher umgehen, sonst endet die Ausführung unverhofft durch Speichermangel. Sie sollten sich davon überzeugen, daß wir alle Formeln entweder an **assign** zur Aufbewahrung oder an **dispose** zur Vernichtung überantworten, und daß wir isolierte Knoten mit **cfree** in den Speicherkreislauf zurückgeben, aus dem sie mit **calloc** entnommen werden.

Fehler in diesem Zusammenhang sind schwer zu finden – und sie sind in Gegenwart von Benutzerfehlern noch schwerer zu vermeiden! Falls unser Benutzer falsche Formeln eingibt, oder falls er beispielsweise durch Null dividiert, kommen wir unkontrolliert über **error** in unsere Arbeitsschleife zurück. Bei der Speicherverwaltung mit **calloc** geht dann Speicher 'verloren'. Total vermeiden kann man dieses Problem nur mit einer anders konzipierten dynamischen Speicherverwaltung, die derart verlorengegangenen Speicher auf dunklen Wegen wiederfinden kann – man nennt das *garbage collection* und es würde den Rahmen dieses Kapitels dann doch sprengen.

Unser Hauptprogramm ist fertig. Wir müssen noch das Ende der Anweisung aus **nextsym** freigeben, und dann kann die Schleife fortgesetzt werden:

```
            cfree(nextsym);
        }
    }
```

7.4.4   Eingabe – "calc/getsym.c"

Die Extraktion von Symbolen aus der Eingabe ist mühsam – hier ist der Einsatz eines Generators wie *lex* angebracht. Wir führen Handarbeit vor, und wir verwenden keine Symboltabelle für die vordefinierten Operatoren. Das Resultat ist ausreichend für den gewünschten Zweck, aber es ist nicht leicht zu erweitern, zum Beispiel zum Einbau von Operatoren aus mehreren Zeichen, von Funktionsnamen, usw.

Zuerst lösen wir das Problem, ein neues Symbol zu repräsentieren, mit der gewohnten Brutalität:

```
#include <stdio.h>
#include <ctype.h>
#include "calc.h"

struct symbol * new()               /* Platz fuer Symbol liefern */
{       register struct symbol * p = (struct symbol *)
                        calloc(1, sizeof(struct symbol));

        if (p)
                return p;
        error("kein Platz");
        /*NOTREACHED*/
}
```

error aufzurufen ist mehr oder weniger ein Wunschdenken – geht uns der Speicherplatz aus, kann uns eine Benutzeraktion nicht direkt retten. Wir schützen uns allerdings dadurch gegen Programmabbruch bei Speicherung vieler komplizierter Formeln.

Für spätere Verwendung merken wir noch an, daß **calloc** im Gegensatz zu **malloc** den resultierenden Speicherbereich mit Null initialisiert, uns also speziell Nullzeiger für **left** und **right** bereitstellt.

getsym erzeugt immer dynamisch einen neuen Wert für **nextsym**. Wie im Abschnitt 6.6 vermeiden wir auch hier wieder, bewußt über das Dateiende hinwegzulesen. Zwischenraum wird ignoriert, und die restlichen Zeichen korrespondieren – unsere wesentliche Vereinfachung – praktisch eindeutig zu den gesuchten Symbolen:

```
int getsym()                        /* nextsym neu fuellen */
{       register int ch;

        nextsym = new();
        if (feof(stdin))
                return nextsym->typ = END;
        for (;;)
                switch (ch = getchar()) {
                case ' ':           /* Zwischenraum ignorieren */
                case '\t':
                        continue;
                case '\n':          /* verschiedene Formeltrenner */
                case EOF:
                case END:
                        return nextsym->typ = END;
```

```
case '+':           /* Operatoren */
case '-':
case '*':
case '/':
case '(':           /* Klammern */
case ')':
case ASSIGN:        /* Kommandos */
case PRINT:
        return nextsym->typ = ch;
default:            /* Name und Zahl */
    if (isvar(ch))
            return nextsym->typ = ch;
    if (isdigit(ch))
    {       ungetc(ch, stdin);
            scanf("%e", & nextsym->val);
            return nextsym->typ = NUM;
    }
    error("illegales Zeichen");
    /*NOTREACHED*/
    }
}
```

Eigentlich ist das Problem, Gleitkommakonstanten einzulesen, sehr schwierig. **scanf** löst es mit einem Minimum an Mühe, und die Lösung funktioniert, da die Ziffer, die die Gegenwart einer Gleitkommakonstanten signalisiert, mit **ungetc** in die Eingabe zurück- und damit für **scanf** bereitgestellt werden kann. Im Gegensatz zu **read** in manchen Pascal-Systemen überliest **scanf** auch keine Zeichen im Anschluß an die umgewandelten Werte.

7.4.5 Syntaxanalyse – "calc/ausdruck.c"

Nach der *recursive descent* Methode ergeben sich Routinen zur Syntaxanalyse direkt aus der Grammatik der betrachteten Sprache:

```
faktor:
        zahl
     | name
     | ( summe )
     | - faktor
```

faktor soll eine Funktion sein, die die relevanten Symbole erkennt und als Baum verknüpft liefert. **faktor** darf dazu sich selbst sowie eine noch unbekannte Funktion **summe** mit analogen Aufgaben aufrufen. **nextsym** enthält vorher (und hinterher!) das nächste Symbol aus der Eingabe, und dieses Symbol ist bereits dynamisch konstruiert worden.

```c
#include "calc.h"

static struct symbol * summe();

static struct symbol * faktor()
{       register struct symbol * p;

        switch (nextsym->typ) {
        case NUM:                       /* Zahl */
                p = nextsym;
                getsym();
                break;
        default:                        /* Name */
                if (isvar(nextsym->typ))
                {       p = nextsym;
                        getsym();
                        break;
                }
                error("kein Faktor");
                /*NOTREACHED*/
        case '(':                       /* ( summe ) */
                cfree(nextsym);
                getsym();
                p = summe();
                if (nextsym->typ == ')')
                {       cfree(nextsym);
                        getsym();
                        break;
                }
                error("Klammerfehler");
                /*NOTREACHED*/
        case '-':                       /* - faktor */
                p = nextsym;
                getsym();
                p->right = faktor();
                break;
        }
        return p;
}
```

Man beachte, wie wieder die Knoten, in denen die Klammern repräsentiert wurden, sorgfältig in den Speicherkreislauf entlassen werden. Auch hier rettet uns **error** aus jedem Dilemma.

produkt und **summe** sind völlig analog definiert:

```
produkt:
        faktor { multiplikation faktor }
```

```
summe:
        produkt { addition produkt }
```

Die geschweiften Klammern sollen in der Grammatik beliebige Wiederholungen andeuten. Die Kunst liegt darin, den Baum so zu bauen, daß wie verlangt implizit von
links her geklammert wird. Dies ist aber dann der Fall, wenn jeweils der Operator als
Wurzel des Baumes geliefert wird, der als *letzter* ganz rechts auf seiner Vorrangebe-
ne steht. Gleiche Operationen weiter links sind dann im Baum weiter von der Wurzel
weg, und damit früher geklammert.

```c
static struct symbol * produkt()
{       register struct symbol * p;

        p = faktor();
        for (;;)
        {       switch (nextsym->typ) {
                case '*':
                case '/':
                        nextsym->left = p;
                        p = nextsym;
                        getsym();
                        p->right = faktor();
                        continue;
                }
                break;
        }
        return p;
}
```

```
static struct symbol * summe()
{       register struct symbol * p;

        p = produkt();
        for (;;)
        {       switch (nextsym->typ) {
                case '+':
                case '-':
                        nextsym->left = p;
                        p = nextsym;
                        getsym();
                        p->right = produkt();
                        continue;
                }
                break;
        }
        return p;
}
```

Eine Anweisung, die die Funktion **ausdruck** bekanntlich als Baum liefern muß, hat schließlich folgende Syntax:

```
ausdruck:
        ? summe
        | summe
        | name = summe
```

Man kann das Verfahren dadurch etwas vereinfachen, daß man einen Namen als Sonderfall einer Summe erkennt. Handelt es sich bei der Summe um eine Variable – die dann leider von Klammern umgeben gewesen sein kann – und folgt ihr ein Zuweisungssymbol, akzeptieren wir eine weitere Summe:

```
struct symbol * ausdruck()        /* liefert Baum der Formel */
{       register struct symbol * p;

        if (nextsym->typ == PRINT)
        {       p = nextsym;
                getsym();
                p->right = summe();
                if (nextsym->typ == END)
                        return p;
        }
        else
```

```
{       p = summe();
        switch (nextsym->typ) {
        case END:
                return p;
        case ASSIGN:
                if (isvar(p->typ))
                {       nextsym->left = p;
                        p = nextsym;
                        getsym();
                        p->right = summe();
                        if (nextsym->typ == END)
                                return p;
                }
        }
}
error("Syntaxfehler");
/*NOTREACHED*/
}
```

Hier wird außerdem untersucht, daß der fertigen Anweisung auch wirklich ein Trenner folgt.

7.4.6   Ausgabe – "calc/infix.c"

Ist eine Formel als binärer Baum dargestellt, so kann man sie sehr leicht vollständig geklammert ausgeben. Dazu konstruiert man eine rekursive Traversierung in *inorder*, also Wurzeln zwischen ihren Unterbäumen. Namen und Zahlen gibt man direkt aus, linke und rechte Unterbäume umgibt man mit Klammern, bevor und nachdem man ihre Traversierung durch rekursiven Aufruf verlangt.

Will man nur die notwendigsten Klammern ausgeben, so muß man eine lokale Überlegung zum Vorrang anstellen: man benötigt Klammern, wenn der betroffene Unterbaum eine Formel ist, und wenn seine Wurzel *geringeren* Vorrang hat, als die Wurzel, von der aus man die Klammern ausgeben würde. Bei *gleichem* Vorrang ist Vorsicht geboten: da von links her implizit geklammert wird, benötigt man links keine Klammern. Rechts braucht man aber in diesem Fall Klammern; bei den assoziativen Operatoren **+** und **✻** kann man auf die Klammern verzichten, begeht aber einen – technischen und numerischen – Fehler.

In unserem Programm wird die Entscheidung in den Variablen **lparen** und **rparen** entsprechend festgehalten. Man beachte, wie hier die Resultate logischer Verknüpfungen als Integer-Werte gespeichert werden.

```c
#include "calc.h"

infix(p)                                /* Formel ausgeben */
        register struct symbol * p;
{       int lparen, rparen;       /* Operand klammern? */

        if (! p)
                return;
        switch (p->typ) {
        case NUM:
                printf("%d", p->val);
                return;
        default:                        /* + VAR */
                lparen = rparen = 0;
                break;
        case '-':
                lparen = 0;
                if (! p->left)
                        rparen = p->right->typ != NUM
                                && ! isvar(p->right->typ);
                else
                        rparen = p->right->typ == '+'
                                || p->right->typ == '-';
                break;
        case '*':
                lparen = p->left->typ == '+'
                        || p->left->typ == '-';
                rparen = p->right->typ == '+'
                        || p->right->typ == '-';
                break;
        case '/':
                lparen = p->left->typ == '+'
                        || p->left->typ == '-';
                rparen = p->right->typ == '+'
                        || p->right->typ == '-'
                        || p->right->typ == '*'
                        || p->right->typ == '/';
                break;
        }
```

```
        if (lparen)
                putchar('(');
        infix(p->left);
        if (lparen)
                putchar(')');
        putchar(p->typ);
        if (rparen)
                putchar('(');
        infix(p->right);
        if (rparen)
                putchar(')');
}
```

7.4.7 Bewertung – "calc/eval.c"

assign speichert eine Formel dadurch, daß der Zeiger auf die Wurzel der Formel als **exp** bei dem global definierten Symbol für die Variable abgelegt wird. Zuerst muß man aber einen eventuell vorhandenen alten Wert zur Wiederverwendung freigeben – dafür ist die bereits eingeführte Routine **dispose** zuständig.

```
#include "calc.h"

assign(v, f)                         /* Zuweisung einer Formel */
        register int v;              /* an diese Variable */
        register struct symbol * f;
{
        if (isdef(v))
                dispose(VAR(v).exp);
        VAR(v).exp = f;
}
```

Man entfernt einen binären Baum im Zuge einer *postorder* Traversierung, also Wurzel erst im Anschluß an die Unterbäume:

```
dispose(p)                           /* Formel entfernen */
        register struct symbol * p;
{
        if (p) switch (p->typ) {
        case '+':
        case '-':
        case '*':
        case '/':
```

```
                dispose(p->left);
                /* jetzt rechten Operanden */
        case PRINT:
                dispose(p->right);
                /* jetzt Wurzel entfernen */
        default:
                cfree(p);
                break;
        }
    }
```

new hat **left** und **right** als Nullzeiger initialisiert. Dadurch brauchen wir für − keine
Sonderbehandlung: wird der Operator als Vorzeichen verwendet, existiert kein linker
Operand. Wir können den linken Operanden ruhig trotzdem an **dispose** übergeben,
wenn wir **dispose** robust genug machen, daß bei Nullzeigern einfach keine Reaktion
erfolgt. Die Funktion zeigt sehr schön, daß die sequentielle Verarbeitung mehrerer
Fälle in einem **switch** durchaus ihre Tugenden hat.

Bleibt die Bewertung, also **eval**, als allerletzte, leichte Übung:

```
    struct symbol * eval(f)          /* Formel vereinfachen */
            register struct symbol * f;
    {       register struct symbol * p;
            extern struct symbol * new();

            p = new();
            switch (p->typ = f->typ) {
            case NUM:
                    p->val = f->val;
                    return p;
```

eval muß aus einem existenten Baum einen neuen, einfacheren konstruieren. Die
Funktion ist also auch ein Beispiel für eine Kopierroutine für Bäume. Eigentlich gehen wir wieder in *postorder* vor: zunächst wird ein neues Symbol angelegt, in das für
eine Zahl **typ** und **val** Komponenten direkt kopiert werden.

Bei einer Variablen liegt der Fall komplizierter. Ist sie undefiniert, wird entweder nur
ihre **typ** Komponente kopiert, oder es wird (Option **zero**, erinnern Sie sich?) der
Wert Null eingearbeitet. Ist die Variable aber definiert, müssen wir sie bewerten. Dies
geht zwar leicht durch einen rekursiven Aufruf von **eval** für die bei der Variablen gespeicherte Formel, aber wenn wir dabei der gleichen Variablen nochmals begegnen,
müssen wir dies als Rekursion bemängeln. Dazu notieren wir in der sonst unbenutz-
ten **typ** Komponente der Variablen, daß sie gerade bewertet wird. Diese Notiz müssen wir entfernen − entweder nach korrekter Bewertung in der vorliegenden Funktion, oder in der **error** Routine am Punkt für allgemeine Aufräumungsarbeiten. Die
Rekursion kann sich nämlich auch über mehrere Variablen erstrecken.

```c
        default:
                if (VAR(f->typ).typ)
                {       error("Rekursion");
                        /*NOTREACHED*/
                }
                if (isdef(f->typ))
                {       VAR(f->typ).typ = 1;
                        cfree(p);
                        p = eval(VAR(f->typ).exp);
                        VAR(f->typ).typ = 0;
                }
                else if (zero)
                {       p->typ = NUM;
                        p->val = 0;
                }
                return p;
```

Ganz robust wurde übrigens nicht codiert: wir gehen davon aus, daß sich in unseren Baum keine Probleme eingeschlichen haben. Als **default** Knoten ist also nur eine Variable möglich.

Damit verbleiben die Operatoren. Bei einem negativen Vorzeichen existiert kein linker Operand. Wir bewerten den rechten rekursiv, und wenn er sich als Zahl erweist, können wir das Vorzeichen auf den Zahlenwert anwenden. Liegt keine Zahl vor, wird der neue Baum entsprechend mit einem Vorzeichenknoten weiterentwickelt.

```c
        case '-':
                if (! f->left)  /* Vorzeichen */
                {       f = eval(f->right);
                        if (f->typ == NUM)
                        {       cfree(p);
                                f->val = - f->val;
                                return f;
                        }
                        else
                        {       p->right = f;
                                return p;
                        }
                }
                /* binaer weiter */
```

Man sieht hier sehr gut, daß ein Parameter immer auch als lokale Variable verwendet werden kann.

Handelt es sich bei − nicht um ein Vorzeichen, wird der Operator wie alle anderen binären Operatoren verarbeitet. Dies geschieht ganz analog:

```
case '+':
case '*':
case '/':
        p->right = eval(f->right);
        f = p->left = eval(f->left);
        if (f->typ != NUM || p->right->typ != NUM)
                return p;
        switch (p->typ) {
        case '+':
                f->val += p->right->val;
                break;
        case '-':
                f->val -= p->right->val;
                break;
        case '*':
                f->val *= p->right->val;
                break;
        case '/':
                if (p->right->val)
                {       f->val /= p->right->val;
                        break;
                }
                error("Division durch 0");
                /*NOTREACHED*/
        }
        cfree(p->right);
        cfree(p);
        return f;
        }
    }
```

Erweitert man den Tischrechner noch mit einem symbolischen Differenzieroperator, so sollte man bei der Bewertung auch pathologische Fälle wie Addition von Null oder Multiplikation mit 1 unterdrücken.

7.5 Ausblick

Mit diesem Kapitel ist die Vorstellung der Sprachelemente von C abgeschlossen. Als einzigen Datentyp haben wir Aufzählungen (**enum**) unterschlagen, und Gleitkommawerte haben die in der Systemimplementierung übliche, stiefmütterliche Behandlung erfahren.

Wenn Sie der Sache bis hierher gefolgt sind, stimmen Sie hoffentlich dem Autor zu, daß man in C schnell, elegant, robust, effizient und doch noch verständlich codieren kann. Das letzte Beispiel enthält die konventionellen Algorithmen zum Umgang mit Bäumen und hat weniger Zeit zur Entwicklung (etwa 12 Stunden) als zur Beschreibung benötigt; dabei stellt es bereits einen recht vielseitigen Tischrechner dar.

Die Betonung liegt allerdings darauf, daß man sich in C um Verständlichkeit eines Programms mehr bemühen muß, als dies in verbaleren Sprachen wie Pascal oder Modula-2 der Fall ist. Davon soll im zweiten Band noch mehr die Rede sein!

Anhang A: Computer-Arithmetik

A.1 Übersicht

In diesem Anhang werden einige Methoden zur Darstellung von ganzen Zahlen und die dazugehörigen Arithmetikregeln erläutert. Für Computer kommt als Basis der Darstellungen praktisch nur 2 in Frage; es zeigt sich aber, daß die Diskussion nicht komplizierter wird, wenn man, wie das hier geschieht, die Verfahren für eine beliebige Basis ableitet. Der Vorteil ist, daß die Beispiele dann jeweils in Basis 10 ausgeführt werden können.

A.2 Natürliche Zahlen

Eine Kette von Ziffern stellt den Wert einer natürlichen Zahl dar. Diese *natürliche Darstellung* ist eine vereinfachte Schreibweise für ein Polynom. Der Zahlenwert ergibt sich als Wert des Polynoms:

$$x_{n-1}x_{n-2}\ldots x_0 \rightarrow x_{n-1}\cdot 10^{n-1}+\ldots+x_1\cdot 10+x_0 = \sum_{i=0}^{n-1} x_i\cdot 10^i \qquad \text{(Basis 10)}$$

Als Basis, deren Potenzen mit 0 rechts beginnend den Stellenwert jeder Ziffer festlegen, kann prinzipiell jede ganze Zahl dienen, die größer als 1 ist. Allgemein gilt:

Natürliche Zahlen

Ziffernpositionen $0 \leq i \leq n-1$ von rechts her

$basis > 1$

$0 \leq ziffer_i < basis$

Ziffern-Stellenwert $basis^i$

$$ziffer_{n-1}\ldots ziffer_0 \rightarrow \sum_{i=0}^{n-1} ziffer_i\cdot basis^i$$

auf n Stellen darstellbar $[0, basis^n-1]$

In Basis 2 können also, mit genügend Stellen, beliebige natürliche Zahlen dargestellt werden. Dabei werden nur die Ziffern **0** und **1** benutzt, da die Ziffern kleiner sein müssen als die Basis.

A.2.1 Addition

Die Addition erfolgt in der natürlichen Darstellung ziffernweise von rechts her. Dabei kann ein Übertrag (*carry*) zur nächsten, links folgenden Stelle entstehen, wenn die Summe zweier Ziffern nicht mehr kleiner ist als die Basis der Darstellung, also nicht mehr durch eine einzige Ziffer dargestellt werden kann. Ein Übertrag beruht auf der folgenden Berechnung:

$$(x_i + y_i) \cdot basis^i = (x_i + y_i - basis) \cdot basis^i + 1 \cdot basis^{i+1}$$

Ein Übertrag hat zwar immer nur den Wert 1, kann aber trotzdem seinerseits in der nächsten Stelle einen weiteren Übertrag erzeugen. Die Arithmetik-Hardware eines Computers ist so konstruiert, daß das Übertragen des Übertrags (*carry propagation*) über alle Stellen hinweg möglichst beschleunigt wird; entsprechende Schaltkreise bezeichnet man als *look-ahead adder*.

A.2.2 Basisumwandlungen

Computer rechnen binär, also in Basis 2, denn es ist relativ einfach gerade zwei Zustände, ein Bit, elektrisch zu unterscheiden. Für Menschen sind lange Ketten, die nur aus **0** und **1** bestehen, relativ unübersichtlich. Wir benutzen deshalb oft eine oktale oder hexadezimale Darstellung, Basis 8 oder Basis 16, um Computer-Worte als Bit-Folgen anschaulich zu machen.

Oktal dargestellte Werte entstehen, wenn man in binär dargestellten Werten von rechts her jeweils drei binäre Ziffern zusammenfaßt, und als oktale Ziffer (zwischen 0 und 7) darstellt. Analog entsteht eine hexadezimale Darstellung, wenn man jeweils vier binäre Ziffern zu einer hexadezimalen Ziffer (zwischen 0 und 15) zusammenfaßt. Dabei benutzt man üblicherweise die Buchstaben **A** bis **F** um die „Ziffern" von 10 bis 15 darzustellen. Ein Beispiel hierzu erschien am Anfang von Kapitel 2.

Umwandlungen zwischen Basis 2 und Basis 8 oder 16 sind sehr leicht vorzunehmen, da die Zielbasis jeweils eine Potenz der Ausgangsbasis ist und so nur die Ziffern entsprechend gruppiert werden müssen. Im allgemeinen Fall müssen leider die entsprechenden Polynome entwickelt werden. Zur Vereinfachung der Arithmetik benutzt man am besten Basis 10 als Zwischenstufe, also etwa

$$3020_3 = 3 \cdot 27 + 2 \cdot 3 = 87_{10} = 49 + 35 + 3 = 153_7$$

A.3 Zahlen mit Vorzeichen

Negative Werte stellen wir normalerweise als natürliche Zahlen mit Vorzeichen dar. Die Ziffernkette definiert dabei den absoluten Wert der Zahl; man bezeichnet dies als *sign-magnitude* Darstellung:

$$\pm x_{n-1} x_{n-2} \ldots x_0 \longrightarrow \pm \sum_{i=0}^{n-1} x_i \cdot 10^i \qquad \text{(Basis 10)}$$

Für Computer ist die Verwendung von zwei verschiedenen Symbolmengen etwas unhandlich. Es ist deshalb üblich auch das Vorzeichen durch eine Ziffer darzustellen:

Natürliche Zahlen mit Vorzeichen

Ziffernpositionen $0 \le i \le n-1$ von rechts her

$$\text{Vorzeichen } \textit{ziffer}_{n-1} = \begin{cases} 0 & \textit{wert} \ge 0 \\ 1 & \textit{wert} \le 0 \end{cases}$$

Vorzeichenfaktor $1 - 2 \cdot \textit{ziffer}_{n-1}$

$\textit{basis} > 1$

$0 \le \textit{ziffer}_i < \textit{basis}$, für $i < n-1$

Ziffern-Stellenwert $\textit{basis}^i$

$$\textit{ziffer}_{n-1} \dots \textit{ziffer}_0 \to (1 - 2 \cdot \textit{ziffer}_{n-1}) \cdot \sum_{i=0}^{n-2} \textit{ziffer}_i \cdot \textit{basis}^i$$

auf n Stellen darstellbar $[-(\textit{basis}^{n-1} - 1), \textit{basis}^{n-1} - 1]$

Die Umkehr des Vorzeichens ist in dieser Darstellung sehr einfach; der Wert 0 wird allerdings nicht eindeutig dargestellt. Bei Addition und Subtraktion muß man durch Vergleichen zunächst das Vorzeichen des Resultats bestimmen, erst danach kann man die algebraisch korrekte Operation durchführen; Arithmetik-Hardware für natürliche Zahlen mit Vorzeichen wird dadurch relativ aufwendig. Diese Darstellung findet deshalb kaum für ganze Zahlen Verwendung. Die Mantissen von Gleitkommawerten werden jedoch oft mit Vorzeichen dargestellt, weil die *Normalisierung*, das heißt, die Entfernung führender Nullen aus der Mantisse, in dieser Darstellung einfach zu realisieren ist.

A.4 Komplementdarstellungen

Komplementdarstellungen entstehen, wenn man unter Kontrolle der Vorzeichenziffer einen negativen Term zur Polynomdarstellung hinzufügt und dadurch den Wertebereich der Darstellung auf negative Werte ausdehnt:

$$0 \le \sum_{i=0}^{n-2} x_i \cdot \textit{basis}^i \le \textit{basis}^{n-1} - 1 \qquad \text{(positiv)}$$

$$-\textit{offset} \le -\textit{offset} + \sum_{i=0}^{n-2} x_i \cdot \textit{basis}^i \le -\textit{offset} + \textit{basis}^{n-1} - 1 \qquad \text{(negativ)}$$

Eine eindeutige Darstellung, das *Basiskomplement*, entsteht, wenn man *offset* = $\textit{basis}^{n-1}$ setzt. Setzt man *offset* = $\textit{basis}^{n-1} - 1$, so entsteht das *Basis − 1-Komplement*, bei dem lediglich der Wert 0 mehrdeutig darstellbar ist. Beide Darstellungen besitzen einen zusammenhängenden Wertebereich von positiven und negativen ganzen Zahlen.

Komplementdarstellungen werden bei vielen Computern verwendet, weil damit für positive wie negative Werte die gleichen arithmetischen Operationen benutzt werden können. Dies wird in den folgenden Abschnitten erklärt.

Es zeigt sich, daß die Umkehr des Vorzeichens, also Ein- und Ausgabeoperationen und die Vorbereitung der Subtraktion, im Basis – 1-Komplement besonders einfach realisiert werden kann. Bei beiden Komplementdarstellungen gelten für negative und positive Werte dieselben, natürlichen arithmetischen Regeln, die die Darstellungen – als positive Werte interpretiert – als Polynome manipulieren. Lediglich ein etwaiger Übertrag aus der Vorzeichenstelle muß beim Basis – 1-Komplement zur rechten Stelle addiert werden, dies bezeichnet man als *end-around carry*. Dieser Übertrag entsteht erst am Schluß einer Addition oder Subtraktion, und verlangsamt deshalb diese Operationen bei Basis – 1-Komplement-Darstellung im Computer. Basiskomplement-Darstellung vermeidet diesen Übertrag, macht dafür jedoch die Umkehr des Vorzeichens etwas aufwendiger.

A.5 Basis – 1-Komplement

Diese Darstellung, bezogen auf Basis 2 also das *1-Komplement*, wird zum Beispiel bei Rechnern von Control Data verwendet. Wir entwickeln hier die Arithmetikregeln an Hand der Polynomdefinition:

Basis – 1-Komplement

Ziffernpositionen $0 \leq i \leq n - 1$ von rechts her

$$\text{Vorzeichen } ziffer_{n-1} = \begin{cases} 0 & wert \geq 0 \\ 1 & wert \leq 0 \end{cases}$$

Vorzeichen-Stellenwert $1 - basis^{n-1}$

$basis > 1$

$0 \leq ziffer_i < basis$, für $i < n - 1$

Ziffern-Stellenwert $basis^i$

$$ziffer_{n-1} \ldots ziffer_0 \rightarrow ziffer_{n-1} \cdot (1 - basis^{n-1}) + \sum_{i=0}^{n-2} ziffer_i \cdot basis^i$$

auf n Stellen darstellbar $[-(basis^{n-1} - 1), basis^{n-1} - 1]$

Diese Darstellung ist nicht eindeutig, der Wert **0** kann als **+ 0** und als **– 0** dargestellt werden. Wie eines der folgenden Beispiele zeigt, kommt auch die zweite Darstellung als Resultat arithmetischer Operationen vor.

A.5.1 Umwandlungen und Umkehr des Vorzeichens

Betrachten wir zunächst einige Beispiele in Basis 10, um die Regeln zur Umwandlung in das Basis – 1-Komplement zu erkennen:

$$23_{10} = (1 - 100) \cdot 0 + 23 \rightarrow 023_{9-K}$$

$$-23_{10} = -99 + 99 - 23 = -99 + (99 - 23) = (1 - 100) \cdot 1 + 76 \rightarrow 176_{9-K}$$

$$023_{9-K} \longrightarrow (1-100)\cdot 0 + 23 = 23_{10}$$

$$176_{9-K} \longrightarrow (1-100)\cdot 1 + 76 = -99 + 76 = -(99-76) = -23_{10}$$

Offensichtlich werden natürliche Zahlen im Basis-1-Komplement dargestellt, indem ihnen die Ziffer **0** als positives Vorzeichen und danach beliebig viele Ziffern **0** vorangestellt werden.

Natürliche Zahlen mit negativem Vorzeichen werden von einer Kette von Ziffern **9** (oder allgemein eben $basis-1$) subtrahiert, anschließend wird ihnen die Ziffer **1** als negatives Vorzeichen und danach beliebig viele Ziffern **9** (oder $basis-1$) vorangestellt. Bei dieser Subtraktion kann kein Übertrag zwischen den Stellen entstehen, dadurch wird das Verfahren relativ effizient.

Umwandlung in Komplement		Umwandlung aus Komplement	
Wert x		Vorzeichen x_{n-1}	
≥ 0	≤ 0	$=0$	$=1$
$x_{n-1}:=0$	$x_{n-1}:=1$	x ist positiv	x ist negativ
$x_i := \lvert x \rvert_i$ $0\leq i < n-1$	$x_i := basis-1-\lvert x\rvert_i$ $0\leq i < n-1$	$\lvert x\rvert_i := x_i$ $0\leq i < n-1$	$\lvert x\rvert_i := basis-1-x_i$ $0\leq i < n-1$

Die Tabelle zeigt nochmals die Umwandlungsregeln für das Basis-1-Komplement, dabei bedeutet jeweils x_i eine Ziffer des Wertes x, und $\lvert x\rvert_i$ die entsprechende Ziffer im Wert $\lvert x\rvert$. Der Beweis ist trivial für positive Werte, für negative Werte ergibt er sich aus der folgenden Berechnung:

$$(1-basis^{n-1}) + \sum_{i=0}^{n-2}(basis-1-\lvert x\rvert_i)\cdot basis^i =$$

$$=(1-basis^{n-1}) + \sum_{i1=0}^{n-2}(basis-1)\cdot basis^i - \sum_{i=0}^{n-2}\lvert x\rvert_i\cdot basis^i$$

$$=(1-basis^{n-1}) + \sum_{i=1}^{n-1}basis^i - \sum_{i=0}^{n-2}basis^i - \sum_{i=0}^{n-2}\lvert x\rvert_i\cdot basis^i$$

$$=(1-basis^{n-1}) + basis^{n-1} - basis^0 - \sum_{i=0}^{n-2}\lvert x\rvert_i\cdot basis^i$$

$$=- \sum_{i=0}^{n-2}\lvert x\rvert_i\cdot basis^i$$

$$=-\lvert x\rvert$$

Die Umkehr des Vorzeichens im Basis-1-Komplement könnte dadurch erfolgen, daß man den Ausgangswert wie eben erklärt in seine Vorzeichendarstellung umwandelt, das Vorzeichen ändert und den resultierenden Wert wieder in das Basis – 1-Komplement zurück umwandelt. Es zeigt sich, daß dabei in jedem Fall gerade die Ziffern des Ausgangswerts *komplementiert* werden, das heißt, in der Vorzeichenstelle werden 0 und 1 ausgetauscht und in allen anderen Stellen werden die Ziffern von *basis* – 1 subtrahiert.

A.5.2 Addition

Um Werte in Basis – 1-Komplement-Darstellung zu addieren, addiert man die Darstellungen, als ob sie die Darstellungen natürlicher Zahlen wären. Falls dabei in der Vorzeichenstelle ein Wert entsteht, der größer als 1 ist, so muß in der Vorzeichenstelle der Wert 2 subtrahiert werden, und zum Resultat insgesamt noch der Wert 1 addiert werden.

Falls die Basis 2 ist, also beim 1-Komplement, bedeutet dies gerade, daß ohne Berücksichtigung der besonderen Bedeutung der Vorzeichenstelle addiert wird, und daß ein Übertrag aus der Vorzeichenstelle heraus noch zum Resultat addiert werden muß (*end-around carry*).

Es kommt vor, daß durch Addition zweier Werte der Bereich der darstellbaren Werte verlassen wird (*overflow*). Dies ist dadurch kenntlich, daß die Darstellung der Summe zweier positiver Werte einen negativen Wert repräsentiert und umgekehrt.

Um diese einfachen Regeln zur Addition im Basis – 1-Komplement zu beweisen, betrachten wir den Ablauf der Addition in Polynomdarstellung:

$$x = x_{n-1} \cdot (1 - basis^{n-1}) + \sum_{i=0}^{n-2} x_i \cdot basis^i$$

$$y = y_{n-1} \cdot (1 - basis^{n-1}) + \sum_{i=0}^{n-2} y_i \cdot basis^i$$

$$x + y = (x_{n-1} + y_{n-1}) \cdot (1 - basis^{n-1}) + \sum_{i=0}^{n-2} (x_i + y_i) \cdot basis^i \tag{1}$$

Abgesehen von einigen besonderen Resultaten entspricht (1) der Addition der Polynome als Darstellungen natürlicher Zahlen. Wir müssen zeigen, daß in allen möglichen Fällen die rechte Seite von (1) die Form einer Basis – 1-Komplement-Darstellung hat. Da die Summanden Basis – 1-Komplement-Darstellungen sind, gilt:

$$x_{n-1} + y_{n-1} = \begin{cases} 0 \\ 1 \\ 2 \end{cases} \tag{2}$$

$$0 \le \sum_{i=0}^{n-2} (x_i + y_i) \cdot basis^i \le 2 \cdot basis^{n-1} - 2 \tag{3}$$

Wegen (2) unterscheiden wir 3 Fälle. Es empfiehlt sich dabei jeweils, (3) noch etwas zu unterteilen:

$$0 \leqq \sum_{i=0}^{n-2} (x_i + y_i) \cdot basis^i < basis^{n-1} - 1 \tag{3a}$$

$$\sum_{i=0}^{n-2} (x_i + y_i) \cdot basis^i = basis^{n-1} - 1 \tag{3b}$$

$$basis^{n-1} \leqq \sum_{i=0}^{n-2} (x_i + y_i) \cdot basis^i \leqq 2 \cdot basis^{n-1} - 2 \tag{3c}$$

Gilt $x_{n-1} + y_{n-1} = 0$, so addieren wir positive Werte. In den Fällen (3a) und (3b) haben wir bei natürlicher Addition ein Resultat in korrekter Basis − 1-Komplement-Darstellung. Im Fall (3c) entsteht bei natürlicher Addition ein Übertrag in die Vorzeichenstelle, das heißt, das Resultat erscheint als negativer Wert in Basis − 1-Komplement-Darstellung; in diesem Fall wird aber auch der darstellbare Wertebereich verlassen.

Wir illustrieren

Fall:	(3a)	(3b)	(3c)
	0 23	0 23	0 76
	0 23	0 76	0 76
Form (1):	0 46	0 99	0 152
nach Übertrag:			1 52

Es ist offensichtlich, daß im Fall (3c), bei Verlassen des darstellbaren Bereichs, der dargestellte Wert um $basis^{n-1} + basis^{n-1} - 1$ zu klein ist.

Gilt $x_{n-1} + y_{n-1} = 1$, so addieren wir einen positiven und einen negativen Wert. In den Fällen (3a) und (3b) haben wir bei natürlicher Addition ein Resultat in korrekter Basis − 1-Komplement-Darstellung. Im Fall (3c) entsteht bei natürlicher Addition ein Übertrag in die Vorzeichenstelle, aber mit Stellenwert $basis^{n-1}$.

In der Vorzeichenstelle liefert die natürliche Addition dann den Wert $x_{n-1} + y_{n-1} + $ Übertrag, also 2. Nach den eingangs festgelegten Regeln ist dies ein *end-around carry*, wird also durch 0, ein positives Vorzeichen, ersetzt und zu der bisherigen Summe muß noch 1 addiert werden. Dies ist auch berechtigt:

$$x + y = (x_{n-1} + y_{n-1}) \cdot (1 - basis^{n-1}) + \sum_{i=0}^{n-2} (x_i + y_i) \cdot basis^i$$

$$= (1 - basis^{n-1}) + basis^{n-1} + \left(-basis^{n-1} + \sum_{i=0}^{n-2} (x_i + y_i) \cdot basis^i \right)$$

$$= 0 \cdot (1 - basis^{n-1}) + \left(-basis^{n-1} + \sum_{i=0}^{n-2} (x_i + y_i) \cdot basis^i + 1 \right)$$

Auch im Fall (3c) hat dieses Resultat der natürlichen Addition mit *end-around carry* die korrekte Darstellung eines positiven Wertes im Basis − 1-Komplement.

Wir illustrieren

Fall:	(3a)	(3b)	(3c)
	0 23	0 23	0 76
	1 23	1 76	1 76
Form (1):	1 46	1 99	1 152
nach Übertrag:			2 52
nach end-around carry:			0 53

Man beachte, daß hier im Fall (3b) der Wert − 0 als Resultat einer Addition entsteht.

Gilt $x_{n-1} + y_{n-1} = 2$, so addieren wir zwei negative Werte. In jedem Fall entsteht sofort ein *end-around carry*. Im Fall (3a) kann dadurch kein Übertrag in die Vorzeichenstelle entstehen. Die Polynomdefinition zeigt, daß wir den darstellbaren Wertebereich verlassen haben:

$$x + y = (x_{n-1} + y_{n-1}) \cdot (1 - basis^{n-1}) + \sum_{i=0}^{n-2} (x_i + y_i) \cdot basis^i$$

$$= -basis^{n-1} + (1 - basis^{n-1}) + \left(\sum_{i=0}^{n-2} (x_i + y_i) \cdot basis^i + 1 \right)$$

Das Resultat der natürlichen Addition mit *end-around carry* erscheint als Darstellung eines positiven Wertes. Die Summanden waren jedoch negativ − dies entspricht der eingangs festgelegten *overflow* Bedingung. Analog zum Verlassen des darstellbaren Bereiches bei Addition positiver Werte ergibt sich, daß der dargestellte Wert um $basis^{n-1} + basis^{n-1} - 1$ zu groß ist.

In den Fällen (3b) und (3c) entsteht durch das *end-around carry* schließlich ein Übertrag in die Vorzeichenstelle, also das Kennzeichen für einen negativen Wert, aber eigentlich mit Stellenwert $basis^{n-1}$. Insgesamt entsteht die korrekte Basis − 1-Komplement-Darstellung für einen negativen Wert:

$$x + y = (x_{n-1} + y_{n-1}) \cdot (1 - basis^{n-1}) + \sum_{i=0}^{n-2} (x_i + y_i) \cdot basis^i$$

$$= (1 - basis^{n-1}) + (1 - basis^{n-1}) + \sum_{i=0}^{n-2} (x_i + y_i) \cdot basis^i$$

$$= (1 - basis^{n-1}) + (-basis^{n-1}) + basis^{n-1} + \left(-basis^{n-1} + \sum_{i=0}^{n-2} (x_i + y_i) \cdot basis^i + 1 \right)$$

$$= 1 \cdot (1 - basis^{n-1}) + \left(-basis^{n-1} + \sum_{i=0}^{n-2} (x_i + y_i) \cdot basis^i + 1 \right)$$

Wir illustrieren

	(3a)	(3b)	(3c)
Fall:	1 23	1 23	1 76
	1 75	1 76	1 76
Form (1):	2 98	2 99	2 152
nach Übertrag:			3 52
nach end-around carry:	0 99	0 100	1 53
nach Übertrag:		1 00	

A.6 Basiskomplement

Diese Darstellung findet in den meisten Rechnern für Integer-Werte Verwendung. Die Arithmetikregeln können wie beim Basis-1-Komplement direkt aus der Polynomdefinition abgeleitet werden. Wir zeigen im Folgenden jedoch eine Betrachtung, die auf gewissen Eigenschaften der ganzen Zahlen beruht und die Möglichkeiten algebraischer Techniken illustriert. Hier ist zunächst die Polynomdefinition:

Basiskomplement

Ziffernpositionen $0 \leq i \leq n-1$ von rechts her

$$\text{Vorzeichen } ziffer_{n-1} = \begin{cases} 0 & wert \geq 0 \\ 1 & wert < 0 \end{cases}$$

Vorzeichen-Stellenwert $- basis^{n-1}$

$basis > 1$

$0 \leq ziffer_i < basis$, für $i < n-1$

Ziffern-Stellenwert $basis^i$

$$ziffer_{n-1} \dots ziffer_0 \rightarrow ziffer_{n-1} \cdot (-basis^{n-1}) + \sum_{i=0}^{n-2} ziffer_i \cdot basis^i$$

auf n Stellen darstellbar $[-basis^{n-1}, basis^{n-1} - 1]$

Diese Darstellung ist auch für den Wert **0** eindeutig, dafür kann jedoch das Vorzeichen des kleinstmöglichen (negativen) Wertes, $-basis^{n-1}$, innerhalb der Darstellung nicht umgekehrt werden.

A.6.1 Addition

Die Regeln für Arithmetik im Basiskomplement können mit den gleichen Techniken abgeleitet werden, wie das für das Basis-1-Komplement geschehen ist. Hier soll jedoch eine andere Möglichkeit vorgeführt werden. Wir setzen dazu elementare Algebrakenntnisse voraus. Man beachte, daß normalerweise in Basis 2 operiert wird, so daß der nachfolgend eingeführte *Modulus* ganz natürlich durch die Wortgröße des Computers gegeben ist.

$G_1 = [0, 2 \cdot basis^{n-1})$ und $G_2 = [-basis^{n-1}, basis^{n-1})$ sind Gruppen mit Addition modulo $2 \cdot basis^{n-1}$. Zwischen diesen Gruppen existiert ein Isomorphismus $f: G_2 \rightarrow G_1$, definiert durch

$$f(x) = \begin{cases} x & 0 \leq x < basis^{n-1} \\ x + 2 \cdot basis^{n-1} & -basis^{n-1} \leq x < 0 \end{cases}$$

Da bei Addition modulo $2 \cdot basis^{n-1}$ gerade Summanden der Größe $2 \cdot basis^{n-1}$ ignoriert werden, ist leicht einsichtig, daß f in der Tat ein Isomorphismus ist. f ist aber auch die Interpretation einer Basiskomplement-Darstellung als natürliche Zahl:

$$x = x_{n-1} \cdot (-basis^{n-1}) + \sum_{i=0}^{n-2} x_i \cdot basis^i$$

$$= \begin{cases} \displaystyle\sum_{i=0}^{n-2} x_i \cdot basis^i & x_{n-1} = 0 \quad 0 \leq x < basis^{n-1} \\ \displaystyle(-basis^{n-1}) + \sum_{i=0}^{n-2} x_i \cdot basis^i & x_{n-1} = 1 \quad -basis^{n-1} \leq x < 0 \end{cases}$$

$$f(x) = \begin{cases} \displaystyle\sum_{i=0}^{n-2} x_i \cdot basis^i & x_{n-1} = 0 \quad 0 \leq x < basis^{n-1} \\ \displaystyle(-basis^{n-1}) + \sum_{i=0}^{n-2} x_i \cdot basis^i + 2 \cdot basis^{n-1} & x_{n-1} = 1 \quad -basis^{n-1} \leq x < 0 \end{cases}$$

$$= \begin{cases} \displaystyle\sum_{i=0}^{n-1} x_i \cdot basis^i & x_{n-1} = 0 \quad 0 \leq x < basis^{n-1} \\ \displaystyle basis^{n-1} + \sum_{i=0}^{n-2} x_i \cdot basis^i & x_{n-1} = 1 \quad -basis^{n-1} \leq x < 0 \end{cases}$$

$$= \sum_{i=0}^{n-1} x_i \, basis^i$$

Betrachten wir nun die Addition im Basiskomplement:

$$x + y = (f^{-1} \cdot f)(x + y) = f^{-1}(f(x) + f(y))$$

Die erste Addition findet in G_2, also im Wertebereich der Basiskomplement-Darstellung, statt. Mit Hilfe der Isomorphismen f und f^{-1} kann die Addition in G_1 durchgeführt werden. Da die Isomorphismen aber nur eine andere Interpretation der Basiskomplement-Darstellung sind, ist gezeigt worden, daß Addition im Basiskomplement erfolgt, indem man die Darstellungen der natürlichen Addition unterwirft.

Dabei führt ein Wert 2 in der Vorzeichenstelle *nicht* zu einem *end-around carry*, da in G_1 dort ja der Stellenwert $basis^{n-1}$ ist, und Summanden der Größe $2 \cdot basis^{n-1}$ bei dieser Addition gerade ignoriert werden. In Basis 2 bedeutet dies, daß ein Übertrag aus der Vorzeichenstelle heraus einfach ignoriert wird.

Das Verfahren funktioniert natürlich nur innerhalb der Gruppen G_1 und G_2 korrekt. *f* ist *kein* Isomorphismus zwischen der Gruppe der ganzen Zahlen und G_1, das heißt, es entsteht ein echter Overflow, wenn bei Addition von ganzen Zahlen der Teilbereich G_2 verlassen wird. Wie beim Basis−1-Komplement, wird auch beim Basiskomplement das Verlassen des darstellbaren Wertebereichs dadurch signalisiert, daß als Summe von positiven Werten die Darstellung eines negativen Wertes entsteht und umgekehrt. Aus der Isomorphismus-Betrachtung ergibt sich, daß dann das dargestellte Resultat jeweils um $2 \cdot basis^{n-1}$ zu groß oder zu klein ist.

A.6.2   Umkehr des Vorzeichens und Umwandlungen

Wie beim Basis−1-Komplement, wird auch beim Basiskomplement das Vorzeichen umgekehrt, indem alle Ziffern komplementiert werden. Zum Resultat muß dann allerdings noch 1 addiert werden:

$$x = x_{n-1} \cdot (-basis^{n-1}) + \sum_{i=0}^{n-2} x_i \cdot basis^i$$

$$1 + (1 - x_{n-1}) \cdot (-basis^{n-1}) + \sum_{i=0}^{n-2} (basis - 1 - x_i) \cdot basis^i =$$

$$= -x_{n-1} \cdot (-basis^{n-1}) - \sum_{i=0}^{n-2} x_i \cdot basis^i + 1 - basis^{n-1} + \sum_{i=1}^{n-1} basis^i - \sum_{i=0}^{n-2} basis^i$$

$$= -x_{n-1} \cdot (-basis^{n-1}) - \sum_{i=0}^{n-2} x_i \cdot basis^i + 1 - basis^{n-1} + basis^{n-1} - 1$$

$$= -x$$

Das Vorzeichen des kleinsten darstellbaren (negativen) Werts, $-basis^{n-1}$, kann dabei nicht umgekehrt werden. Wird das Verfahren auf diesen Wert angewendet, so entsteht bei Addition der 1 ein Übertrag in die Vorzeichenstelle. Die Vorzeichenumkehr liefert die Darstellung eines negativen Wertes, folglich wurde der darstellbare Wertebereich verlassen. Das Resultat ist um $2 \cdot basis^{n-1}$ zu klein.

Analoge Überlegungen wie beim Basis−1-Komplement zeigen, daß zur Umwandlung von natürlichen Zahlen mit negativem Vorzeichen in das Basiskomplement ebenfalls die Ziffern komplementiert, eine **1** als Vorzeichen und führende Ziffern mit Wert *basis*−1 vorangestellt werden. Zum Resultat muß dann wieder 1 addiert werden, um den Stellenwert des Vorzeichens auszugleichen.

Natürliche Zahlen mit positivem Vorzeichen werden umgewandelt, indem man einfach führende Ziffern **0** hinzufügt.

A.6.3 Beispiele

Betrachten wir wieder unsere früheren Beispiele, diesmal im 10-Komplement. Zuerst einige Umwandlungen:

$$23_{10} = (-100)\cdot 0 + 23 \longrightarrow 023_{10-K}$$
$$-23_{10} = -100 + 1 + (99 - 23) = (-100)\cdot 1 + 1 + 76 \longrightarrow 177_{10-K}$$
$$023_{10-K} \longrightarrow (-100)\cdot 0 + 23 = 23_{10}$$
$$177_{10-K} \longrightarrow (-100)\cdot 1 + 77 = -99 - 1 + 77 = -((99 - 77) + 1) = -23_{10}$$

Die Umkehrung des Vorzeichens erfolgt durch Bildung des Basis -1-Komplements und anschließende Addition von 1:

$$-23_{10} \longrightarrow -023_{10-K} = (176 + 1)_{10-K} = 177_{10-K} \longrightarrow (-23)_{10}$$
$$-(-23)_{10} \longrightarrow -177_{10-K} = (022 + 1)_{10-K} = 023_{10-K} \longrightarrow 23_{10}$$

Das nächste Beispiel illustriert, daß Null eindeutig dargestellt wird. Man beachte, daß ein Übertrag aus der Vorzeichenstelle ignoriert wird wie in Abschnitt A.6.1 beschrieben.

$$-0_{10} \longrightarrow -000_{10-K} = (199 + 1)_{10-K} = 000_{10-K} \longrightarrow 0_{10}$$

Im folgenden Beispiel soll das Vorzeichen des kleinsten (negativen) Wertes umgekehrt werden. Das Resultat ist negativ – der darstellbare Bereich wird verlassen.
$$-(-100)_{10} \longrightarrow -100_{10-K} = (099 + 1)_{10-K} = 100_{10-K} \longrightarrow (-100)_{10}$$

Die Addition positiver Werte ist problemlos, wenn der darstellbare Bereich nicht verlassen wird:

$$23 + 23 \longrightarrow 023 + 023 = 046 \longrightarrow 46$$
$$23 + 77 \longrightarrow 023 + 077 = 100 \longrightarrow -100 \qquad \text{(Overflow)}$$
$$77 + 77 \longrightarrow 077 + 077 = 154 \longrightarrow -46 \qquad \text{(Overflow)}$$

Echte Subtraktion, also die Addition von negativen zu positiven Werten, ist immer problemlos:

$$23 + -77 \longrightarrow 023 + 123 = 146 \longrightarrow -54$$
$$23 + -23 \longrightarrow 023 + 177 = 000 \longrightarrow 0$$
$$77 + -23 \longrightarrow 077 + 177 = 054 \longrightarrow 54$$

Bei Addition von negativen Werten zu negativen Werten kann wieder der darstellbare Bereich verlassen werden:

$$-23 + -23 \longrightarrow 177 + 177 = 154 \longrightarrow -46$$
$$-23 + -77 \longrightarrow 177 + 123 = 100 \longrightarrow -100$$
$$-77 + -77 \longrightarrow 123 + 123 = 046 \longrightarrow 46 \qquad \text{(Overflow)}$$

A.7   Andere Darstellungen

A.7.1   Basiskomplement mit umgekehrtem Vorzeichen

Bei vielen Systemen werden die Exponenten von Gleitkommazahlen in *excess-64* Darstellung angegeben. Ein Exponent belegt dabei 7 Bits, also den natürlichen Wertebereich [0,127]. Ein Wert aus dem Bereich [-64,63] wird dargestellt, indem 64 addiert und das Resultat als natürliche Zahl dargestellt wird. Wie die Polynomdefinition zeigt, ist diese Darstellung ein Basiskomplement, bei dem lediglich die Bedeutung des Vorzeichens umgekehrt wurde.

excess *basis*$^{n-1}$ Darstellung

Ziffernpositionen $0 \leq i \leq n - 1$ von rechts her

$$\text{Vorzeichen } \textit{ziffer}_{n-1} = \begin{array}{ll} 1 & \textit{wert} \geq 0 \\ 0 & \textit{wert} < 0 \end{array}$$

Vorzeichen-Stellenwert $-\textit{basis}^{n-1}$

$\textit{basis} > 1$

$0 \leq \textit{ziffer}_i < \textit{basis}$ für $i < n - 1$

Stellenwert $\textit{basis}^i$

$$\textit{ziffer}_{n-1} \ldots \textit{ziffer}_0 \rightarrow (1 - \textit{ziffer}_{n-1}) \cdot (-\textit{basis}^{n-1}) + \sum_{i=0}^{n-2} \textit{ziffer}_i \cdot \textit{basis}^i$$

auf n Stellen darstellbar $[-\textit{basis}^{n-1}, \textit{basis}^{n-1} - 1]$

A.7.2   Dezimal codierte Darstellung

Obgleich nach Platzbedarf und Rechenaufwand ineffizient, ist die *binary coded decimal (BCD)* Darstellung doch gebräuchlich, sowohl für ganze Zahlen, wie auch für Gleitkommazahlen. Bei BCD-Darstellung werden die Werte dezimal geschrieben; die einzelnen Ziffern werden dann jeweils auf 4 Bits aber nur im Wertebereich [0,9] dargestellt. Das Vorzeichen wird als separate 'Ziffer', oft in zweiter Position von rechts her, codiert.

Die Darstellung hat den Vorteil, daß Ein- und Ausgabeoperationen sehr einfach sind. Die sonst notwendige Umwandlung zwischen Basis 10 und Basis 2 entfällt, die dezimalen Ziffern sind explizit vorhanden. Bei Gleitkommazahlen in BCD-Darstellung treten keine Umwandlungsfehler zwischen dezimal und binär dargestellten Mantissen auf.

Zur Addition in BCD-Darstellung können zwar die Ziffernketten zunächst wie natürliche, binär dargestellte Zahlen addiert werden. Anschließend muß aber für jede Ziffernposition kontrolliert werden, ob ein Übertrag aus 4 Bits heraus entstanden ist, oder ob jetzt ein Wert vorliegt, der keine dezimale Ziffer darstellt. In beiden Fällen muß noch 6 addiert werden, um den Übertrag zu vervollständigen. Arithmetik in BCD-Darstellung hat außerdem natürlich die früher besprochenen Nachteile jeder sign-magnitude Darstellung.

Immerhin besitzt zum Beispiel der 8080 Mikroprozessor einen Maschinenbefehl, um diese dezimale Korrektur für jeweils 8 Bits, also 2 BCD-Ziffern, vorzunehmen. Der Befehl kann sich auf einen speziell zu diesem Zweck während jeder Addition generierten '4-Bit-Übertrag' Condition Code stützen.

Anhang B: Details zum "nad" Prozessor

B.1 Übersicht

nad simuliert einige theoretische Maschinenmodelle sowie eine Teilmenge des Perkin-Elmer 32-Bit und IBM System/360 Befehlssatzes, also typische Registermaschinen. Die Eingabe erfolgt für alle Maschinenmodelle in einer gemeinsamen Assembler-Sprache, die den IBM und Perkin-Elmer Assemblern nachempfunden wurde. Optional kann einer der in UNIX verfügbaren Makroprozessoren der Assembler-Übersetzung vorgeschaltet werden.

nad kann Zahlenwerte und Platz für Zwischenergebnisse automatisch am Schluß eines übersetzten Programms anlegen. Solche Datenworte können implizit adressiert werden.

Dadurch daß der Ablauf der Maschinenprogramme simuliert wird, können einige Pseudobefehle zur Verfügung gestellt werden, wie zum Beispiel **read** zur Eingabe von ganzen Zahlen aus der Standard-Eingabe und **print** zur Ausgabe als Standard-Ausgabe. Außerdem kann der Ablauf des Programms total oder teilweise dargestellt werden, es stehen decodierte Speicherauszüge zur Verfügung und Zugriff auf undefinierte Speicherzellen oder auf Programmzellen als Daten wird verhindert.

Es bleibt absichtlich offen, in welcher Einheit Speicheradressen angegeben werden. Dadurch ist der Programmierer gezwungen, einigermaßen robust zu codieren, etwa mit Hilfe der vordefinierten Konstanten **adc** (Speichereinheiten pro Adreßwort oder ganzer Zahl).

nad wurde unter UNIX in C mit dem *yacc* Compiler-Generator entwickelt. Multiplikation und Division werden bei der Registermaschine auf dem Perkin-Elmer 32-Bit Rechner direkt emuliert; diese Routinen sind in Assembler geschrieben. Nach Ersetzen dieser Routinen läuft das *nad* System auch zum Beispiel auf Digital Equipment VAX UNIX Systemen.

B.2 Aufruf des "nad" Systems

nad benötigt eine Datei, in der das zu bearbeitende Assembler-Programm steht. Falls dieses Programm den **read** Befehl benutzt, werden die notwendigen Daten später aus der Standard-Eingabe angefordert. Unter UNIX ist ein minimaler Aufruf des *nad* Systems folglich

```
$ nad quelldatei
```

oder mit Daten zur Laufzeit aus einer Datei

```
$ nad quelldatei < datendatei
```

Der Name der Quelldatei unterliegt einer Konvention, die normalerweise das zu simulierende Maschinenmodell definiert. Dazu sollte **quelldatei** die Form

```
name.x
```

haben, wobei **x** das Maschinenmodell wie folgt definiert:

x	Maschinenmodell
0	0-Adreß-Maschine
1	1-Adreß-Maschine
2	2-Adreß-Maschine
3	3-Adreß-Maschine
s	Registermaschine
m	Registermaschine mit Makroprozessor

Für kompliziertere Anwendungen gibt es eine Reihe von Optionen, die alle *vor* dem Namen der Quelldatei anzugeben sind. Wie in UNIX allgemein üblich, beginnen die Optionen immer mit −. Folgende Optionen sind verfügbar:

−d

Zum **dump** Zähler wird der Wert 1 addiert. Dieser Zähler ist zunächst 0. Wenn dieser Zähler positiv ist, wird vor und nach Ausführung des Programms ein Speicherauszug produziert.

−d−

Vom **dump** Zähler wird der Wert 1 subtrahiert.

−f[−]

Der **flow** Zähler wird, analog wie der **dump** Zähler, vergrößert oder verkleinert. Die Wirkung dieses Zählers wird im Abschnitt B.5 erklärt.

−i*n*

Normalerweise werden maximal 250 Maschinenbefehle ausgeführt. Diese Option sorgt dafür, daß bis zu *n* Befehle ausgeführt werden. Falls dabei *n* negativ ist, unterliegt die Ausführung keiner Beschränkung; falls *n* 0 ist, unterbleibt die Ausführung ganz.

−l[−]

Der **list** Zähler wird vergrößert oder verkleinert. Der Effekt des **list** Zählers wird im Abschnitt B.4 beschrieben.

−m

Vor Bearbeitung durch *nad* wird die Quelldatei vom *m4* Makroprozessor bearbeitet. *m4* liest dabei zuerst die Datei */usr/lib/nad.m4*.

−m6

Vor Bearbeitung durch *nad* wird die Quelldatei vom *m6* Makroprozessor bearbeitet. *m6* liest dabei zuerst die Datei */usr/lib/nad.m6*.

$-t[-]$

Der **trace** Zähler wird vergrößert oder verkleinert. Der Effekt des **trace** Zählers wird im Abschnitt B.5 beschrieben.

$-v[-]$

Die **dump, flow, list** und **trace** Zähler werden vergrößert oder verkleinert. Die Option $-v$ fordert *nad* auf, verbal zu werden und möglichst viel Information zu produzieren.

$-x$

Falls der Name der Quelldatei nicht der oben beschriebenen Konvention folgt, definiert *x* das Maschinenmodell. Dabei sind natürlich für *x* nur die Werte **0, 1, 2, 3** und **s** möglich.

B.3   Quellformat

In einem Assembler-Programm unterscheidet man *Assembler-Anweisungen*, die im allgemeinen nur die Übersetzung steuern, oder vielleicht Speicherflächen anlegen, und die eigentlichen *Maschinenbefehle*, die die Aktionen des Programms bilden, und die später von der Maschine ausgeführt werden.

Assembler-Anweisungen und Maschinenbefehle werden zeilenweise in Feldern formuliert. Die Felder sind im *nad* Assembler durch Zwischenraum, also Leerzeichen und Tabulatorzeichen, getrennt; es gibt folgende Felder:

Feld	Beginn	
Marke ·	am Zeilenanfang	[meist optional]
Operation	nach Zwischenraum	
Parameter	nach Zwischenraum	[manchmal optional]
Kommentar	nach Zwischenraum	[optional]

Leere Zeilen, und Zeilen die mit ✱ (oder auch ✿) beginnen, sind Kommentare und werden ignoriert.

Marken sind Namen, und müssen als solche mit einem Buchstaben beginnen. Als Buchstaben gelten auch ., _, @ und $. Namen müssen aus Buchstaben oder Ziffern bestehen und können beliebig lang sein. Namen können jeweils nur einmal definiert werden.

B.4   Assembler-Anweisungen

nad hat Anweisungen zur Deklaration von Speicherflächen (**dcf, ds** und **dsf**), Anweisungen zur Steuerung des Übersetzers (**end** und **list**), und eine Anweisung, mit der Werte an Namen zugewiesen werden (**equ**):

Marke	Operation	Parameter	Effekt
[marke]	**dcf**	**ausdruck, ...**	initialisiert Datenworte
[marke]	**ds**	**ausdruck**	reserviert Speicherzellen
[marke]	**dsf**	**ausdruck**	reserviert Datenworte
	end	**ausdruck**	Ende der Quelle, Startadresse
name	**equ**	**ausdruck**	Wertzuweisung an einen Namen
	list	**+ oder −**	kontrolliert Protokoll

dcf reserviert für jeden Parameter ein Datenwort und initialisiert es mit dem angegebenen Wert. Im Gegensatz dazu reserviert **dsf** so viele Datenworte, wie der Wert des Parameters bestimmt, *ohne* sie zu initialisieren.

Auf *Datenworte* kann im allgemeinen problemlos zugegriffen werden. **ds** reserviert eine seinem Parameter entsprechende Anzahl von *Speicherzellen*, und diese haben nicht notwendigerweise Adressen, die als Operanden von wortorientierten Befehlen geeignet sind. **ds** kann einen Parameter mit Wert 0 haben und dient dann zur Definition einer optionalen Marke an einer beliebigen Stelle. Bei robuster Codierung von Datenflächen für wortorientierte Befehle sollte **ds** *nicht* benutzt werden. Im *nad* Assembler steht **ds** eigentlich nur zur Definition von Marken zur Verfügung; im Gegensatz zu **equ** ist die Marke bei **ds** optional.

end muß als letzte Anweisung in der Assembler-Quelle stehen und definiert als Parameter die Adresse, bei der die Ausführung des Programms beginnen soll.

list vergrößert (**+**) oder verkleinert (**−**) einen Zähler während der Übersetzung. Wenn der Zähler positiv ist, wird die Übersetzung als Standard-Ausgabe protokolliert. Der Zähler ist zunächst 0, und kann auch beim Aufruf von *nad* beeinflußt werden.

equ ist eine Zuweisung, die während der Übersetzung ausgeführt wird. Der Wert des Parameters wird berechnet und dem Namen zugewiesen.

ds, **dsf** und **equ** haben Parameter, die der Assembler unmittelbar berechnen können muß. In den Parametern können folglich nur Verweise auf Namen vorkommen, die bereits definiert sind.

B.5   Allgemein verfügbare Befehle

In diesem Abschnitt sind diejenigen Maschinenbefehle beschrieben, die auf allen simulierten Maschinen verfügbar sind. Es handelt sich dabei um die Sprungbefehle sowie um einige Befehle, die die Protokollierung der Simulation beeinflussen.

Operation	Parameter	Effekt
b	**adresse**	unbedingter Sprung
bm	**adresse**	Sprung, falls letztes Resultat < 0
bnm	**adresse**	Sprung, falls letztes Resultat $> = 0$
bnp	**adresse**	Sprung, falls letztes Resultat $< = 0$
bnz	**adresse**	Sprung, falls letztes Resultat $!= 0$
bp	**adresse**	Sprung, falls letztes Resultat > 0
bz	**adresse**	Sprung, falls letztes Resultat $== 0$
dump		Speicherauszug ausgeben
flow	$+$ oder $-$	Anzeige von Sprüngen kontrollieren
leave		Programm Halt
nop	**adresse**	kein Sprung
print	**adresse**	Ausgabe (auf Standard-Ausgabe)
read	**adresse**	Eingabe (von Standard-Eingabe)
trace	$+$ oder $-$	Anzeige aller Befehle kontrollieren

Die Sprungbefehle dienen dazu, in einem Assembler-Programm Kontrollstrukturen zu realisieren. Die Parameter der Befehle definieren die Adressen, zu denen jeweils gesprungen wird. Diese Adressen sind im allgemeinen Ausdrücke, die von Marken im Assembler-Programm abhängen. Das Format der Sprungadressen hängt von der jeweiligen Maschine ab; es sind also direkte und indirekte Adressen, oder auch Indexadressen möglich.

read und **print** sind einfache Ein- und Ausgabebefehle für ganze Zahlen. Ihre Parameter sind allgemeine Adressen, wie sie auf der jeweils simulierten Maschine erlaubt sind.

flow und **trace** beeinflussen während der Ausführung des Assembler-Programms jeweils einen Zähler, der ursprünglich 0 ist, und auch beim Aufruf des *nad* Systems geändert werden kann. Wenn der **trace** Zähler positiv ist, wird jeder ausgeführte Befehl protokolliert; wenn der **flow** Zähler positiv ist, wird jeder Sprungbefehl protokolliert, bei dem der Programmzähler nicht einfach inkrementiert wird. Speziell mit dem **flow** Befehl kann mit geringem Aufwand der grobe Ablauf eines Programms verfolgt werden.

B.6   0-Adreß-Maschine

Bei der 0-Adreß-Maschine wirken die arithmetischen Befehle auf einen Stack; es handelt sich um einen *push-down* Automaten. Die Sprungbefehle hängen davon ab, ob das letzte Rechenergebnis, im allgemeinen gerade auf dem Stack, positiv, null oder negativ war.

Zusätzlich zu den Stack-Befehlen gibt es einen **load** Befehl, mit dem ein Wort aus dem Speicher auf den Stack gebracht wird sowie einen **store** Befehl, der diesen Vorgang umkehrt. Diese Befehle erlauben direkte und indirekte Speicheradressen.

Operation	Parameter	Effekt
add		**stack[top-1] = stack[top-1] + stack[top]; pop**
div		**stack[top-1] = stack[top-1] / stack[top]; pop**
load	**adresse**	**push; stack[top] = mem[adresse]**
mul		**stack[top-1] = stack[top-1] ✲ stack[top]; pop**
store	**adresse**	**mem[adresse] = stack[top]; pop**
sub		**stack[top-1] = stack[top-1] - stack[top]; pop**

B.7   1-Adreß-Maschine

Die 1-Adreß-Maschine hat einen Akkumulator, der bei den arithmetischen Befehlen jeweils als linker Operand und für das Resultat benutzt wird. Das Resultat, also der Inhalt des Akkumulators, kontrolliert die Sprungbefehle.

load und **store** Befehle existieren um den Akkumulator aus dem Speicher zu laden, oder im Speicher abzulegen. Als Adressen sind jeweils direkte oder indirekte Adressen erlaubt.

Operation	Parameter	Effekt
add	**adresse**	**acc = acc + mem[adresse]**
div	**adresse**	**acc = acc / mem[adresse]**
load	**adresse**	**acc = mem[adresse]**
mul	**adresse**	**acc = acc ✲ mem[adresse]**
store	**adresse**	**mem[adresse] = acc**
sub	**adresse**	**acc = acc - mem[adresse]**

B.8   2-Adreß-Maschine

Bei der 2-Adreß-Maschine dient die im ersten Parameter angegebene Speicherzelle als linker Operand und Resultat der arithmetischen Befehle. Für die Sprungbefehle wird das Resultat der jeweils letzten Operation aufbewahrt.

Zur Vereinfachung existiert ein **move** Befehl, um den Inhalt einer Speicherzelle zu verlagern.

Als Adressen sind direkte oder indirekte Adressen erlaubt.

Operation	Parameter	Effekt
add	ziel,quelle	mem[ziel] = mem[ziel] + mem[quelle]
div	ziel,quelle	mem[ziel] = mem[ziel] / mem[quelle]
move	ziel,quelle	mem[ziel] = mem[quelle]
mul	ziel,quelle	mem[ziel] = mem[ziel] * mem[quelle]
sub	ziel,quelle	mem[ziel] = mem[ziel] - mem[quelle]

B.9   3-Adreß-Maschine

Bei der 3-Adreß-Maschine werden Resultat und Operanden der arithmetischen Befehle getrennt angegeben. Ähnlich wie bei der 2-Adreß-Maschine wird auch hier das Resultat für die Sprungbefehle aufbewahrt, und es existiert ein **move** Befehl.

Direkte und indirekte Adressen sind erlaubt.

Operation	Parameter	Effekt
add	ziel,a,b	mem[ziel] = mem[a] + mem[b]
div	ziel,a,b	mem[ziel] = mem[a] / mem[b]
move	ziel,quelle	mem[ziel] = mem[quelle]
mul	ziel,a,b	mem[ziel] = mem[a] * mem[b]
sub	ziel,a,b	mem[ziel] = mem[a] - mem[b]

B.10   Registermaschine

Die Registermaschine verfügt über 16 Register, die das Resultat aller arithmetischen Operationen empfangen müssen. Der linke Operand befindet sich in dem Register, in dem später das Resultat abgelegt wird. Der rechte Operand befindet sich bei den sogenannten *RR* Befehlen in einem Register, und bei den *RX* Befehlen in einer Speicherzelle, die durch eine Indexadresse designiert wird.

Bei der Multiplikation belegt das Resultat *zwei* Register: Vorzeichen und höchstsignifikante Bits befinden sich in dem *geradzahligen* Register, das im Befehl als Resultat angegeben ist, die übrigen, weniger signifikanten Bits befinden sich im nachfolgenden, *ungeradzahligen* Register. Der linke Operand wird diesem ungeradzahligen Register entnommen, erscheint also nicht explizit im Befehl.

Bei der Division belegt der linke Operand, also der Dividend, zwei Register, analog zum Resultat einer Multiplikation. Der Rest nach Division wird in dem geradzahligen Register abgelegt, das im Befehl explizit angegeben wurde, der Quotient wird im nachfolgenden, ungeradzahligen Register abgelegt.

Bei dieser Registermaschine handelt es sich um die Simulation einer Teilmenge des Befehlssatzes der Perkin-Elmer 32-Bit und IBM System/360 Systeme. Beim *nad* Assembler können die Namen der Maschinenbefehle im Stil der anderen Maschinen ausgeschrieben, oder auch abgekürzt werden; bei den normalen Assemblern für diese Maschinen sind *nur* die Abkürzungen zulässig. Registeradressen sind Werte zwischen 0 und 15, Speicheradressen sind Indexadressen.

Operation	Parameter	Effekt
a[dd]	reg,adresse	reg = reg + mem[adresse]
a[dd]r	rega,regb	rega = rega + regb
bal	reg,adresse	reg = Folgeadresse; Sprung
br	reg	Sprung zur Adresse in **reg**
d[iv]	reg,adresse	
d[iv]r	rega,regb	
l[oad]	reg,adresse	reg = mem[adresse]
l[oad]r	rega,regb	rega = regb
m[ul]	reg,adresse	
m[ul]r	rega,regb	
s[ub]	reg,adresse	reg = reg - mem[adresse]
s[ub]r	rega,regb	rega = rega - regb
st[ore]	reg,adresse	mem[adresse] = reg

B.11   Adressen

Adressen habe eine bestimmte Form, die den Typ der Adressierung festlegt. Innerhalb dieser Form werden dann Ausdrücke formuliert, die der Assembler bewertet und als Adressen in die Maschinenbefehle einfügt. Der Wert dieser Ausdrücke muß, je nach Maschinenbefehl, die Textposition einer Datenspeicherzelle oder einer Programmspeicherzelle sein, oder es muß sich um einen Zahlenwert handeln, der ein Register festlegt.

Direkte Adressen haben die Form

    ausdruck

wobei der Wert des Ausdrucks die betroffene Textposition ist.

Indirekte Adressen haben die Form

    (ausdruck)

wobei der Wert des Ausdrucks die Textposition ist, bei der die effektive Adresse im Speicher stehen muß. *nad* sorgt *nicht* implizit dafür, daß diese Zelle, die die effektive Adresse enthalten soll, initialisiert wird.

Indexadressen sind nur bei der Registermaschine erlaubt. Die effektive Adresse entsteht dabei immer als Summe des Wertes aus dem Maschinenbefehl und der Inhalte zweier Register; ist eines der Register dabei Register 0, so wird der *Wert* 0 und nicht der *Inhalt* von Register 0 benutzt. Es ist deshalb erlaubt, daß bei einer Indexadresse nicht alle beiden Indexregister explizit angegeben werden. Für die fehlenden Register substituiert *nad* jeweils den Wert 0. Indexadressen haben folglich eine der folgenden Formen:

```
ausdruck
ausdruck(reg)
ausdruck(rega,regb)
```

Zahlenwerte und Platz für Zwischenergebnisse können von *nad* automatisch am Ende des übersetzten Programms angelegt werden; bei den Standard-Assemblern ist dies *nicht* möglich. Auf solche Datenworte verweisen Adressen der folgenden Form:

```
=zahl
=name
```

Für jeden eindeutigen Verweis wird ein entsprechendes Datenwort angelegt; abspeichern in derart angelegte Zahlenwerte sollte man also vermeiden. Die Datenworte für Zwischenergebnisse können nur in dieser Form adressiert werden; ihre Namen müssen zusammen mit allen anderen Namen im Programm eindeutig sein.

B.12   Arithmetische Ausdrücke

Arithmetische Ausdrücke dienen primär zur Formulierung der Adressen, die *nad* in Maschinenbefehle einfügt. Diese Adressen entstehen typischerweise als Werte von Textpositionen, also als Werte von Marken. Zu diesen Textpositionen kann *nad* beispielsweise Abstände oder Längen addieren. Es ist nicht unbedingt sinnvoll, daß Textpositionen multipliziert oder dividiert werden, auch wenn die relevanten arithmetischen Operationen existieren.

Operand	Wert
name	Textposition, also Wert einer Marke
zahl	Zahlenwert (dezimal)
adc	Größe eines Adreßwortes (konstant)
*****	Wert des Programmzählers

Operation	Wert
a+b	Summe
a-b	Differenz
a*b	Produkt
a/b	ganzzahlige Division
a&b	UND-Verknüpfung (Maske)
a!b	ODER-Verknüpfung

Ein Ausdruck kann auch mit einem negativen Vorzeichen beginnen. Das Vorzeichen wirkt jedoch nur auf den ersten Operanden, da alle Ausdrücke von links nach rechts bewertet werden und alle Operatoren gleichberechtigt sind. Klammern definieren den Typ einer Adresse, sie können nicht innerhalb der Ausdrücke verwendet werden um Vorrang einzuführen. Man beachte auch, daß innerhalb eines Ausdrucks keine Zwischenraumzeichen vorkommen können, da diese die Felder eines Maschinenbefehls trennen.

Anhang C: Details zum "tec" Prozessor

C.1 Übersicht

Mit *tec* können binäre Bäume erzeugt und traversiert werden. Bei der Traversierung kann Information aus dem betrachteten Knoten ausgegeben werden; zusätzlich kann konstanter Text eingefügt werden. Ein eingebauter Zähler kann inkrementiert, dekrementiert, und ausgegeben werden. Mit einem zweiten eingebauten Zähler können eindeutige Werte konstruiert, als Stack verwaltet und ausgegeben werden.

Das System ist damit vor allem in der Lage, aus binären Bäumen, die mathematische Formeln darstellen, Assembler-Code zu erzeugen. Code für Kontrollstrukturen kann ebenfalls generiert werden. Die Code-Generierung ist allerdings noch recht primitiv, hauptsächlich deshalb, weil keine bedingten Anweisungen in *tec* vorhanden sind.

tec operiert in zwei Phasen: zuerst werden die Regeln zur Traversierung eines Baumes eingegeben, anschließend können Bäume eingegeben werden und die Traversierung wird jeweils ausgeführt. Die Regeln stehen in einer Datei, die *tec* als Argument übergeben wird, die Bäume werden dann als Standard-Eingabe eingegeben und die Resultate der Traversierung erscheinen als Standard-Ausgabe. Die Syntax für die Eingabe der Bäume ist relativ ähnlich zur typischen Syntax mathematischer Formeln, allerdings ohne Vorrangregeln. Damit soll erreicht werden, daß *tec* möglichst leicht zur Code-Generierung für mathematische Formeln eingesetzt werden kann.

tec ist ein Spezialfall des *tec/c* Systems [Fri], das unter UNIX in C mit dem *yacc* Compiler-Generator entwickelt wurde. Das System wurde bisher auf Perkin-Elmer 32-Bit und Digital Equipment VAX UNIX Systemen erprobt.

C.2 Sprachdefinitionen

Insgesamt akzeptiert *tec* folgende Grammatik:

```
input:  rule { rule } eof { binary-tree }

rule:   define identifier { case-select case-entry }

case-select:
        test test
        | default

case-entry:
        { action }
        | like identifier case-select

test:   tree | leaf | num | nil
```

```
action: identifier | number  | string
        | ( | ) | \t | \n
        | info | left | right
        | get | free | ref
        | getu | freeu | refu

binary-tree:
        [ twig ] [ operator [ twig ] ]

twig:   identifier | number | string
        | \t | \n
        | ( [ twig ] operator [ twig ] )
```

Die Beschreibung der Grammatik folgt den üblichen Regeln, das heißt, | trennt Alternativen, [ ] umgeben optionale Teile, { } umgeben optionale Teile, die auch vielfach angegeben werden können, und eine leere Zeile beendet jeweils eine Regel. Reservierte Worte sind **in Fettdruck zitiert** wie hier.

C.2.1   Allgemeine Regeln

Worte werden im allgemeinen durch Zwischenraum, also durch Leerzeichen, Tabulatorzeichen und Zeilentrenner getrennt. Kommentare beginnen mit /✱, enden mit ✱/, und sind äquivalent zu Zwischenraum. *tec* benutzt den C Preprozessor, siehe Anhang E.

Bäume werden als Standard-Eingabe zeilenweise angegeben. Dazwischen werden Zeilen, die mit # beginnen, unverändert ausgegeben; ebenso wird der Rest von Zeilen, die mit % beginnen, direkt ausgegeben. Von diesen Ausnahmen abgesehen sind Zeilentrenner ebenfalls äquivalent zu Zwischenraum.

Das Symbol **eof** in der Grammatik soll andeuten, daß die Regeln zur Traversierung der Bäume in einer anderen Datei stehen als die Bäume selbst.

Eine 'number' ist eine beliebig lange Kette von Ziffern; *tec* berechnet diese numerischen Werte nicht explizit.

Ein 'identifier' ist eine beliebig lange Kette von Buchstaben oder Ziffern, die mit einem Buchstaben beginnt, oder ist eine beliebig lange Kette von Sonderzeichen. Als Buchstaben gelten auch _, $, @ und #, um die Generierung von Assembler-Code zu erleichtern. Als Sonderzeichen gelten alle Zeichen außer Zwischenraum, Buchstaben, Ziffern, runden und geschweiften Klammern, String-Begrenzern und \.

Runde Klammern ( ) sind spezielle Worte. Damit wird die Eingabe mathematischer Formeln wesentlich plausibler.

Ein 'string' folgt den Regeln von C und besteht folglich aus beliebigem Text begrenzt von ".

C.2.2   Regeln zur Traversierung

Eine Regel zur Traversierung hat folgende Syntax:

> rule: **define** identifier { case-select case-entry }

Jede 'rule' erklärt einen 'identifier' als möglichen Operator, also als Wurzel eines Baumes. Falls während der Eingabe von Formeln dieser Operator entdeckt wird, so definiert die zugehörige 'rule' die Aktionen, die dann stattfinden.

Ein 'case-select' definiert jeweils eine bestimmte Anordnung von Unterbäumen. Der zugehörige 'case-entry' gibt an, welche Aktionen erfolgen sollen, wenn diese Anordnung in einem Baum traversiert werden soll. Die **like** Klauseln können zur Vereinfachung ausgenutzt werden. Sie kopieren den entsprechenden, früher definierten Teil der Regeln zur Traversierung.

> case-select:
>> test test
>> | **default**

> case-entry:
>> { action }
>> | **like** identifier case-select

Ein 'test' analysiert je nach Position den linken oder rechten Unterbaum; **default** wird gewählt, wenn keine geeignete Anordnung explizit angegeben ist.

> test: **tree** | **leaf** | **num** | **nil**

Folgende Angaben zu 'test' sind möglich:

nil

Der Unterbaum ist leer.

num

Der Unterbaum besteht aus einer 'number'.

leaf

Der Unterbaum besteht nur aus einer Wurzel, die selbst kein Operator ist. Typischerweise ist der Unterbaum dann ein 'identifier' oder 'string'.

tree

Der Unterbaum hat einen Operator als Wurzel, und hat selbst möglicherweise auch Unterbäume.

Für jede 'rule' sind 16 verschiedene 'test' Paare möglich, aber nicht zwingend verlangt. Falls **default** nicht definiert wird, darf bei einer Traversierung jedoch keine Situation auftreten, für die keine relevante 'test' Kombination definiert wurde.

'action' ist jeweils eine Aktion, die ausgeführt wird, wenn eine entsprechende Konfiguration in einem Baum traversiert wird. Meist wird dabei Text ausgegeben, der auch speziell Tabulatorzeichen (repräsentiert als **\t**) und Zeilentrenner (repräsentiert als **\n**) sowie Klammern enthalten kann.

```
action: identifier | number  | string
      | ( | ) | \t | \n
      | info | left | right
      | get | free | ref
      | getu | freeu | refu
```

Die Information in der aktuellen Wurzel (**info**), oder im links (**left**) und rechts (**right**) folgenden Blatt kann ausgegeben werden. Folgen Unterbäume, so können diese rekursiv ebenfalls traversiert werden (**left** und **right**).

Ein globaler Zähler kann inkrementiert (**get**), dekrementiert (**free**), und ausgegeben werden (**ref**). Damit sind verschiedene primitive Stack-Techniken zur Verwaltung von Hilfszellen im generierten Code möglich.

Ein zweiter globaler Zähler kann einen neuen, eindeutigen Wert erhalten (**getu**), sein vorhergehender Wert kann wiederhergestellt werden (**freeu**), und der momentane Wert kann ausgegeben werden (**refu**). Damit sind primitive Techniken zur Generierung von eindeutigen Marken im generierten Code möglich.

C.2.3 Bäume

Bäume werden zeilenweise als Standard-Eingabe angegeben:

```
binary-tree:
      [ twig ] [ operator [ twig ] ]

twig:   identifier | number | string
      | \t | \n
      | ( [ twig ] operator [ twig ] )
```

Die Grammatikregel 'binary-tree' definiert einen Baum, der intern konstruiert und dann sofort traversiert wird. Wie früher erklärt wurde, ist 'operator' ein 'identifier', für den eine 'rule' existiert.

Innerhalb dieser Grammatik sind Prefix- und Postfix-Operatoren möglich. Es ist allerdings nicht erlaubt, Operanden allein oder direkt in Klammern anzugeben sowie eine Kette von Operatoren zu verwenden. Vorrang muß durch Klammern ausgedrückt werden.

C.3   Aufruf des "tec" Systems

Normalerweise wird man die Regeln zur Traversierung in eine Datei **rulefile** und die zu bearbeitenden Bäume in eine Datei **treefile** eintragen. Die Verarbeitung erfolgt dann mit folgendem Aufruf:

```
tec rulefile < treefile
```

Für eine Reihe von Anwendungen sind Regeln zur Traversierung bereits vordefiniert. In allen Fällen sind Addition, Subtraktion, Multiplikation und Division von numerischen Werten und Variablennamen realisiert. Folgende Aufrufe sind möglich:

```
tec –0 < treefile        0-Adreß-Maschine
tec –1 < treefile        1-Adreß-Maschine
tec –2 < treefile        2-Adreß-Maschine
tec –3 < treefile        3-Adreß-Maschine
tec –p < treefile        Generierung von Postfix
```

C.4   Beispiele

Als erstes Beispiel betrachten wir einen Ausschnitt aus den Regeln zur Generierung von Postfix, und zwar die Definition des − Operators zur Subtraktion.

```
/*
 *       Postfix Generierung
 */


define -
        nil num                      /* Prefix - */
                right \t minus \n

        nil leaf like - nil num
        nil tree like - nil num

        num num                      /* Infix - */
                left \t right \t info \n

        num leaf like - num num
        num tree like - num num
        leaf num like - num num
        leaf leaf like - num num
        leaf tree like - num num
        tree num like - num num
        tree leaf like - num num
        tree tree like - num num
```

Das zweite Beispiel zeigt eine wesentlich anspruchsvollere Verwendung von *tec*, nämlich einen Ausschnitt aus einem Code-Generator, der Kontrollstrukturen und C-ähnliche Operatoren für eine 1-Adreß-Maschine implementiert.

```
/*
 *      ( test ? ( (.) : (.) ) )
 */


define  ?       tree tree


                getu                    /* eindeutige Marken */
                left                    /* test              */
Ok refu         right                   /* Aktionen          */
                freeu                   /* Marken freigeben   */


define  :       tree tree


                left                    /* then              */
        \t      b       \t Fi refu \n   /* an else vorbei    */
No refu         right                   /* else              */
Fi refu \t      ds      \t 0 \n         /* Sprungziel        */


/*
 *      ( (.) while test )
 */


define  while   tree tree


                getu                    /* eindeutige Marken */
        \t      b       \t Wh refu \n   /* zuerst zu test    */
Ok refu         left                    /* Aktionen          */
Wh refu         right                   /* test              */
No refu \t      ds      \t 0 \n         /* test falsch       */
                freeu                   /* Marken freigeben   */


/*
 *      test `a != b'    (. nz .)
 *           `a >  b'    (. p  .)
 */


define  nz      leaf leaf


        \t      load    \t left \n      /* Differenz bilden  */
        \t      sub     \t right \n
        \t      b info  \t Ok refu \n   /* test wahr         */
        \t      b       \t No refu \n   /* test falsch       */
```

```
define  p        leaf leaf like nz leaf leaf

define  -=       leaf leaf

        \t       load    \t left \n        /* Differenz bilden  */
        \t       sub     \t right \n
        \t       store   \t left \n        /* links zuweisen    */
```

Das Beispiel illustriert auch, welche Grenzen der Qualität des generierten Codes gesetzt sind, da in *tec* selbst keine Variablen zur Verfügung stehen. Dazu betrachten wir, wie Code für Euklid's Algorithmus generiert wird:

Eingabe:

```
((x p y) ? ((x -= y) : (y -= x))) while (x nz y)
```

Ausgabe:

```
        b       Wh1
Ok1     load    x
        sub     y
        bp      Ok2
        b       No2
Ok2     load    x
        sub     y
        store   x
        b       Fi2
No2     load    y
        sub     x
        store   y
Fi2     ds      0
Wh1     load    x
        sub     y
        bnz     Ok1
        b       No1
No1     ds      0
```

Der Code-Generator generiert offensichtlich Maschinenbefehle um manche Werte zweimal zu berechnen. Ein guter Assembler-Programmierer könnte außerdem einige Sprungbefehle vermeiden. *tec* ist allerdings ein sehr kleines Programm; ein in *tec/c* formulierter Code-Generator für eine Sprache wie C ist wesentlich komplizierter und generiert dann auch besseren Code.

Anhang D: Details zum "m4" Prozessor

D.1 Übersicht

m4 ist ein allgemeiner Makroprozessor [Ker77a], der in der Version 7 des UNIX Systems zur Verfügung steht. *m4* ist primär zur Verwendung im Zusammenhang mit einer höheren Programmiersprache gedacht, setzt jedoch keine spezifische Form oder Sprache als Eingabe voraus.

m4 ist ein Filter, kopiert also seine Standard-Eingabe oder seine Argumentdateien in die Standard-Ausgabe. Die Ausgabe kann dabei auch unterdrückt oder temporär gespeichert werden.

Die Eingabe wird in Worte zerlegt. Manche Worte, die *Makronamen*, haben für *m4* eine besondere Bedeutung. Wird ein Makroname erkannt, so wird er zusammen mit eventuellen Argumenten ersetzt. Der Ersatz erfolgt in der Eingabe, der Ersatztext wird also weiter auf Makronamen untersucht.

Zunächst sind 21 Makronamen in *m4* definiert. Darunter befindet sich der **define** Makro, mit dem neue Makros eingeführt werden. Alle Makros können beliebig oft neu definiert oder gelöscht werden. Makros spielen damit auch die Rolle von Variablen in höheren Programmiersprachen.

D.2 Strings, Makros und Argumente

Die Eingabe für *m4* besteht aus einer Folge von Strings und Worten. Strings werden durch ihre Werte ersetzt. Worte werden im allgemeinen kopiert. Für Worte, die Makronamen sind, wird eine Argumentliste konstruiert; anschließend wird der Makroaufruf bewertet, und der Ersatztext dient nochmals als Eingabe.

Ein String besteht aus einer Folge von Strings und Worten, umgeben von speziellen String-Klammern, normalerweise ` und ´. Der Wert des Strings ist sein Text ohne die umgebenden String-Klammern. Dies bedeutet speziell, daß *m4* jeweils das äußerste Paar von String-Klammern aus der Eingabe entfernt.

Worte sind prinzipiell beliebige Zeichenketten. Signifikant als Makronamen sind dabei nur die längsten Ketten, die jeweils mit einem Buchstaben beginnen und aus Buchstaben und Ziffern bestehen. Zu den Buchstaben gehört auch der Unterstrich _.

Makros können, unabhängig von ihrer Definition, mit und ohne Argumentliste aufgerufen werden. Eine Argumentliste ist umgeben von Klammern ( ) und muß dem Makronamen unmittelbar folgen. Existiert keine Argumentliste, so erfolgt der Aufruf mit leeren Strings als Argumenten.

Eine Argumentliste enthält Argumente, die durch Komma getrennt sind. Zwischenraum, also Leerzeichen, Tabulatorzeichen sowie Zeilentrenner *vor* einem Argument werden ignoriert. Der Wert des Arguments besteht dann aus einer Folge von Worten und Strings bis hin zum ersten Komma oder zur ersten rechten Klammer; dabei können Komma und Klammern entsprechend verschachtelt werden. Worte und Strings in Argumenten werden wie üblich bearbeitet, das heißt, in den Worten werden Makroaufrufe ersetzt, und die äußersten String-Klammern werden entfernt. Argumente können folglich durchaus leere Strings und einzelne Klammern oder Komma als Werte erhalten.

Beim Aufruf eines Makros werden innerhalb der Makrodefinition die Worte **$1** bis **$9** durch die entsprechenden Argumentwerte aus dem Makroaufruf oder durch leere Strings, und das Wort **$0** durch den Namen des aufgerufenen Makros ersetzt.

D.3 Makrodefinitionen

Makros werden mit dem **define** Makro vereinbart. **define** hat zwei Argumente: den Namen des Makros und den Ersatztext. **define** selbst hat keinen Ersatztext. Die Argumente für **define** werden normalerweise als Strings angegeben, um zu verhindern, daß sie bereits während der Definition des Makros bewertet werden. Die Verwendung von String-Klammern ist insbesondere dann unumgänglich, wenn ein Makro ersetzt werden soll, wenn also der Makroname schon existiert, oder wenn der Ersatztext Verweise auf Argumente enthalten soll.

Mit dem **undefine** Makro kann ein Makro gelöscht werden. **undefine** hat als Argument den Makronamen, der gelöscht werden soll. Dieser Name muß natürlich unbedingt als String angegeben werden. **undefine** hat keinen Ersatztext.

Vordefinierte Makros wie **define** oder **undefine** können sowohl ersetzt als auch gelöscht werden. In jedem Fall geht dadurch ihre ursprüngliche Bedeutung unwiderruflich verloren.

D.4 Bedingungen

Es gibt zwei vordefinierte Makros, mit denen Ersatztexte in Abhängigkeit von Bedingungen ausgewählt werden können. Zusätzlich können Makroaufrufe rekursiv erfolgen. Prinzipiell kann man damit für Makros in den Ersatztexten die üblichen Kontrollstrukturen nachbilden.

Mit dem **ifdef** Makro kann man feststellen, ob ein bestimmter Makroname existiert. **ifdef** hat drei Argumente: einen Makronamen (als String!), und zwei Texte. Der Ersatztext von **ifdef** ist der erste oder zweite dieser Texte, je nachdem ob der angegebene Makroname definiert ist oder nicht. Ein Makro **unix** ist in UNIX Implementierungen von *m4* vordefiniert.

Mit dem **ifelse** Makro kann man untersuchen, ob zwei Texte gleich sind. **ifelse** hat vier oder mehr Argumente: wenn die ersten zwei gleich sind, ist der Ersatztext von **ifelse** der Wert des dritten Arguments. Andernfalls wird das Verfahren mit den nachfolgenden Argumenten wiederholt, bis entweder ein Ersatztext feststeht, oder bis nur noch höchstens ein Argument verbleibt, der dann zum Ersatztext wird. Typisch ist folgende Verwendung von **ifelse**:

```
define( compare,
        `ifelse($1,$2,gleich,ungleich)')
```

Man beachte dabei, daß die String-Klammern zwingend nötig sind.

D.5   Arithmetische Operationen

Texte können als ganze Zahlen interpretiert und mit den in C üblichen Operatoren manipuliert werden. Der **eval** Makro hat als Ersatztext den Wert der Formel, die als Argument angegeben wurde. Folgende Operatoren, mit absteigendem Vorrang, sind verfügbar:

( )	Klammern
+ −	Vorzeichen
*** *** oder **∧**	Potenz
***** / %	Multiplikation, Division, Rest
+ −	Addition, Subtraktion
== != < <= > >=	Vergleiche
!	Negation
& oder **&&**	UND-Verknüpfung
I oder **I I**	ODER-Verknüpfung

Die logischen Werte sind dabei **0** für *false* und **1** (oder **!= 0**) für *true*.

Zur Vereinfachung gibt es den vordefinierten **incr** Makro, der gerade **1** zu seinem numerischen Argument addiert. Mit Hilfe von **eval** könnte **incr** folgendermaßen definiert werden:

```
define(`incr',
        `eval($1+1)')
```

Man beachte, daß diese Definition eine Formel als Argument zuläßt und damit allgemeiner ist als die ursprüngliche Leistung von **incr**.

D.6   String-Operationen

Der Makro **len** liefert die Länge seines Arguments. Der Makro **index** liefert **−1** oder die Position (**>= 0**) bei der beginnend sein zweites Argument im ersten Argument vorkommt. Der Makro **substr** liefert den Teil seines ersten Arguments, der bei der Position (**>= 0**) beginnt, die sein zweites Argument angibt. Falls ein drittes Argument angegeben ist, limitiert es die Länge des Ersatztextes; andernfalls ist der Ersatztext der Rest des ersten Arguments.

Mit dem **translit** Makro kann man einzelne Zeichen in einem Text ersetzen oder löschen. Der Makro **translit** hat drei Argumente. Sein Ersatztext ist das erste Argument, nachdem alle Zeichen, die im zweiten Argument vorkommen, durch die Zeichen in gleicher Position im dritten Argument ersetzt wurden. Ist das dritte Argument kürzer als das zweite, so werden die entsprechenden Zeichen gelöscht. Der folgende Makro berechnet beispielsweise die Anzahl Vokale in seinem Argument:

```
define( vokale,
        `eval(len($1)-len(translit($1,aeiouAEIOU)))')
```

D.7 Dateioperationen

Der Makro **include** hat als Argument den Namen einer existenten Datei. Sein Ersatztext ist der Inhalt dieser Datei, der folglich der üblichen Bearbeitung unterworfen wird. Falls die angegebene Datei nicht existiert, wird die Ausführung von *m4* abgebrochen. Der Makro **sinclude** (*silent include*) funktioniert normalerweise wie **include**, liefert jedoch einen leeren String, falls die angegebene Datei nicht existiert.

m4 unterhält zehn temporäre Ausgabedateien (*diversions*). Normalerweise wird die gesamte erzeugte Ausgabe an das Ende der Ausgabedatei 0 angefügt. Zum Schluß werden die Ausgabedateien in der Reihenfolge von 0 bis 9 als Standard-Ausgabe ausgegeben. Mit **divert** kann die aktuelle Ausgabedatei gewählt werden, mit **undivert** können die Ausgabedateien vorzeitig in die Standard-Ausgabe kopiert werden.

Der Makro **divert** hat ein Argument, der angibt, an welche Ausgabedatei die erzeugte Ausgabe ab jetzt angefügt werden soll. **divert** hat keinen Ersatztext. Ist das Argument ein leerer String, wird wieder an die Ausgabedatei 0 angefügt. Liegt der Wert des Arguments nicht im Bereich 0 bis 9, wird keine Ausgabe erzeugt; auf diese Weise kann man unerwünschte Ausgabe unterdrücken.

Mit dem Makro **undivert** kann man Ausgabedateien vorzeitig als Standard-Ausgabe ausgeben. Wird **undivert** ohne Argument benutzt, so werden die Ausgabedateien in der Reihenfolge von 0 bis 9 ausgegeben, andernfalls selektieren die Argumente die entsprechenden Ausgabedateien und ihre Reihenfolge. **undivert** hat *keinen* Ersatztext; das Material in einer Ausgabedatei wird *nicht* nochmals bearbeitet, und es steht nach einem **undivert** Vorgang nicht mehr zur Verfügung.

D.8 Zusammenfassung

Im folgenden werden alle vordefinierten Makros nochmals kurz erklärt. Falls hier nichts angegeben ist, haben die vordefinierten Makros keinen Ersatztext. Die Angaben in Klammern verweisen jeweils auf den Abschnitt, in dem ein Makro hier eingeführt wurde.

changequote

$1 und **$2** ersetzen die String-Klammern. Sind keine Argumente angegeben, so werden die vordefinierten String-Klammern ` und ' wiederhergestellt.

define [D.3]

$2 wird als Ersatztext für **$1** vereinbart.

divert [D.7]

0 oder **$1** ist die neue Ausgabedatei. Falls **$1** nicht im Bereich **0** bis **9** liegt, wird keine Ausgabe erzeugt.

divnum

Liefert die Nummer der momentanen Ausgabedatei.

dnl

Ignoriert Eingabe bis zum nächsten Zeilenende.

dumpdef

Gibt als Diagnose-Ausgabe die Definitionen seiner Argumente oder alle Definitionen aus.

errprint

Gibt seine Argumente als Diagnose-Ausgabe aus.

eval [D.5]

Bewertet die Formel **$1** und liefert ihren numerischen Wert.

ifdef [D.4]

Liefert **$2** falls ein Makro **$1** definiert ist, und **$3** sonst.

ifelse [D.4]

Liefert **$3** falls **$1** und **$2** gleich sind. Der Vergleich wird mit den nachfolgenden Argumenten wiederholt bis ein Ersatztext feststeht, oder bis maximal ein Argument übrig ist, das dann geliefert wird.

include [D.7]

Liefert den Inhalt der Datei **$1**.

incr [D.5]

Liefert **$1 + 1**; **$1** muß dabei ein Zahlenwert sein.

index [D.6]

Liefert **−1** oder die Position (**> = 0**), bei der **$2** in **$1** beginnt.

len [D.6]

Liefert die Länge von **$1**.

maketemp

Liefert **$1**, wobei **XXXXX** durch den (eindeutigen) Namen des *m4* Prozesses ersetzt wird. Dies dient dazu, eindeutige Dateinamen zu konstruieren.

sinclude [D.7]

Liefert den Inhalt der Datei **$1**, oder einen leeren String, falls die Datei nicht existiert.

substr [D.6]

Liefert bis zu **$3** Zeichen, oder den Rest, von **$1** ab Position **$2** (> = **0**).

syscmd

Führt **$1** als Shell Kommando aus. Typischerweise wird die Ausgabe des Kommandos dann mit **include** durch *m4* weiter verarbeitet.

translit [D.6]

Liefert **$1**, wobei jedes Zeichen in **$2** durch das Zeichen in gleicher Position in **$3** ersetzt oder gelöscht wird.

undefine [D.3]

Löscht den Makro **$1**.

undivert [D.7]

Gibt alle oder die angegebenen Ausgabedateien als Standard-Ausgabe aus, und löscht sie.

unix [D.4]

Definiert in UNIX Implementierungen von *m4*. Dieser Makro sollte nicht gelöscht werden!

Anhang E: C Sprachbeschreibung

Dieser Anhang enthält eine mehr oder weniger formale Definition der Programmiersprache C. Sie stützt sich natürlich auf die ursprüngliche Beschreibung von Dennis Ritchie, die jeweils Teil der UNIX Unterlagen ist. Im Anschluß an jeden Abschnitt und in einer Tabelle im Abschnitt E.11 sind Verweise auf die deutsche Übersetzung von Ritchie's 'The C Programming Language – Reference Manual' im Anhang A zu [Ker78a] angegeben um ein Nachschlagen zu erleichtern.

Dieser Anhang enthält keine Beispiele. Im Abschnitt E.11 befinden sich Tabellen, die diesen Anhang mit den Beispielen in den Kapiteln 4 bis 7 verknüpfen.

Die Syntaxbeschreibung erfolgt im gleichen Stil wie im Anhang C, das heißt, I trennt Alternativen, [ ] umgeben optionale Teile, { } umgeben optionale Teile, die auch vielfach angegeben werden können, und eine leere Zeile beendet jeweils eine Regel. Reservierte Worte sind **in Fettdruck zitiert** wie hier.

Die Beschreibung der Grammatik beruht auf einer mit *yacc* überprüften Grammatik, die ursprünglich für die deutsche Übersetzung von [Ker78a] entwickelt wurde.

E.1 Quellformat

E.1.1 Zeilen, Worte und Kommentare

C ist nicht zeilenorientiert. Leerzeichen, Tabulatorzeichen und Zeilentrenner – insgesamt als *Zwischenraum* bezeichnet – werden ignoriert, wenn sie nicht innerhalb von Konstanten vorkommen. Zwischenraum ist nötig zur Trennung von reservierten Worten, Namen und (numerischen) Konstanten. Zwischenraum kann nicht innerhalb von reservierten Worten, Namen oder Konstanten auftreten; in Zeichenketten- oder Zeichenkonstanten ist Zwischenraum signifikant.

Kommentare sind äquivalent zu Zwischenraum. Ein Kommentar beginnt mit der Zeichenfolge /*, enthält beliebig viele beliebige Zeichen, und endet mit dem ersten Auftreten der Zeichenfolge */. Kommentare können nicht verschachtelt werden. [2, 2.1]

E.1.2 Reservierte Worte

Die folgenden Worte sind reserviert:

auto	**break**	**case**	**char**	**continue**
default	**do**	**double**	**else**	**entry**
enum	**extern**	**float**	**for**	**goto**
if	**int**	**long**	**register**	**return**
short	**sizeof**	**static**	**struct**	**switch**
typedef	**union**	**unsigned**	**void**	**while**

entry hat keine besondere Bedeutung, wurde aber für spätere Entwicklungen reserviert. Manche Implementierungen reservieren noch andere Worte, zum Beispiel **asm** oder **fortran**. [2.3]

E.1.3 Namen

Ein Name wird vom Benutzer eingeführt, muß mit einem Buchstaben beginnen, und besteht aus einer beliebig langen Folge von Buchstaben und Ziffern. Groß- und Kleinbuchstaben werden unterschieden (siehe aber E.9.2). Der Unterstrich _ zählt als Buchstabe – nach Konvention *beginnen* jedoch viele in Büchereien intern verwendete Namen mit Unterstrich.

Es gibt zwei Klassen von Namen, die gegeneinander nach Kontext unterschieden werden. In der einen Klasse befinden sich die Namen von Strukturen, Varianten und deren Komponenten und Alternativen (E.5.3 bis E.5.5), in der anderen Klasse befinden sich alle anderen Namen.

Innerhalb ihrer Klasse und ihres Geltungsbereichs (E.8.6) müssen Namen eindeutig sein. Zur Unterscheidung von Namen dienen wenigstens die ersten acht Zeichen (siehe aber E.9.2). [2.2, 8.5, 11]

E.2 Preprozessor

Quelldateien werden zuerst vom *Preprozessor*, einem Makroprozessor, bearbeitet. Beginnt eine Zeile mit **#**, so dient sie zur Kommunikation mit dem Preprozessor, kann an beliebiger Stelle in der Quelldatei vorkommen, und muß folgender Syntax genügen:

```
# define   name   ersatztext
# define   name(name , ... , name)   ersatztext
# undef    name
# include  "dateiname"
# include  <dateiname>
# if       ausdruck
# ifdef    name
# ifndef   name
# else
# endif
# line     zeile   dateiname
```

Der Effekt dieser Zeilen hält jeweils bis zum Ende der Quelldatei an, unabhängig von anderen Überlegungen zum Geltungsbereich von Namen oder zur Syntax der Sprache C. [12]

E.2.1 Textersatz

define dient zur Einführung eines Makros zum Textersatz, **undef** löscht einen Makro. Makronamen folgen der Syntax von Namen (E.1.3), werden aber vollständig vom Preprozessor kontrolliert.

Definiert man einen Makro ohne Parameter

```
# define    name    ersatztext
```

so wird im Rest der Quelldatei jeweils **ersatztext**, also der Rest der definierenden Zeile, für **name** eingefügt.

Bei einem Makro mit Parametern

```
# define    name(name , ... , name)    ersatztext
```

muß die Parameterliste, also eine Liste von im Makro eindeutigen, durch Kommas getrennten Namen, die in runde Klammern eingeschlossen ist, dem Makronamen in der Definition unmittelbar folgen. Argumente sind Folgen von Worten, die innerhalb von Klammern, Zeichenketten- und Zeichenkonstanten auch Kommas enthalten können. Argumente werden positionell als Text übergeben, und müssen in der Anzahl mit den Parametern übereinstimmen. Für einen Parameternamen wird dann beim Makroaufruf im **ersatztext** das Textargument eingefügt – dabei wird der Parametername auch in einer Zeichenketten- oder Zeichenkonstanten erkannt.

Makroaufrufe erfolgen nicht in einer Zeichenketten- oder Zeichenkonstanten, innerhalb von einem längeren Namen, oder in einem Makroargument. Der **ersatztext** wird in die Eingabe zurückgestellt, also weiter auf Makroaufrufe untersucht.

Die Definition eines Makros kann mehrere Zeilen umfassen. In der Quelldatei wird dazu ein Zeilentrenner am Schluß der **define** Preprozessor-Zeile ignoriert, wenn ihm ein *Fluchtsymbol* \ unmittelbar vorausgeht.

```
# undef    name
```

dient dazu, die Definition des Makros **name** zu löschen. Anschließend findet für **name** kein Textersatz mehr statt. [12.1]

E.2.2 Einfügen von Dateien

Für eine Preprozessor-Zeile

```
# include   "dateiname"
# include   <dateiname>
```

wird der Text aus **dateiname** in die Eingabe eingestellt. Anschließend finden die normalen Preprozessor-Operationen statt.

Ist **dateiname** in Doppel-Anführungszeichen eingeschlossen, wird die Datei zuerst im gleichen Katalog wie die ursprüngliche Quelldatei gesucht. Anschließend wird bei beiden Versionen der **include** Preprozessor-Zeile noch an bestimmten anderen Stellen in der Dateihierarchie gesucht.

include Preprozessor-Zeilen werden auch bearbeitet, während eine Einfügung schon im Gang ist. [12.2]

E.2.3 Bedingte Übersetzung

Der Preprozessor kann Zeilen ausdrücklich zur Übersetzung zulassen, oder sie ausschließen. Eine entsprechende Konstruktion beginnt mit einer der folgenden Zeilen:

```
# if       ausdruck
# ifdef     name
# ifndef    name
```

Die Auswahlbedingung gilt als erfüllt, wenn **ausdruck** einen von Null verschiedenen Wert besitzt, oder **name** als Name eines Makros zur Zeit definiert (**ifdef**) beziehungsweise gerade nicht definiert (**ifndef**) ist. **ausdruck** muß ein konstanter Ausdruck (E.6.8) sein, der allerdings nur aus Werten bestehen kann, die dem Preprozessor bekannt sind.

Die nachfolgenden Zeilen werden genau dann zur Übersetzung zugelassen, wenn die Auswahlbedingung erfüllt ist. Die Bedingung wird durch eine Zeile der Form

```
# else
```

umgekehrt. Die Auswahl endet mit einer Zeile der Form

```
# endif
```

Innerhalb einer Auswahl kann eine **else** Preprozessor-Zeile nur einmal verwendet werden. Die Konstruktion kann verschachtelt werden. [12.3]

E.2.4 Zeilennumerierung

Damit sich die Fehlermeldungen des C Systems auch auf die ursprünglichen Zeilen eines Programms beziehen können, das zum Beispiel vom *yacc* Compiler-Generator erzeugt wurde, kann mit

```
# line     zeile   dateiname
```

für Fehlermeldungen **zeile** als Nummer der 'aktuellen' Zeile sowie **dateiname** als Name der 'aktuellen' Datei explizit vereinbart werden. Ist **dateiname** nicht angegeben, wird der vorher bekannte oder vereinbarte Name weiterverwendet.

Manche Versionen des C Preprozessors definieren die aktuellen Werte implizit als Ersatztexte der Makros **__LINE__** und **__FILE__**, um sie für Makros wie **assert** zur Verfügung zu stellen. [12.4]

E.3   Skalare Datentypen und Konstanten

C verfügt über die skalaren Datentypen, für die auf vielen Rechnern eine ´natürliche´ Repräsentierung existiert. Hinzu kommen Aufzählungen als problemorientierte Daten, der Typ **void** für die Resultatwerte von Prozeduren – eben für keine Werte – und Zeiger auf beliebige Objekte, insbesondere auch auf Funktionen.

Im vorliegenden Abschnitt werden die allgemeinen Eigenschaften der skalaren Datentypen erklärt; Umwandlungen sind im Abschnitt E.4 beschrieben, und Vereinbarungen von Objekten der einzelnen Datentypen erscheinen im Abschnitt E.8. Die Unterschiede bei verschiedenen Implementierungen finden sich im Abschnitt E.9.

E.3.1   Ganzzahlige Werte – ″int″, ″short″ und ″long″

```
typname:
        integer

integer:
        [ groesse ] int
        | groesse

groesse:
        short
        | long
```

int ist die auf dem jeweiligen Rechner ´natürliche´ Repräsentierung für ganzzahlige Werte. Enthält eine Vereinbarung keinen expliziten Typ, oder wird ein Objekt implizit vereinbart, so wird immer **int** als Typ angenommen.

Für besondere Anwendungen gibt es Variationen, nämlich **short int** mit möglicherweise kleinerem und **long int** mit möglicherweise größerem Wertebereich. Sicher ist in dieser Hinsicht nur, daß **long** nicht *weniger* Werte repräsentiert als **short** – es steht der Implementierung frei, ob und wie die Variationen repräsentiert werden.

Zusammen mit **char** Werten (E.3.3) bezeichnen wir die ganzzahligen Werte auch als Integer-Werte.

Ziffernfolgen sind Konstanten des Typs **int**. Sie werden normalerweise dezimal interpretiert. Beginnt die Ziffernfolge mit der Ziffer **0**, so wird der Wert oktal, also in Basis 8, interpretiert, wobei allerdings die Ziffern **8** und **9** mit den oktalen Werten **010** und **011** ebenfalls akzeptiert werden. Beginnt die Ziffernfolge mit **0X** oder **0x** (Ziffer **0** und Groß- oder Kleinbuchstabe **X**), so wird der Wert hexadezimal, also in Basis 16, interpretiert. In diesem Fall gelten die Groß- und Kleinbuchstaben **A** bis **F** als ´Ziffern´ mit den Werten zehn bis fünfzehn.

Diese Konstanten haben implizit den Typ **int**. Folgt der Ziffernfolge (in beliebiger Basis) unmittelbar der Groß- oder Kleinbuchstabe **L**, oder ist der Wert nicht mehr im Bereich, der als **int** repräsentiert werden kann, so besitzt die Konstante den Typ

long. In Anbetracht der ′üblichen arithmetischen Umwandlungsregeln′ (E.4) ist dieser Umstand primär bei Parameterübergabe von Interesse. [2.4.1, 2.4.2, 4, 8.2, 13]

E.3.2   Werte ohne Vorzeichen – ″unsigned″

```
typname:
      unsigned [ integer ]
```

Integer-Werte ohne Vorzeichen können vereinbart werden; es gibt jedoch keine selbstdefinierenden Konstanten vom Typ **unsigned**. Die Anzahl der repräsentierbaren positiven Werte wird dadurch typischerweise verdoppelt. Nicht jeder mögliche Integer-Typ muß auch **unsigned** existieren (E.9.1). [4]

E.3.3   Zeichen – ″char″

```
integer:
      char
```

char Werte repräsentieren einzelne Zeichen aus dem Zeichensatz des Rechners. **char** Werte gehören zu den Integer-Werten (E.3.1).

Werden wirklich Zeichen abgebildet, entspricht ihr numerischer Wert ihrer Position im Zeichensatz; dieser Wert ist dann nicht negativ. Der Wertebereich von **char** kann jedoch größer sein – es ist aber nicht definiert, ob **char** Werte auch negativ sein können oder nicht (E.9.1).

Ein einzelnes Zeichen eingeschlossen in einfache Anführungszeichen ist eine Konstante vom Typ **char**, die das Zeichen selbst repräsentiert, die also die Position dieses Zeichens im Zeichensatz der Maschine als numerischen Wert besitzt. Speziell für ein einfaches Anführungszeichen, aber auch für eine Reihe von anderen Zeichen, gibt es folgende Ersatzdarstellungen:

\b	**BS**	backspace
\f	**FF**	formfeed
\n	**LF**	Zeilentrenner
\r	**CR**	carriage return
\t	**HT**	Tabulatorzeichen
\\	\	′Fluchtsymbol′
\′	′	einfaches Anführungszeichen
\0	**NUL**	Nullzeichen
ddd		Bit-Muster

Mit der Konstruktion *ddd*, also dem Fluchtsymbol \ gefolgt von bis zu drei Oktalziffern, kann man einen beliebigen Wert als Konstante vom Typ **char** einführen. Das Nullzeichen ′\0′ ist ein spezieller Fall dieser Konstruktion – dabei darf der Ziffer **0** keine weitere Ziffer folgen.

Folgt dem Fluchtsymbol keines der hier erwähnten Zeichen in einer **char** Konstanten, so wird das Fluchtsymbol ignoriert. [2.4.3, 8.2]

E.3.4   Gleitkommawerte – "float" und "double"

```
typname:
        [ long ] float
        | double
```

Gleitkommawerte werden mit den Typen **float** und **double** repräsentiert. **long float** ist synonym zu **double**, **double** bietet nicht weniger Signifikanz und Wertebereich als **float**. Es steht der Implementierung frei, die tatsächliche Repräsentierung festzulegen; meist benötigen **double** Werte jedoch doppelt so viel Platz wie **float** Werte, und sie bieten dafür wenigstens die doppelte Zahl signifikanter Stellen. Wie im Abschnitt E.4 genauer erklärt wird, findet Arithmetik immer unter **double** Werten statt.

Ein konstanter Gleitkommawert ist immer vom Typ **double**. Er besteht aus einem ganzzahligen Teil, einem Dezimalpunkt, einem Dezimalbruch, dem Groß- oder Kleinbuchstaben **E** und einem Exponenten zur Basis zehn mit optionalem Vorzeichen. Ganzzahliger Teil, Dezimalbruch und Exponent sind Ziffernfolgen, die dezimal interpretiert werden. Genau einer der Teile vor und nach dem Dezimalpunkt kann fehlen; entweder der Dezimalpunkt oder der Exponent beginnend mit **E** kann fehlen. [2.4.4, 4, 8.2]

E.3.5   Aufzählungen – "enum"

```
typname:
        enum [ name ] { enumerator { , enumerator } }
        | enum name


enumerator:
        name [ = konstante ]
```

Eine Aufzählung ist ein Datentyp, dessen Konstanten explizit als Namen vereinbart werden. Wird die Aufzählung in einer Vereinbarung einmal benannt, ist also zwischen **enum** und der Konstantenliste ein **name** angegeben, so kann anschließend mit diesem Namen die Aufzählung bezeichnet werden, und die Angabe der Konstantenliste unterbleibt.

Die Werte der Konstanten in der Aufzählung beginnen bei Null und steigen von links nach rechts jeweils um eins. Dies kann jedoch durch die explizite Angabe eines konstanten Integer-Werts als **konstante** und damit Wert der zugehörigen Aufzählungskonstanten **name** anders gehandhabt werden.

Jede Aufzählung gilt als eigener Datentyp, der sich von allen anderen Datentypen unterscheidet. Das Semantik-Prüfprogramm *lint* markiert Fehler entsprechend. Verwendet man einen Aufzählungswert etwa als Index eines Vektors, so muß man mit einem *cast* (E.6.3) explizit umwandeln. [8.2, 8.9]

E.3.6   Prozeduren – "void"

```
typname:
        void
```

void kann nur als Resultattyp von Funktionen vereinbart werden, denn es gibt keine Werte, und damit auch keine Konstanten, vom Typ **void**. Eine derartige Funktion kann folglich auch kein Resultat liefern – sie ist eine Prozedur im Sinne anderer Programmiersprachen. [4]

E.3.7   Zeiger

Zeigerwerte sind die Adressen von Objekten. Die Objekte können mit Hilfe der Zeigerwerte manipuliert werden (E.6.2, E.6.3). Zeigerwerte sind typgebunden, das heißt sie werden durch den Typ des Zielobjekts charakterisiert; man kann jedoch fast beliebig (explizit) zwischen Integer-Werten und Zeigerwerten auf verschiedene Datentypen umwandeln (E.4.4, E.6.3).

Es gibt Zeiger auf Funktionen, mit deren Hilfe man insbesondere Funktionen als Parameter übergeben kann.

Vektornamen (E.5.1), Funktionsnamen (E.6.2) und die Resultate des Adreßoperators **&** (E.6.3) sind konstante Zeigerwerte. Als Zeigerwert betrachtet gilt Null als Zeiger auf *kein* Objekt. [4, 7.7, 14.4]

E.4   Umwandlungen

Gewisse Umwandlungen werden durch die Kombination von Werten verschiedener Datentypen in einem arithmetischen Ausdruck implizit veranlaßt. Explizit kann man Umwandlungen mit der *cast* Operation (E.6.3) vornehmen. In den nachfolgenden Unterabschnitten werden die Resultate von Umwandlungen zwischen verschiedenen Datentypen beschrieben.

Als 'übliche arithmetische Umwandlungen' bezeichnen wir folgende Regeln, die normalerweise im Kontext jeder arithmetischen Operation Anwendung finden:

> **char** und **short** Operanden werden immer in **int** Operanden umgewandelt.

> **float** Operanden werden immer in **double** Operanden umgewandelt.

> Arithmetische Operationen finden dann immer im größtmöglichen Wertebereich statt, also zwischen Paaren von **double**, **long**, **unsigned** oder **int** Werten:

> Ist wenigstens einer von zwei Operanden vom Typ **double**, so wird der andere falls nötig in den Typ **double** umgewandelt, und das Resultat ist selbst vom Typ **double**.

> Ist wenigstens einer von zwei Operanden stattdessen **long**, so wird der andere entsprechend in **long** umgewandelt, und das Resultat ist auch **long**.

Ist wenigstens einer von zwei Operanden stattdessen **unsigned**, so wird der andere ebenfalls in **unsigned** umgewandelt, und das Resultat ist entsprechend **unsigned**.

Liegt keiner dieser Fälle vor, so findet die Operation zwischen **int** Werten und mit **int** Resultat statt.

Bei der Beschreibung der einzelnen Operatoren (E.6) wird jeweils auf diese ′üblichen arithmetischen Umwandlungen′ Bezug genommen. [6.6]

E.4.1 Integer-Werte

Integer-Werte können in fast alle skalaren Datentypen umgewandelt werden.

Bei Umwandlung in Integer-Datentypen mit größerem Wertebereich, etwa von **short** in **long**, bleibt der Wert unbedingt erhalten. Bei der umgekehrten Umwandlung werden die signifikanten Bits unterdrückt: liegt der Wert nahe genug bei Null, so bleibt er erhalten.

Werden Zeichen aus dem Zeichensatz des Rechners von **char** in andere Integer-Datentypen verwandelt, so bleibt ihr positiver Wert erhalten. Andere als **char** repräsentierte Werte werden bei dieser Umwandlung möglicherweise negativ (E.9.1).

Positive Integer-Werte bleiben bei Umwandlung in entsprechend große **unsigned** Datentypen erhalten, negative Werte werden kongruent modulo einer durch die beteiligte Wortlänge definierten Zweierpotenz in positive Werte verwandelt, das heißt, auf Maschinen, die im 2-Komplement operieren, wird einfach das repräsentierende Bit-Muster anders interpretiert aber nicht verändert.

Bei Umwandlung in Gleitkommawerte bleiben Integer-Werte erhalten; weniger signifikante Ziffern können verlorengehen, wenn die Gleitkommarepräsentierung nicht über genügend Bits verfügt.

Ein Integer-Wert kann – ohne Änderung der Repräsentierung – als Zeigerwert interpretiert werden; das Resultat ist allerdings sehr systemabhängig (E.9.1). Speziell im Kontext von Strukturverweisen (E.6.2) kann ein Integer-Wert als Zeigerwert, und dann als absolute Adresse, aufgefaßt werden. Wird ein Integer-Wert mit einem Zeigerwert additiv verknüpft, so wird er dabei in Abhängigkeit vom Platzbedarf des durch den Zeiger definierten Zielobjekts gestreckt (E.6.4). [6.1, 6.3, 6.4, 6.5, 14.1, 14.4]

E.4.2 Werte ohne Vorzeichen

Ein **unsigned** Wert wird ohne Änderung seiner Repräsentierung in einen Integer-Wert umgewandelt. Ist der Wert klein genug, so ändert er sich auch durch die Umwandlung nicht. [6.5]

E.4.3 Gleitkommawerte

float wird in **double** umgewandelt, indem die Mantisse durch Ziffern mit Wert Null verlängert wird. Bei der umgekehrten Umwandlung wird gerundet, bevor die Mantisse entsprechend verkürzt wird. Die arithmetischen Operationen finden immer im Wertebereich des Typs **double** statt.

Bei der Umwandlung von Gleitkommawerten in Integer-Werte werden vor allem die negativen Werte in den verschiedenen Implementierungen verschieden abgebrochen. Kann ein Gleitkommawert nicht mehr als Integer-Wert dargestellt werden, ist das Resultat der Umwandlung undefiniert. [6.2, 6.3]

E.4.4 Zeiger

Zeigerwerte können als Integer-Werte interpretiert werden; das Resultat ist dabei natürlich systemabhängig (E.9.1). Wird ein Zeigerwert in einen Integer-Wert und dieser wieder in einen Zeigerwert umgewandelt, entsteht der ursprüngliche Wert. Gleiches gilt, wenn ein Zeigerwert in einen Zeigerwert auf einen Datentyp mit geringerem Speicherbedarf und zurück umgewandelt wird.

Zeigerwerte können explizit in Zeigerwerte auf beliebige andere Typen umgewandelt werden; dabei ändert sich jedoch die Repräsentierung nicht, und folglich können Ausrichtungsprobleme resultieren.

Subtrahiert man Zeigerwerte voneinander, entsteht ein Integer-Wert in Abhängigkeit vom Speicherbedarf des Datentyps, auf den die Zeigerwerte zeigen (E.6.4). [6.4, 14.4]

E.4.5 Parameterübergabe

Bei Parameterübergabe werden die Argumente *immer* von **float** in **double** und von **char** und **short** in **int** umgewandelt. Ein Vektorname wird als Zeiger auf das erste Element des Vektors übergeben (E.5.1).

Andere Umwandlungen finden implizit aber auch dann *nicht* statt, wenn dem C Übersetzer die von der aufgerufenen Funktion erwarteten Datentypen bekannt sind! Unangenehme Fehler resultieren zum Beispiel, wenn **int** an **long** in einer Implementierung übergeben wird, bei der diese Datentypen verschieden sind. Derartige Fehler entdeckt das Semantik-Prüfprogramm *lint*.

Parameter werden immer als *Kopien* der Argumentwerte initialisiert – eine Funktion kann folglich Parameter beliebig modifizieren, ohne daß dies Einfluß auf die ursprünglichen Argumente hat. Bei Übergabe eines Zeigerwerts kann die Funktion das Objekt verändern, auf das der Zeigerwert verweist. [7.1]

E.5 Datenstrukturen

Dieser Abschnitt beschreibt die Semantik von Aggregaten aus gleichen oder verschiedenen Datentypen. Die Konstruktionen können beliebig gegenseitig verschachtelt werden, insbesondere gibt es also mehrdimensionale Vektoren als Vektoren von Vektoren, Vektoren von Strukturen, Strukturen mit Vektorkomponenten, usw. Als elementare Bausteine dienen schließlich die im Abschnitt E.3 besprochenen skalaren Datentypen sowie – jedoch nur in Strukturen – Bit-Felder (E.5.4).

Durch die Konstruktion entstehen jeweils neue Datentypen, die durch Art, Reihenfolge und Anzahl der Bausteine charakterisiert sind.

E.5.1   Vektoren

Vektoren sind Zusammenfassungen von Elementen gleichen Typs. Die Folge von Elementen wird zusammenhängend gespeichert. Ein Vektor wird bei seiner Definition (E.8.7) konstant dimensioniert.

Der Name eines Vektors ist eine Konstante, und zwar die Adresse des ersten Elements im Vektor. Der Name des Vektors ist dadurch ein (konstanter) Zeigerwert, und wird so auch als Parameter an Funktionen übergeben. Als Datentyp ist der Vektor als Zeiger auf den Elementtyp, also nicht zusätzlich durch die Dimensionierung, charakterisiert.

Umgekehrt kann ein Zeigerwert immer als Vektorname aufgefaßt werden, eben als Adresse eines ersten einer Reihe von Elementen gleichen Typs.

Zur Auswahl von Vektorelementen dient die Indexoperation:

```
vektorname [ indexwert ]
```

indexwert muß ein Integer-Wert sein; das erste Element im Vektor korrespondiert immer zum Indexwert **0**. Infolge der Äquivalenz von Vektornamen und Zeigerwerten kann die Indexoperation auch auf Zeigerwerte angewendet werden – vorausgesetzt, es existieren entsprechende Zielobjekte für den Zeigerwert. Der Indexbereich kann nicht überprüft werden. [7.1, 14.3]

E.5.2   Zeichenketten und Konstanten

Eine Zeichenkette ist ein Vektor mit **char** Elementen. Nach Konvention werden Zeichenketten immer mit einem Nullzeichen ´\0´ abgeschlossen, das aber ebenfalls nach Konvention in die ´Länge´ der Zeichenkette nicht einbezogen wird. (Beim Speicherplatz muß es aber selbstverständlich berücksichtigt werden!)

Eine Folge von Zeichen, die in Doppel-Anführungszeichen eingeschlossen ist, gilt als Zeichenkettenkonstante, also als Vektor von **char** Elementen. Das abschließende Nullzeichen wird implizit angelegt. Selbst die ´leere´ Zeichenkettenkonstante

```
" "
```

benötigt also Speicherplatz für ein **char** Element mit Wert ´\0´.

In der Zeichenfolge können die gleichen Ersatzdarstellungen verwendet werden wie in **char** Konstanten (E.3.3); zusätzlich stellt \" das Doppel-Anführungszeichen selbst dar. Die Angabe der Zeichenkettenkonstanten kann sich über mehrere Zeilen der

Quelldatei erstrecken, wenn dem Zeilentrenner jeweils ein Fluchtsymbol \ unmittelbar vorausgeht; Fluchtsymbol und Zeilentrenner sind dann selbst *nicht* Bestandteil der Konstanten.

Als Vektor gilt als konstant an einer Zeichenkette nur ihre Anfangsadresse, nicht ihr Inhalt. Selbst identische Zeichenkettenkonstanten werden daher an verschiedenen Speicherplätzen angelegt, und zwar als statisch verwaltete Objekte (E.8.2), damit ihr Inhalt gefahrlos individuell modifiziert werden kann. [2.5]

E.5.3 Strukturen – "struct"

```
typname:
        struct [ name ] { komponente { komponente } }
        | struct name

komponente:
        typname k-deklarator { , k-deklarator } ;

k-deklarator:
        deklarator
```

Eine Struktur ist eine Zusammenfassung von Komponenten verschiedenen Typs. Die Struktur wird durch Art, Reihenfolge und Anzahl der Komponententypen charakterisiert. Wird die Struktur in einer Vereinbarung einmal benannt, ist also zwischen **struct** und der Komponentenliste ein **name** angegeben, so kann anschließend mit diesem Namen die Struktur bezeichnet werden, und die Angabe der Komponentenliste unterbleibt.

Die Namen von Struktur und Komponenten sowie Variante und Alternativen befinden sich in einer eigenen Klasse, und müssen nur innerhalb dieser Klasse eindeutig sein. Zwei Strukturen sollten nur dann den gleichen Komponentennamen enthalten, wenn er in beiden Strukturen den gleichen Typ besitzt, und wenn ihm jeweils die gleiche Liste von Komponenten vorausgeht.

Innerhalb der Struktur haben die Komponenten (relative) Adressen, die entlang der Komponentenliste von links nach rechts zunehmen. Jede Komponente hat dabei die notwendige Ausrichtung, das heißt, in der Struktur können anonyme Löcher entstehen.

Man kann Strukturen in den neueren Implementierungen als Parameter übergeben, als Resultate von Funktionen erhalten und an Strukturen gleichen Typs zuweisen. Vor allem aber kann man eine Komponente einer Struktur auswählen:

```
strukturvariable . komponentenname
```

dabei wird nicht überprüft, daß der **komponentenname** auch zum Strukturtyp der **strukturvariable** gehört!

Analog kann eine Komponente einer Struktur ausgewählt werden, auf die ein Zeiger-wert zeigt:

```
strukturzeiger -> komponentenname
```

und hier wird ein *beliebiger* Zeigerwert und sogar ein Integer-Wert (als absolute Adresse) als **strukturzeiger** akzeptiert! [8.5, 14.1]

E.5.4   Bit-Felder

```
k-deklarator:
      [ deklarator ] : konstante
```

Der Speicherplatz einer Strukturkomponente kann explizit als **konstante** Anzahl von Bits angegeben werden. Die Auswahl der Komponente erfolgt wie für andere Komponenten auch, die möglichen Operationen richten sich nach dem Typ der Komponente.

Für eine solche Komponente ist jedoch nur ein Integer-Typ üblich – die meisten Implementierungen erlauben sogar nur **unsigned**. Es gibt keine Vektoren von Bit-Feldern, und der Adreßoperator **&** (E.6.3) kann nicht auf ein Bit-Feld angewendet werden, weil es keine Zeigerwerte gibt, die auf Bits verweisen.

Bit-Felder werden in 'Worte', das heißt, in die Repräsentierung des Typs **int**, gepackt; sie können nicht mehr Bits besitzen als für ein Wort zur Verfügung stehen. Ein Bit-Feld wird nicht zwischen zwei Worten aufgeteilt; ist in einem Wort nicht mehr genügend Platz vorhanden, so wird das Bit-Feld im nächsten Wort angelegt. Es steht der Implementierung frei, in welcher Reihenfolge Bit-Felder in einem Wort angelegt werden (E.9.3).

Fehlt bei der Vereinbarung eines Bit-Feldes der **deklarator**, wird also ein anonymes Bit-Feld vereinbart, so dient dies dazu, die nächste Komponente der Struktur auf einer bestimmten Bit-Position beginnen zu lassen – im allgemeinen, um die Struktur einem extern vorbestimmten Datenformat anzupassen. Die nächste Komponente sollte dabei ein Bit-Feld sein, da andere Komponenten implizit ausgerichtet werden.

Als Spezialfall dieser Konstruktion dient ein anonymes Bit-Feld der Breite **0** dazu, die nächste (Bit-Feld!) Komponente erst im nächsten Wort zu vereinbaren. [8.5]

E.5.5   Varianten – "union"

```
typname:
        union [ name ] { komponente { komponente } }
        | union name
```

Eine Variante ist die Überlagerung von Alternativen verschiedenen Typs. Als Wert kann zu jedem Zeitpunkt nur *einer* der für die Alternativen möglichen Werte gespeichert werden – im Gegensatz zu den Komponenten einer Struktur teilen sich die Alternativen einer Variante den *gleichen* Speicherbereich in zeitlicher Hinsicht. Man kann eine Variante also als Struktur auffassen, bei der alle Komponenten die gleiche (relative) Adresse 0 besitzen, und die gerade genügend Speicherplatz für die größte Komponente bietet.

Wird die Variante in einer Vereinbarung einmal benannt, ist also zwischen **union** und der Alternativenliste ein **name** angegeben, so kann anschließend mit diesem Namen die Variante bezeichnet werden, und die Angabe der Alternativenliste unterbleibt.

Die Namen von Variante und Alternativen sowie Struktur und Komponenten befinden sich in einer eigenen Klasse, und müssen nur innerhalb dieser Klasse eindeutig sein.

Die Alternative einer Variante wird völlig analog zur Komponente einer Struktur ausgewählt:

```
variantenvariable . alternativenname
variantenzeiger -> alternativenname
```

Im Gegensatz zu Strukturen können auch globale Varianten *nicht* initialisiert werden. [8.5, 8.6]

E.6   Ausdrücke

Mit gruppenweise zunehmendem Vorrang und impliziter Klammerung (Assoziativität) wie angegeben, gibt es folgende Operationen:

,	von links	serielle Bewertung
=	von rechts	Zuweisung
|= ∧= &= <<= >>= += -= *= /= %=		Operation und Zuweisung
? :		Auswahl, bedingte Bewertung
||	von links	logische ODER-Verknüpfung
&&		logische UND-Verknüpfung
|		inklusive Bit-ODER-Verknüpfung
∧		exklusive Bit-ODER-Verknüpfung
&		Bit-UND-Verknüpfung
== !=		gleich, nicht gleich
< <= > >=		kleiner, kleiner oder gleich größer, größer oder gleich
<< >>		Bit-Shift nach links, rechts
+ -		Addition, Subtraktion
* / %		Multiplikation, Division, Rest
++ --	unitär,	Inkrement, Dekrement
*	von rechts	Verweis durch Zeiger
&		Adresse
-		negatives Vorzeichen
!		logische Negation
~		Bit-Komplement
(typangabe)		*cast*, Umwandlung
sizeof		Speicherbedarf
sizeof(typangabe)		
( )	Operanden,	Klammern, Funktionsaufruf
[ ]	von links	Vektorelement
. ->		Komponente, Alternative

Abgesehen von der Beachtung des Vorrangs ist es der Implementierung ausdrücklich freigestellt, in welcher Reihenfolge Teilausdrücke bewertet werden. Ausdrücke mit assoziativen und kommutativen Operatoren (*, +, &, \| und ∧) können beliebig umgeordnet werden – selbst wenn sie explizit geklammert sind! Die Reihenfolge von Nebeneffekten (Zuweisungen und Funktionsaufrufe) ist also nur bestimmbar, wenn man Zwischenergebnisse an (temporäre) Variablen zuweist und einen Ausdruck dadurch in mehrere Anweisungen auflöst. Der Sinn dieser Regeln ist, eine möglichst effiziente Bewertung von Ausdrücken zu ermöglichen.

Arithmetische Probleme wie Division durch Null oder Verlassen des darstellbaren Wertebereichs (*overflow*) können normalerweise durch ein Unterprogramm aus der Bücherei (zum Beispiel **signal** in UNIX) überwacht werden. Die Resultate der davon betroffenen Operationen sind von der Implementierung abhängig. [7, 18.1]

E.6.1   Objekt und L-Wert

Ein *Objekt* ist ein Speicherbereich, der modifiziert werden kann. Ein *L-Wert* ist ein Ausdruck, der ein Objekt bezeichnet. Der Begriff *L-Wert* erinnert an die linke Seite einer Zuweisung, in der bekanntlich das Objekt bezeichnet werden muß, das als Nebeneffekt der Zuweisung verändert wird. Ein konventioneller Variablenname ist daher ein triviales Beispiel für einen L-Wert.

Operanden und die Resultatwerte von unitären Operatoren können L-Werte sein und folglich in einer Zuweisung links stehen. Triviale Beispiele dafür sind die Auswahl eines Vektorelements oder einer Strukturkomponente. Ein wichtigeres Beispiel ist die Verwendung des Verweisoperators ✳ : ist nämlich **z** ein Zeigerwert, der auf ein Objekt verweist, dann ist ✳ **z** ein L-Wert, der das Objekt selbst bezeichnet.

Im folgenden (E.6.2, E.6.3) ist jeweils angegeben, ob eine Operation einen L-Wert als Resultat liefert. [5]

E.6.2   Operanden

Ein Operand ist ein Verweis auf ein Objekt oder eine Konstante, ein geklammerter Ausdruck, das Resultat eines Funktionsaufrufs, die Auswahl eines Vektorelements, die Auswahl einer Strukturkomponente oder einer Alternative aus einer Variante.

```
operand:
        name
      | konstante
      | zeichenkette
      | ( ausdruck )
      | operand ( [ argumentliste ] )
      | operand [ ausdruck ]
      | operand . name
      | operand -> name


argumentliste:
        zuweisung { , zuweisung }
```

Ein **name** ist ein Operand und meistens auch ein L-Wert, wenn er geeignet vereinbart wurde. Der Typ dieses Operanden folgt aus der Vereinbarung des Namens.

Wurde der **name** in einer Aufzählung eingeführt (E.3.5), so bezeichnet er eine Konstante und ist damit kein L-Wert.

Bezeichnet der **name** einen Vektor, so gilt er als Adresse des ersten Elements (E.5.1) und damit als konstanter Zeigerwert. Ein derartiger Name ist als Konstante kein L-Wert.

Bezeichnet der **name** eine Strukturvariable, so ist er – wenigstens bei den neuen Implementierungen – ein L-Wert.

Bezeichnet der **name** eine Funktion – nicht im Zusammenhang mit einem Funktionsaufruf – so gilt er als Adresse der Funktion und damit als konstanter Zeigerwert. Zur Konstruktion dieses Zeigerwerts, speziell bei Übergabe als Parameter, ist also der Adreßoperator **&** nicht notwendig. Der Name der Funktion ist als Konstante kein L-Wert.

Eine **konstante** ist ein Operand und (natürlich) kein L-Wert. Die möglichen Konstanten sind selbstdefinierende Ziffernfolgen (E.3.1, E.3.4) und ihr Typ, nämlich **int**, **long** oder **double**, ergibt sich aus der Definition. Einzelzeichen (E.3.3) sind ebenfalls solche Konstanten, ihr Typ ist **int** als Konsequenz der 'üblichen arithmetischen Umwandlungen' (E.4).

Eine **zeichenkette** ist ein Operand. Sie repräsentiert einen konstanten Zeigerwert, der auf das erste einer Folge von **char** Elementen verweist (E.5.2). Als Konstante ist eine **zeichenkette** kein L-Wert.

Ein **ausdruck** in Klammern ist ein Operand. Die Klammern beeinflussen zwar den Vorrang, haben aber *keinen* Einfluß auf Typ, Wert oder L-Wert-Eigenschaft des Ausdrucks innerhalb der Klammern.

Ein Funktionsaufruf ist ein Operand. Er besteht aus einem Operanden, der eine Funktion bezeichnen muß, gefolgt von einer **argumentliste** eingeschlossen in runden Klammern. Das Resultat des Funktionsaufrufs hat den Typ, der als Resultat der Funktion vereinbart wurde (E.8.5), beziehungsweise den Typ **int**, wenn die Funktion durch einen bis dahin unbekannten Namen bezeichnet wird, der dadurch implizit vereinbart wird (E.8). Das Resultat eines Funktionsaufrufs ist kein L-Wert. Eine Funktion kann immer auch rekursiv aufgerufen werden.

Die **argumentliste** kann beim Funktionsaufruf fehlen, die Klammern müssen jedoch angegeben werden. Als Argumente werden die Werte der Ausdrücke in der **argumentliste** übergeben. Die Reihenfolge der Bewertung dieser Werte ist *nicht* definiert. Die Regeln für die Parameterübergabe stehen im Abschnitt E.4.5.

Die Auswahl eines Vektorelements ist ein Operand. Sie besteht aus einem Operanden, bei dem es sich um einen Zeigerwert handeln muß, gefolgt von einem **ausdruck** vom Typ **int** in eckigen Klammern, der als Indexwert dient. Ein Vektorname ist ein möglicher Zeigerwert, aber die Indexoperation kann auf beliebige Zeigerwerte angewendet werden.

Die Indexoperation **(a)[b]** ist definitionsgemäß synonym zur Zeigeroperation **(✳((a)+(b)))** und wird folglich formell durch die Verweisoperation **✳** im Abschnitt E.6.3 und die Addition von Zeigerwert und Integer-Wert im Abschnitt E.6.4 erklärt.

Das Resultat der Indexoperation hat den Typ, auf den der beteiligte Zeigerwert verweist. Handelt es sich hierbei um einen skalaren Datentyp oder um eine Struktur, so ist das Resultat ein L-Wert.

Die Auswahl einer Strukturkomponente oder der Alternative einer Variante ist ein Operand. Sie geschieht dadurch, daß dem Komponenten- oder Alternativennamen **name** einer der Operatoren . oder − > (Minuszeichen und Winkel) und dem Operator wiederum ein Operand vorausgeht. Das Resultat hat den Typ der Komponente oder Alternative, und ist − wie ein Vektorelement − dann ein L-Wert, wenn es einen skalaren Datentyp besitzt, oder eine Struktur ist.

Bei der Operation **(a).b** sollte der Operand **(a)** die Struktur oder Variante bezeichnen, aus der der Name **b** stammt. Die Operation **(a) − >b** ist definitionsgemäß synonym zu **((* (a)).b)**, verknüpft also einen Zeigerwert **(a)** mit einem Komponenten- oder Alternativennamen. **(a)** sollte auf eine Struktur oder Variante verweisen, aus der der Name **b** stammt. Wie im Abschnitt E.5.3 ausgeführt wurde, werden diese Bestimmungen 'flexibel' gehandhabt, um gewisse Zugriffe stillschweigend zu erlauben. [7.1]

E.6.3   Unitäre Operatoren

Ein unitärer Operator dient zur Inkrementierung oder Dekrementierung seines Operanden, zur Verfolgung eines Zeigerwerts, zur Bestimmung der Adresse eines L-Werts oder zur Umkehrung eines arithmetischen Werts. Nur der Verweisoperator ***** kann einen L-Wert liefern.

Darüber hinaus gibt es eine unitäre Operation für explizite Umwandlungen (*cast*), und einen Operator zur Bestimmung des Speicherbedarfs eines Wertes oder eines Datentyps. Diese drei Operationen haben Vorrang, damit die Bedeutung des Ausdrucks

```
sizeof (int) - 2
```

eindeutig festgelegt wird: − bezeichnet in diesem Zusammenhang eine Subtraktion, kein Vorzeichen, **(int)** bezeichnet einen Datentyp als Argument für **sizeof** und keine explizite Umwandlung.

Unitäre Operationen werden von rechts her implizit geklammert.

```
    unitaer:                                    von rechts
            operand
            | operand ++
            | operand --
            | * unitaer
            | & unitaer
            | - unitaer
            | ! unitaer
            | ~ unitaer
            | ++ unitaer
            | -- unitaer
            | ( typangabe ) unitaer        Vorrang
            | sizeof unitaer
            | sizeof ( typangabe )
```

Die Inkrement- und Dekrementoperatoren **++** und **− −** verändern ihre Argumente, indem sie den Integer-Wert **1** addieren beziehungsweise subtrahieren. Das Argument muß dabei jeweils ein L-Wert sein. Bei Addition und Subtraktion und der anschließenden Zuweisung finden die 'üblichen arithmetischen Umwandlungen' statt wie in den Abschnitten E.4, E.6.4 und E.6.6 beschrieben.

Die Ausdrücke **(a)+ +** und **(a)− −** liefern jeweils den *ursprünglichen* Wert des Operanden, den der L-Wert **(a)** bezeichnet. Die Ausdrücke **+ +(a)** und **− −(a)** liefern den *neuen* Wert ihres Arguments.

Der unitäre Verweisoperator ***** verlangt als Argument einen Zeigerwert und liefert als Resultat das Objekt auf das der Zeigerwert verweist. Der Typ, auf den der Zeigerwert verweist, ist der Typ dieses Resultats. Das Resultat ist ein L-Wert, wenn es sich dabei um einen skalaren Datentyp oder eine Struktur handelt.

Der unitäre Adreßoperator **&** verlangt als Argument einen L-Wert und liefert als Resultat einen Zeigerwert, der auf diesen L-Wert verweist. Der Typ des Resultats ist ein Zeiger auf den Elementtyp, den das L-Wert-Argument bezeichnet.

Das negative Vorzeichen **−** liefert den negativen Wert seines Operanden, dabei finden die 'üblichen arithmetischen Umwandlungen' (E.4) statt. Wird **−** auf ein **unsigned** Objekt angewendet, so entsteht das Resultat trotzdem als 2-Komplement, das heißt, das Argument wird von 2^n subtrahiert, wobei n die Anzahl Bits in der Repräsentierung eines **int** Wertes ist.

Der logische Komplementoperator **!** liefert **1** für einen Operanden mit Wert Null, und **0** für alle anderen Operanden. Das Resultat ist also vom Typ **int** und der Operator selbst kann auf alle numerischen Datentypen und auf Zeigerwerte angewendet werden.

Der Bit-Komplementoperator ~ kann auf Integer-Werte angewendet werden und liefert als Resultat das komplementierte Bit-Muster, also das 1-Komplement. Die 'üblichen arithmetischen Umwandlungen' (E.4) finden statt.

Für einen *cast*, also eine explizite Umwandlungsoperation, wird eine **typangabe** in Klammern im Stil eines Vorzeichens angegeben. Die Formulierung der **typangabe** wird im Abschnitt E.8.8 erklärt, das Resultat der Umwandlung ergibt sich aus dem Abschnitt E.4.

Der **sizeof** Operator liefert den Speicherbedarf seines Operanden, bei dem es sich um ein Objekt oder auch um eine **typangabe** in Klammern handeln kann. Der Speicherbedarf wird gemessen in *Bytes*; üblicherweise gilt **sizeof(char) == 1**. Wird **sizeof** auf einen Vektornamen angewendet, ist das Resultat die Größe des ganzen Vektors. Das Resultat der **sizeof** Operation gilt als Konstante, da es aus den Vereinbarungen der Objekte bestimmt wird. [7.2]

E.6.4   Binäre Operatoren

Mit zunehmendem Vorrang und impliziter Klammerung von links her verfügt C über binäre Operatoren zur Verknüpfung logischer Werte, zur Bit-Manipulation, für Vergleiche und für die üblichen arithmetischen Operationen. Ein Potenzoperator existiert nicht.

```
binaer:                                    von links
        unitaer
      | binaer || binaer
      | binaer && binaer                   Vorrang
      | binaer | binaer                    Vorrang
      | binaer ^ binaer                    Vorrang
      | binaer & binaer                    Vorrang
      | binaer == binaer                   Vorrang
      | binaer != binaer
      | binaer < binaer                    Vorrang
      | binaer <= binaer
      | binaer > binaer
      | binaer >= binaer
      | binaer << binaer                   Vorrang
      | binaer >> binaer
      | binaer + binaer                    Vorrang
      | binaer - binaer
      | binaer * binaer                    Vorrang
      | binaer / binaer
      | binaer % binaer
```

Die logischen Operationen, die UND-Verknüpfung (**&&**) und die ODER-Verknüpfung (**||**), werden unbedingt von links nach rechts bewertet. Die Operanden können verschiedene Typen besitzen, sie müssen jedoch mit Null vergleichbar sein. Der rechte Operand wird jeweils genau dann bewertet, wenn der linke Operand das Resultat nicht bestimmt. Das Resultat hat den Typ **int** und den Wert **0** oder **1**.

Bei der UND-Verknüpfung ist das Resultat **0**, wenn der erste oder dann der zweite Operand den Wert Null besitzt. Bei der ODER-Verknüpfung ist das Resultat **1**, wenn der erste oder dann der zweite Operand einen von Null verschiedenen Wert besitzt.

Bei den Bit-Operationen, der UND-Verknüpfung (**&**), der inklusiven ODER-Verknüpfung (**I**) und der exklusiven ODER-Verknüpfung (**∧**), finden die 'üblichen arithmetischen Umwandlungen' (E.4) statt. Als Operanden sind Integer-Werte erlaubt. Bit-Operationen können – als assoziative und kommutative Operationen – innerhalb jeder Vorrangstufe beliebig umgeordnet werden. Die Operationen[1] werden in jeder Bit-Position auf die Operanden angewendet.

Bei allen Vergleichen finden die 'üblichen arithmetischen Umwandlungen' (E.4) statt. Als Operanden sind alle numerischen Datentypen und gewisse Kombinationen aus Zeigerwerten und Integer-Werten erlaubt. Das Resultat hat immer den Typ **int**; es ist **1** wenn der Vergleich zutrifft und **0** sonst.

Zeigerwerte können verglichen werden, das Resultat ist durch die relative Position der Objekte im Adreßraum bestimmt, auf die die Zeiger verweisen. Solche Vergleiche sind also in verschiedenen Implementierungen nur reproduzierbar, wenn die Zeiger auf Elemente im gleichen Vektor verweisen.

Ein Zeigerwert kann reproduzierbar nur mit dem Integer-Wert **0** verglichen werden, also mit dem Nullzeiger (E.3.7).

Bei den Shift-Operationen nach links (**< <**) und rechts (**> >**) finden die 'üblichen arithmetischen Umwandlungen' (E.4) statt. Als Operanden sind Integer-Werte erlaubt. Der rechte Operand wird jeweils in **int** umgewandelt, das Resultat hat den Typ des linken Operanden. Das Resultat ist nicht definiert, wenn der rechte Operand negativ oder größer ist als die Anzahl der Bits im linken Operanden. Sonst entsteht das Resultat, indem das Bit-Muster des linken Operanden um die vom rechten Operanden festgelegte Anzahl Bit-Positionen verschoben wird.

Bei **< <** wird von rechts her **0** nachgeschoben. Wird **> >** auf **unsigned** angewendet, so wird von links her **0** nachgeschoben; wird **> >** auf andere Integer-Werte angewendet, steht es der Implementierung frei, **0** oder das Vorzeichen-Bit nachzuschieben.

Bei Addition (**+**) und Subtraktion (**−**) finden die 'üblichen arithmetischen Umwandlungen' (E.4) statt. Als Operanden sind alle numerischen Datentypen und gewisse Kombinationen aus Zeigerwerten und Integer-Werten erlaubt. Additionen können – als assoziative und kommutative Operationen – beliebig umgeordnet werden.

---

[1]   **a&b** ist genau dann **1**, wenn beide Bits **1** sind; **a I b** ist genau dann **0**, wenn beide Bits **0** sind; **a ∧ b** ist – bezogen auf Bits – synonym zum Vergleich **a!=b**.

Der Additionsoperator **+** liefert die Summe seiner Operanden. Werden ein Zeigerwert und ein Integer-Wert addiert, so wird der Integer-Wert in eine relative Adresse verwandelt, indem er mit dem Speicherbedarf des Objekts multipliziert wird, auf das der Zeigerwert verweist. Die relative Adresse wird dann zum Zeigerwert addiert. Das Resultat ist ein Zeigerwert vom gleichen Typ wie der ursprüngliche Zeigerwert. Interpretiert man den ursprünglichen Zeigerwert als Beginn eines Vektors, so verweist das Resultat auf ein Element, das die entsprechende relative Adresse besitzt. Zeigt der Zeigerwert **z** auf ein Vektorelement, so zeigt **z+1** auf das unmittelbar folgende Element.

Der Subtraktionsoperator **−** liefert die Differenz seiner Operanden. Wird ein Integer-Wert von einem Zeigerwert subtrahiert, so geschieht dies analog zur Addition. Zwei Zeigerwerte vom gleichen Typ können voneinander subtrahiert werden. Das Resultat ist ein **int** Wert, und zwar die Anzahl Objekte, die zwischen den Zeigerwerten liegen; der Speicherbedarf dieser Objekte wird analog zur Addition berücksichtigt. Verweisen beide Zeiger auf Elemente im gleichen Vektor, so gilt

```
z1 + (z2 - z1) == z2
```

Verweisen die Zeiger auf verschiedene Vektoren, muß dies nicht gelten, da sich Zeiger auf Objekte vom gleichen Typ nicht notwendigerweise durch ein Vielfaches der Objektlänge unterscheiden.

Bei Multiplikation (**∗**), Division (**/**) und der Bestimmung des Rests nach Division (**%**) finden die 'üblichen arithmetischen Umwandlungen' (E.4) statt. Für Multiplikation und Division sind alle numerischen Datentypen erlaubt; die Rest-Operation kann nur auf Integer-Werte angewendet werden. Multiplikationen können − als assoziative und kommutative Operationen − beliebig umgeordnet werden.

Werden positive Integer-Werte dividiert, so wird das Resultat in Richtung auf Null abgebrochen; ist ein Operand negativ, so ist dieser Vorgang systemabhängig. Der Rest sollte das gleiche Vorzeichen wie der Dividend besitzen. Außerdem gilt

```
(a / b) ∗ b + a % b == a
```

sofern der Divisor **b** von Null verschieden ist. [7.3 bis 7.12]

E.6.5 Auswahl

Innerhalb eines Ausdrucks kann einer von zwei Ausdrücken zur Bewertung ausgewählt werden. Diese **auswahl** Konstruktion wird implizit von rechts her geklammert.

```
auswahl:                                    von rechts
        binaer
      | binaer ? auswahl : auswahl
```

Die **auswahl** besteht aus einer Bedingung, der zwei Ausdrücke folgen. Die Bedingung wird bewertet; ist ihr Wert von Null verschieden, ergibt sich das Resultat der Auswahl durch die Bewertung des mittleren Ausdrucks, ist der Wert der Bedingung Null, so ergibt sich der Wert der Auswahl aus dem letzten Ausdruck.

Die 'üblichen arithmetischen Umwandlungen' (E.4) werden angewendet, um einen gemeinsamen Typ für den mittleren und letzten Ausdruck zu erreichen. Dieser Typ ist dann auch der Typ des Resultats.

Kann ein gemeinsamer Typ nicht erreicht werden, müssen die abhängigen Ausdrükke Zeigerwerte vom gleichen Typ liefern, und das Resultat besitzt dann diesen Zeigertyp.

Ist nur einer der abhängigen Ausdrücke ein Zeigerwert, muß der andere Ausdruck die Konstante **0** sein, und das Resultat hat den Typ des Zeigerwerts. [7.13]

E.6.6 Zuweisungen

Es gibt eine einfache Zuweisungsoperation sowie Zuweisungen, bei denen die Operanden noch arithmetisch verknüpft werden. In allen Fällen wird implizit von rechts her geklammert, und der linke (Ziel-)Operand muß ein L-Wert sein. Der Typ des Resultats ist der Typ des linken Operanden. Der Resultatwert ist der Wert, der sich nach der Zuweisung im linken Operanden befindet.

```
zuweisung:                                    von rechts
        auswahl
        | unitaer = zuweisung
        | unitaer | = zuweisung
        | unitaer ʌ = zuweisung
        | unitaer & = zuweisung
        | unitaer << = zuweisung
        | unitaer >> = zuweisung
        | unitaer + = zuweisung
        | unitaer - = zuweisung
        | unitaer * = zuweisung
        | unitaer / = zuweisung
        | unitaer % = zuweisung
```

Bei der einfachen Zuweisung (=) ersetzt der Wert des rechten Operanden den Wert des Objekts, auf das der linke Operand verweist. Besitzen beide Operanden numerische Datentypen, wird der Wert des rechten Operanden in den Typ des linken Operanden umgewandelt. Strukturen können an Strukturen gleichen Typs zugewiesen werden.

Zeigerwerte und Integer-Werte können zwar ohne Rücksicht auf Typen aneinander zugewiesen werden, dies erfolgt jedoch einigermaßen naiv als reine Kopie und die Effekte sind weder bei verschiedenen Implementierungen gleich noch in jedem Fall (Ausrichtung!) nützlich. Als einzige Ausnahme produziert die Zuweisung der **int** Konstanten **0** an einen Zeiger stets einen als solchen erkennbaren Nullzeiger, der auf kein Objekt verweisen kann.

Die Zuweisung

    a = a *op* (b)

kann effizienter als

    a *op=* b

angegeben werden, denn **a** wird im zweiten Fall nur *einmal* bewertet. Die Operanden müssen in diesem Fall numerische Datentypen besitzen, mit der Ausnahme, daß bei **+ =** und **− =** der rechte Operand ein Integer-Wert sein kann, der mit einem Zeiger als linkem Operanden so verknüpft wird, wie dies im Abschnitt E.6.4 beschrieben wurde. [7.14]

E.6.7 Liste

Eine Liste von Ausdrücken wird implizit von links her geklammert und bewertet.

```
ausdruck:
        zuweisung { , zuweisung }
```

Bei der Verknüpfung zweier Ausdrücke mit dem Kommaoperator wird zuerst der linke Operand bewertet, das Resultat wird aber nicht weiterverwendet. Typ und Wert des Resultats der Verknüpfung sind dann Typ und Wert des rechten Operanden.

Syntaktisch ist diese Verknüpfung nur dort erlaubt, wo das Komma keine andere syntaktische Bedeutung hat, also insbesondere nicht direkt in einer **argumentliste** oder bei einer Initialisierung (E.6.2, E.8.9). [7.15]

E.6.8 Konstante Ausdrücke

Soweit möglich, bewertet der C Übersetzer Ausdrücke, die aus Integer-Konstanten bestehen. Der syntaktische Begriff der **konstante** beinhaltet deshalb solche konstanten Ausdrücke.

Dabei können die unitären Operatoren

```
sizeof  −  ~
```

und die binären Operatoren

```
+    −    *    /    %    &    |    ^
<<   >>   ==   !=   <    >    <=   >=
```

sowie Klammern und die Auswahloperation (E.6.5) verwendet werden. Funktionen können nicht während der Übersetzung bewertet werden.

Im Kontext von Initialisierungen (E.8.9) können auch mit Hilfe des Adreßoperators **&** die Adressen von statischen und externen Objekten als Konstanten verwendet werden, die dann jeweils noch mit einem Integer-Wert additiv (also auch mit der Index-operation) verknüpft sein dürfen. Man sollte beachten, daß in diesem Zusammenhang der Name eines Vektors oder einer Funktion ebenfalls als Adreßwert dienen kann. [15]

E.7   Anweisungen

Die wesentliche Anweisung ist die Bewertung eines Ausdrucks. Da Prozeduren als Funktionen ohne expliziten Resultatwert angesehen werden, gilt auch ein Prozeduraufruf als Bewertung eines Ausdrucks. Eine Zuweisung ist ein gewöhnlicher Operator mit Resultat; wird das Resultat nicht weiterverwendet, dann kann auch eine Zuweisung auf diese Weise als Anweisung angegeben werden.

Anweisungen werden sequentiell nacheinander ausgeführt. Zur Veränderung dieser Reihenfolge gibt es die üblichen Kontrollstrukturen und zusätzlich einige Anweisungen, die unbegrenzte Sprünge innerhalb einer Funktion (**goto**), Sprünge zu einer von einer Reihe von Marken (**switch**), Sprünge zum Beginn einer Schleife (**continue**) oder zum Ende (**break**) einer Schleife oder **switch** Selektion veranlassen können. [9]

```
anweisung:
        praefix anweisung
        | [ ausdruck ] ;
        | break ;
        | continue ;
        | return [ ausdruck ] ;
        | goto name ;
        | block
        | if ( ausdruck ) anweisung
        | if ( ausdruck ) anweisung else anweisung
        | do anweisung while ( ausdruck ) ;

praefix:
        name :
        | while ( ausdruck )
        | for ( [ ausdruck ] ; [ ausdruck ] ; [ ausdruck ] )
        | switch ( ausdruck )
        | case konstante :
        | default :

block:
        { { lokal } { anweisung } }
```

E.7.1   Einfache Anweisungen

Die leere Anweisung

```
        ;
```

hat keinen Effekt. Sie dient oft als abhängige Anweisung einer Schleife, oder zur Vervollständigung einer Selektion.

Die Bewertung eines Ausdrucks

```
ausdruck;
```

ist wohl die häufigste Anweisung. Solche Anweisungen sind meistens Zuweisungen oder Prozeduraufrufe.

Mit

```
break;
```

wird die innerste Schleife oder **switch** Anweisung abgebrochen, in der die **break** Anweisung vorkommt. Die Ausführung wird mit der Anweisung fortgesetzt, die der abgebrochenen Anweisung sequentiell folgt.

Die Wiederholung einer Schleife kann mit

```
continue;
```

vorzeitig eingeleitet werden. Die Ausführung wird dabei am Iterationspunkt (E.7.3) der innersten Schleife fortgesetzt, in der die **continue** Anweisung vorkommt.

Die Ausführung einer Funktion (E.8.5) endet normalerweise am Ende des definierenden Blocks; dabei wird kein Funktionswert erzeugt. Die Ausführung des Programms wird dann an dem Punkt fortgesetzt, der dem Funktionsaufruf folgt.

```
return;
```

dient dazu, die Ausführung der Funktion früher zu beenden. Diese Form der **return** Anweisung ist äquivalent zu einem Sprung zum Ende des definierenden Blocks der Funktion.

```
return ausdruck;
```

liefert den Wert des Ausdrucks als Funktionswert. Dieser Wert wird wie bei einer Zuweisung in den Typ umgewandelt, der als Resultattyp der Funktion vereinbart wurde.

Jeder Anweisung kann **name:** vorausgehen.

```
goto name;
```

veranlaßt, daß die Ausführung des Programms an dem derart definierten Punkt fortgesetzt wird. Der Geltungsbereich (E.8.6) dieser Marke ist auf den definierenden Block der Funktion begrenzt, in der sie vorkommt.

Mehrere Anweisungen können für syntaktische Zwecke zu einer einzigen Anweisung zusammengefaßt werden:

```
{
        anweisung
        anweisung
        ...

}
```

Vor der ersten Anweisung kann ein solcher Block auch noch Vereinbarungen enthalten, deren Geltungsbereich (E.8.6) und Lebensdauer (E.8.2) dann auf den Block beschränkt ist. Die Initialisierung von lokalen Variablen in einem solchen Block unterbleibt, wenn der Block nicht sequentiell (also abhängig von einer **switch** Anweisung) erreicht wird (E.8.9). [9.1, 9.2, 9.8 bis 9.13]

E.7.2 Selektionen

Bei

```
if (ausdruck)
        anweisung
```

wird die abhängige Anweisung genau dann ausgeführt, wenn der Wert des Ausdrucks von Null verschieden ist.

Eine Auswahl unter zwei abhängigen Anweisungen trifft

```
if (ausdruck)
        anweisung1
else
        anweisung2
```

anweisung1 wird ausgeführt, wenn der Wert des Ausdrucks von Null verschieden ist, **anweisung2** wird genau dann ausgeführt, wenn dieser Wert Null ist. **else** wird syntaktisch jeweils dem nächstmöglichen **if** zugeordnet.

Die Ausführung eines Programms kann mit einer von mehreren Anweisungen fortgesetzt werden, die durch den Wert eines Ausdrucks ausgewählt wird:

```
switch (ausdruck)
        anweisung
```

Zur Bewertung des Ausdrucks finden die 'üblichen arithmetischen Umwandlungen' statt (E.4), das Resultat muß jedoch ein Integer-Wert sein. Innerhalb der abhängigen Anweisung können jeder Anweisung beliebig viele Marken der Form

```
case konstante:
```

und auch eine Marke der Form

```
default:
```

vorausgehen. Die **konstante** muß jeweils ein Integer-Wert sein, der in bezug auf die **switch** Konstruktion eindeutig ist.

Die Ausführung wird entweder mit der Anweisung fortgesetzt, deren **case** Konstante den Wert des Auswahlausdrucks besitzt, oder – falls der Wert nicht vorkommt – mit der durch **default** markierten Anweisung, oder – falls **default** nicht verwendet wurde – mit der auf die gesamte **switch** Anweisung folgenden Anweisung.

Die Marken haben keinen Einfluß auf die sequentielle Ausführung von Anweisungen im abhängigen Teil. **break** wird daher normalerweise benutzt um einen **case** Abschnitt zu verlassen.

Ist die abhängige Anweisung ein Block, so wird dieser Block nicht sequentiell begonnen, und lokale Initialisierungen (E.8.9) finden daher nicht statt. [9.3, 9.7]

E.7.3 Schleifen

Bei

```
do
        anweisung
while (ausdruck);
```

wird die abhängige Anweisung wenigstens einmal und dann so lange ausgeführt, wie der Wert des Ausdrucks von Null verschieden ist. **ausdruck** wird jeweils bewertet, nachdem **anweisung** ausgeführt wurde. Der Iterationspunkt der Schleife ist die Bewertung des Ausdrucks.

Bei

```
while (ausdruck)
        anweisung
```

wird die abhängige Anweisung so lange ausgeführt, wie der Wert des Ausdrucks von Null verschieden ist. **ausdruck** wird jeweils bewertet, bevor **anweisung** ausgeführt wird – diese Anweisung wird also möglicherweise auch gar nicht ausgeführt. Der Iterationspunkt der Schleife ist die Bewertung des Ausdrucks.

Eine Variation ist

```
for (ausdruck1; ausdruck2; ausdruck3)
        anweisung
```

Diese Konstruktion ist äquivalent zu

```
ausdruck1;                   /* Initialisierung */
while (ausdruck2)            /* Test */
{       anweisung
        ausdruck3;           /* Inkrement */
}
```

wobei als Iterationspunkt jedoch die Bewertung von **ausdruck3** gilt. Jeder der drei Ausdrücke kann leer sein; ein leerer Test definiert dabei eine Bedingung, die ständig erfüllt ist, sorgt also für eine 'endlose' Schleife, die mit **break**, **goto** oder **return** verlassen werden muß. [9.4, 9.5, 9.6]

E.8   Vereinbarungen

Eine C Quelldatei besteht aus einer Folge von globalen Vereinbarungen. Quelldateien werden getrennt übersetzt und dann zu einem lauffähigen Programm montiert. Das Laufzeitsystem erwartet dabei, daß eine Funktion namens **main** existiert, bei der die Ausführung des Programms begonnen wird, und mit deren Ende die Ausführung des Programms beendet ist.

Die Eigenschaften von Namen können global in einer Quelldatei, oder lokal im Körper einer Funktion oder in einem Block vereinbart werden:

```
quelldatei:
        { global }

global:
        funktion
        | definition ;
        | deklaration ;
        | typdeklaration ;

lokal:
        lokale-definition ;
        | deklaration ;
        | typdeklaration ;
```

Grundsätzlich muß jeder Name mit allen Attributen vereinbart werden, bevor er benutzt werden kann. Als einzige Ausnahme wird ein unbekannter Name **f**, der in der Position des Funktionsnamens beim Aufruf einer Funktion (E.6.2) auftritt, implizit vereinbart als **extern int f()**, also als Name einer Funktion mit **int** Resultat. [10, 13]

E.8.1   Deklaration und Definition

Wir verwenden den Begriff *Deklaration*, wenn für einen Namen Attribute wie Typ und Speicherklasse vereinbart werden, und *Definition*, wenn gleichzeitig ein Objekt, also modifizierbarer Speicherplatz, angelegt wird. *Vereinbarung* ist der gemeinsame Oberbegriff. [4, 8]

E.8.2   Speicherklassen und Lebensdauer

Von der Lebensdauer her unterscheidet man *statisch*, *automatisch* und *dynamisch* verwaltete Objekte. Statische Objekte existieren während der gesamten Ausführung des Programms und werden im Zuge der Übersetzung und Montage initialisiert. Automatische Objekte existieren eindeutig für jeden Aufruf einer Funktion oder eines Blocks, also auch mehrfach bei Rekursion, werden im Zuge jedes Aufrufs angelegt und möglicherweise initialisiert, und verschwinden am Ende des Aufrufs. Dynamische Objekte sind in C selbst nicht definiert, können aber oft mit Hilfe des Laufzeitsystems unter Einsatz von Zeigern erzeugt und manipuliert werden.

Syntaktisch gibt es Positionen für Vereinbarungen und Angaben zur Speicherklasse von Objekten, die die Verwaltung der Objekte im obigen Sinn implizieren. Global definierte Objekte werden statisch verwaltet, die Angaben **static** und **extern** dienen nur zum Management des Geltungsbereichs der globalen Namen (E.8.6). Bei lokal vereinbarten Objekten kontrolliert die Angabe der Speicherklasse die Verwaltung der Objekte und (bei **extern**) den Geltungsbereich der Namen: **static** definiert ein Objekt mit statischer Verwaltung, **auto** definiert ein Objekt mit automatischer Verwaltung, **register** definiert ein Objekt mit automatischer Verwaltung, bei dem dem Übersetzer aus Effizienzüberlegungen heraus *empfohlen* wird, zur Aufbewahrung falls möglich ein Hardware-Register zu verwenden. **extern** deklariert ein Objekt mit statischer Verwaltung, das an anderem Ort global definiert werden muß (E.8.6).

register Definitionen sind eine reine Empfehlung – wenn überhaupt, dann wird der Übersetzer nur eine erste, kleine Zahl solcher Objekte mit ganz speziellen Typen (Integer-Werte, Zeiger) wirklich in Registern anlegen. Werden solche Definitionen sinnvoll eingesetzt, kann effizienterer und kompakterer Code resultieren – bessere Techniken im Übersetzer können diese Angabe aber auch überflüssig machen.

Auf Objekte in der **register** Speicherklasse darf der Adreßoperator **&** nicht angewendet werden.

Je nach Kontext können manche Angaben zum Typ und zur Speicherklasse eines Namens auch entfallen. Fehlt eine Angabe zum Typ, wird immer **int** angenommen.

```
speicherklasse:
        auto
        | static
        | register

e-typname:
        extern [ typname ]
        | typname extern

k-typname:
        speicherklasse [ typname ]
        | typname [ speicherklasse ]

r-typname:
        register [ typname ]
        | typname [ register ]

s-typname:
        static [ typname ]
        | typname [ static ]

t-typname:
        typedef [ typname ]
        | typname typedef
```

Bei einer globalen Vereinbarung muß **extern** angegeben werden, wenn es sich um eine Deklaration handeln soll (E.8.6).

Bei einer Parameterdeklaration (E.8.5) kann die Speicherklasse **register** angegeben werden; Parameter werden immer automatisch verwaltet.

Bei einer lokalen Deklaration muß normalerweise **extern** angegeben werden. Funktionen können nur global definiert werden; wird eine Funktion lokal vereinbart, wird dies immer als Deklaration angesehen (auch wenn **extern** nicht angegeben ist). Zur Kontrolle des Geltungsbereichs (E.8.6) kann bei der lokalen Deklaration einer Funktion **static** angegeben werden.

Fehlt bei einer lokalen Definition eine Angabe zur Speicherklasse, so wird **auto** angenommen. Die Speicherklasse *muß* angegeben werden, wenn ein Name lokal neu vereinbart wird, der in diesem Kontext globaler bereits als Typname durch eine Typdeklaration (E.8.4) eingeführt wurde. [4, 8, 8.1, 8.2, 10, 10.1, 11.1]

E.8.3 Daten

```
definition:
        [ s-typname ] i-deklaratoren

lokale-definition:
        k-typname i-deklaratoren

deklaration:
        e-typname deklaratoren
```

Datendefinitionen reservieren Speicherplatz und enthalten Angaben zu Speicherklasse und Typ einer Reihe von Deklaratoren. Die Deklaratoren enthalten die Namen, die vereinbart werden. Lokale Objekte mit skalaren Datentypen und globale Objekte können explizit initialisiert werden (E.8.9).

Datendeklarationen vereinbaren den Typ einer Reihe von Deklaratoren. Für die dadurch eingeführten Namen muß – spätestens bei Montage des Programms – immer noch eine globale Definition vorhanden sein. [8, 10.2]

E.8.4 Typen

```
typdeklaration:
        t-typname deklaratoren
        | typname

typname:
        name
```

Typdeklarationen vereinbaren den Typ einer Reihe von Deklaratoren. Die Deklaratoren enthalten die Namen, die dadurch vereinbart werden. Diese Namen können dann an Stelle der vordefinierten Typnamen verwendet werden. Die Namen sind jedoch immer noch äquivalent zu den Typkonstruktionen, aus denen sie stammen.

Ein Typname für eine Aufzählung (E.3.5), Struktur (E.5.3) oder Variante (E.5.5) kann auch ohne nachfolgende Deklaratorliste angegeben werden. Die Konstruktion dient dazu, den Namen der Aufzählung, Struktur oder Variante sowie die zugehörigen Konstanten, Komponenten und Alternativen zu vereinbaren ohne gleichzeitig entsprechende Objekte zu erzeugen. [8.8]

E.8.5 Funktionen

Funktionen können nur global definiert werden. Wird bei der globalen Definition **extern** angegeben, so hat dies keine besondere Wirkung. Wird bei der lokalen oder globalen Deklaration einer Funktion **static** nicht angegeben, so wird **extern** implizit angenommen.

```
funktion:
        [ s-typname ] kopf block
      | e-typname kopf block

kopf:
        { * } objekt parameter

parameter:
        ( [ namen ] ) { parameterdeklaration }

namen:
        name { , name }

parameterdeklaration:
        r-typname deklaratoren ;
      | typdeklaration ;
```

In den Parameterdeklarationen können nur die **namen** aus der Parameterliste sowie Typen vereinbart werden. Wird ein Parameter nicht explizit vereinbart, wird der Typ **int** angenommen.

Als Parameter sind die skalaren Datentypen erlaubt sowie Vektoren und Strukturen. Als Resultattypen sind die skalaren Datentypen und Strukturen erlaubt.

Ein Vektor als Parameter wird immer als Zeiger auf den Elementtyp interpretiert. Ist dieser Elementtyp selbst ein Vektor, so muß er explizit (und konstant) dimensioniert sein. Als Konsequenz bedeutet dies, daß bei der Deklaration eines mehrdimensionalen Vektors nur die Angabe der *ersten* Dimensionierung entfallen kann. [10.1, 14.3]

E.8.6 Geltungsbereich

Global definierte Namen gelten vom Punkt der Definition bis zum Ende der Quelldatei, in der die Definition erscheint. Parameternamen gelten bis zum Ende der Funktion, für die sie deklariert werden. Lokal definierte Namen gelten bis zum Ende des Blocks, in dem sie definiert werden. Marken (E.7.1) sind in der ganzen Funktion erreichbar, in der sie definiert werden.

Global oder lokal deklarierte Namen, also Namen, die **extern** vereinbart wurden sowie die Namen von Funktionen, die nicht **static** vereinbart wurden, sind in der ganzen Quelldatei eindeutig, in der sie vereinbart wurden. Werden diese Namen lokal deklariert, gelten sie jedoch nur lokal.

Diese deklarierten Namen, und alle die global definierten Namen, die nicht **static** vereinbart wurden, sind außerdem zur Montage eines Programms aus mehreren Quelldateien verfügbar. Bei der Montage ist die Typinformation nicht mehr verfügbar – der Benutzer ist für die Korrespondenz von Typen selbst verantwortlich.

Für jeden solchen deklarierten Namen muß bei der Montage auch genau eine (globale) Definition aufgefunden werden können. Dies bedeutet, daß die global und nicht **static** definierten Namen in einem Programm über alle Quelldateien hinweg eindeutig sein müssen. Die **extern** deklarierten Namen sowie die deklarierten Namen von Funktionen werden genau mit diesen Definitionen verknüpft.

In allen Fällen gelten die Algol-Regeln, das heißt, eine Vereinbarung wird für die Dauer eines Blocks durch die lokale Vereinbarung des gleichen Namens ausgesetzt.

Die Regeln zum Geltungsbereich lokal **extern** vereinbarter Namen müssen jedoch beachtet werden. [9.2, 11]

E.8.7 Deklaratoren

Deklaratoren dienen zur Vereinbarung von Namen. Im Kontext von Vereinbarungen drücken sie den Typ eines Namens dadurch aus, daß sie ein Muster für die Verwendung des Namens in einem Ausdruck darstellen: wird dieses Muster verwendet, so hat es gerade den Typ, der die Vereinbarung einleitet. Die Operationen haben in einem Deklarator den gleichen Vorrang wie in einem Ausdruck; Klammern können zur Veränderung des Vorrangs benutzt werden, ändern aber sonst die Bedeutung des Deklarators nicht.

```
i-deklaratoren:
        deklarator [ = init ] { , deklarator [ = init ] }

deklaratoren:
        deklarator { , deklarator }

deklarator:
        { * } objekt
```

```
objekt:
        name
        | ( deklarator )
        | objekt ( )
        | objekt [ [ konstante ] ]
```

Wir erklären die Semantik durch eine Folge von Beispielen. Im einfachsten Fall besteht eine Vereinbarung aus einem Typnamen **t** und einem Deklarator, bei dem es sich um einen einfachen Namen handelt:

```
t name;
```

Der Name hat dadurch den Typ **t**.

Wird ein Verweisoperator **∗** mit einem Deklarator **d** verwendet

```
t ∗ d;
```

dann hat der Deklarator selbst den Typ 'Zeiger auf **t**'.

Wird eine (leere!) Parameterliste ( ) mit einem Deklarator **d** verwendet

```
t d();
```

dann hat der Deklarator selbst den Typ 'Funktion mit Resultattyp **t**'.

Wird eine Indexangabe [ ] oder [**konstante**] mit einem Deklarator **d** verwendet

```
t d[];
t d[konstante];
```

dann hat der Deklarator selbst den Typ 'Vektor mit Elementtyp **t**'. Die **konstante** muß ein Integer-Wert sein, sie ist die Dimensionierung des Vektors; sie kann in einer Vereinbarung dann fehlen, wenn sie die erste Dimensionierung ist. In einer Definition muß eine fehlende erste Dimensionierung aus der Initialisierung geschlossen werden können (E.8.9).

Nicht alle syntaktisch möglichen Deklaratoren sind semantisch zulässig: Funktionen können keine Vektoren, Varianten oder Funktionen als Resultat liefern; sie können jedoch Zeiger auf solche Objekte liefern. Es gibt Vektoren von Zeigern auf Funktionen sowie Strukturen und Varianten, die solche Zeiger enthalten; Vektoren, Strukturen und Varianten können jedoch Funktionen nicht direkt enthalten. Mehrdimensionale Vektoren entstehen als Vektoren von Vektoren. [8.3, 8.4]

E.8.8 Typangaben

Eine Typangabe wird in der *cast* Operation sowie beim **sizeof** Operator zur Bestimmung des Speicherbedarfs für einen Datentyp benötigt (E.6.3). Sie hat die Form einer Deklaration mit einem einzigen Deklarator, bei dem der Name fehlt:

```
typangabe
      typname [ anonym ]

anonym:
      * [ anonym ]
      | anonym-objekt

anonym-objekt:
      ( anonym )
      | anonym-objekt ( )
      | [ anonym-objekt ] [ [ konstante ] ]
```

Es ist syntaktisch möglich, den Punkt eindeutig zu bestimmen, an dem der Name aus dem Deklarator entfernt wurde. Die Typangabe steht dann für den Typ dieses Namens. [8.7]

E.8.9   Initialisierung

Statisch verwaltete, also global und **static** definierte Objekte werden implizit mit Null initialisiert. Automatisch verwaltete Objekte werden nicht implizit initialisiert.

Statisch verwaltete Objekte, mit Ausnahme von Varianten, und automatisch verwaltete skalare Objekte können in Definitionen explizit initialisiert werden. Bei statisch verwalteten Objekten müssen dazu Konstanten (E.6.8) verwendet werden, bei automatisch verwalteten Objekten können beliebige Ausdrücke zur Initialisierung dienen, wenn sie sich nur auf bereits definierte Objekte beziehen. Bei der Initialisierung finden die gleichen Umwandlungen wie bei einer Zuweisung statt.

```
init:
      zuweisung
      | { init { , init } [ , ] }
```

Ein skalares Objekt wird durch einen einfachen Wert initialisiert, der auch in geschweifte Klammern eingeschlossen werden kann.

Ein Aggregat, also ein Vektor oder eine Struktur, wird durch eine Liste von Werten initialisiert, die in geschweifte Klammern eingeschlossen ist. Die Liste bezieht sich dabei der Reihe nach auf die Elemente des Vektors oder die Komponenten der Struktur. Sind nicht genügend Werte vorhanden, wird der Rest des Aggregats mit Null initialisiert; zuviele Werte dürfen nicht angegeben werden.

Enthält das Aggregat weitere Aggregate, so wird die Technik rekursiv fortgesetzt, also mit weiteren, verschachtelten Listen, die mit geschweiften Klammern umgeben sind. Alternativ kann eine Folge von Aggregaten innerhalb eines Aggregats durch eine einzige Liste initialisiert werden, deren Werte dann der Reihe nach zur Initialisierung der Teile der Aggregate in der Folge verwendet werden.

Ein **char** Vektor kann durch eine Zeichenkette initialisiert werden, deren einzelne Zeichen zur Initialisierung des Vektors verwendet werden. Das abschließende Nullzeichen der Zeichenkette wird dabei ebenfalls verwendet. [8.6]

E.9 Implementierungsunterschiede

In diesem Abschnitt werden – soweit sie dem Autor bekannt sind – einige Unterschiede zwischen verschiedenen Implementierungen besprochen. Manche dieser Unterschiede, wie zum Beispiel die tatsächliche Definition der verschiedenen Integer-Datentypen, sind offensichtlich und haben erfahrungsgemäß geringen Einfluß auf die Übertragbarkeit von Programmen. Andere Unterschiede, wie etwa die Reihenfolge der Anordnung von Bit-Feldern oder Überlegungen zum Vorzeichen bei Shift-Operationen oder bei Repräsentierung von zusätzlichen Werten im **char** Datentyp, machen sich oft mit Vehemenz in 'funktionierenden' Programmen bemerkbar.

Einschränkungen in Länge und Buchstabensatz von externen Namen können sehr unangenehme Folgen haben – man sollte bei globalen Vereinbarungen stets den primitivsten Lader (Honeywell 6000 oder CP/M Microsoft Macro-80) und nicht den bequemsten (System V UNIX, bzw. Berkeley 4.2) als Ziel vermuten, und sich auf *eine* Art von Buchstaben und kurze, signifikante Namen beschränken. Namen, die sich nur durch Groß- und Kleinschreibung unterscheiden, können zwar logische Signifikanz besitzen, sie erleichtern aber unabsichtlich falsches Buchstabieren beachtlich.

E.9.1 Skalare Datentypen

char sind in ASCII, beziehungsweise in EBCDIC bei IBM System/360 und den Nachfolgern, und in 8 Bits, beziehungsweise 9 Bits bei Honeywell 6000, repräsentiert. Bei den PDP-11 und VAX Implementierungen sind zusätzliche Werte im **char** Datentyp negativ, bei den anderen Systemen meistens positiv.

int und **short** sind bei PDP-11 und Siemens 978x synonym, bei den anderen Implementierungen sind **int** und **long** synonym. Bei Honeywell 6000 sind alle drei Typen synonym und belegen 36 Bits.

short hat sonst einheitlich 16 Bits, **long** hat 32 Bits.

Bei der PDP-11 wird eine dezimale Integer-Konstante als **long** betrachtet, wenn ihr Wert zu groß für einen **short** Wert (also 32768 und mehr) ist. Eine oktale oder hexadezimale Konstante gilt dann implizit als **long**, wenn sie als **unsigned** betrachtet zu groß (also 65537 oder mehr) ist.

Die PDP-11 besitzt **unsigned long** nicht, die Perkin-Elmer 32-Bit Serie besitzt **unsigned char** nicht, und die Siemens 978x Systeme kennen keinen dieser Datentypen.

float und **double** Werte haben einen Wertebereich von etwa $\pm 10^{\pm 76}$ und 7-Bit Exponenten zur Basis 16 bei den IBM und Perkin-Elmer Systemen sowie $\pm 10^{\pm 38}$ und 8-Bit Exponenten zur Basis 2 bei den anderen Systemen. In der Honeywell 6000 Implementierung belegt **float** 36 und **double** 72 Bits, bei allen anderen Systemen sind es 32 beziehungsweise 64 Bits.

Zeigerwerte werden immer als **int** Werte intern repräsentiert; die Form legaler Adressen ist aber bei den verschiedenen Rechnern sehr unterschiedlich: bei PDP-11 und VAX haben **char** Werte beliebige Adressen, alle anderen Objekte benötigen geradzahlige Adressen; bei den meisten anderen Systemen müssen skalare Datenobjekte Adressen besitzen, die durch den Speicherbedarf des Objekts dividierbar sind, **short** Werte benötigen also geradzahlige Adressen, **long** und Gleitkommawerte benötigen Vielfache von 4, und bei den IBM Systemen benötigen **double** Objekte sogar Adressen, die durch 8 dividierbar sind. Bei dem Honeywell 6000 System müssen **char** Adressen durch 2^{16}, **double** Adressen durch 2^{19} und alle anderen Adressen durch 2^{18} dividierbar sein! [2.4.1, 2.6, 4, 6.1, 14.4]

E.9.2   Externe Namen

Nur Honeywell 6000 und IBM System/360 und Nachfolger können Groß- und Kleinbuchstaben nicht unterscheiden. Honeywell 6000 unterscheidet die ersten 6 Zeichen, PDP-11 und Siemens 978x UNIX sowie IBM unterscheiden 7 Zeichen, die anderen Systeme unterscheiden mehr Zeichen. Zur Zeit sollte man aber noch von der Unterscheidung von höchstens 8 Zeichen in Groß- und Kleinbuchstaben ausgehen. [2.2]

E.9.3   Reihenfolge von Definitionen

Bei PDP-11 und VAX werden Bit-Felder von rechts (vom insignifikanten Teil des Worts) her angelegt, auf den anderen Systemen von links her. Dies ist dann kritisch, wenn man mit Hilfe von Bit-Feldern externe Datenformate nachbildet. Hardware-Formate, zum Beispiel Geräteregister, sind normalerweise systemspezifisch und müssen bei Übertragung von Programmen ohnedies neu überlegt werden.

Bei PDP-11 und VAX werden **char** Werte von rechts her in einem Wort angelegt, bei den anderen Rechnern geschieht das meist von links her. [8.5, 14.4]

E.9.4   Reihenfolge von Bewertungen

In den PDP-11, VAX, Siemens 978x und MC 68000 Implementierungen werden Funktionsargumente von *rechts* her bewertet, in den anderen Implementierungen meist von links her. Auf diese Tatsache sollte man sich in keinem Fall verlassen, ebensowenig wie auf die Reihenfolge, in der Nebeneffekte stattfinden. [16]

E.9.5   Portabilität

Portabilitätsprobleme resultieren mehr von 'genialer' Codierung und weniger von den Eigenschaften einer Implementierung. Erfahrungsgemäß macht C außerordentlich geringe Schwierigkeiten beim Übertragen von Programmen.

Die Äquivalenz von **long** und **int** bei den meisten Systemen macht Kummer beim Übertragen von Programmen zur PDP-11, bei der **long** Konstanten eben explizit als solche formuliert werden müssen.

Die Tatsache, daß bei der PDP-11 Umwandlungen von extremen **char** Werten in Integer-Werte plötzlich negative Resultate liefern, sorgt für Überraschungen, wenn man besondere Zeichen etwa mit **0200** markiert.

Die unterschiedliche Behandlung der Shift-Operation nach rechts (arithmetische Shift-Operation bei der PDP-11, logische Shift-Operation anderswo) sorgt für Fehler beim 'effizienten' Dividieren durch Zweierpotenzen mit Hilfe von Shift-Operationen.

Die 'verkehrte' Anordnung der Bytes in einem Wort bei der PDP-11 (niedrige Adresse verweist auf das weniger signifikante Byte) verblüfft gelegentlich Kenner, die Integer-Zeiger und **char** Zeiger aneinander zuweisen. [2.4.2, 6.1, 7.5, 14.1, 16]

E.10   Syntax in Kürze

E.2 Preprozessor

```
# define   name    ersatztext
# define   name(name , ... , name)   ersatztext
# undef    name
# include  "dateiname"
# include  <dateiname>
# if       ausdruck
# ifdef    name
# ifndef   name
# else
# endif
# line     zeile   dateiname
```

E.3.1 Ganzzahlige Werte

```
typname:
        integer

integer:
        [ groesse ] int
        | groesse

groesse:
        short
        | long
```

E.3.2 Werte ohne Vorzeichen

```
typname:
        unsigned [ integer ]
```

E.3.3 Zeichen

```
integer:
        char
```

E.3.4 Gleitkommawerte

```
typname:
        [ long ] float
        | double
```

E.3.5 Aufzählungen

```
typname:
        enum [ name ] { enumerator { , enumerator } }
        | enum name


enumerator:
        name [ = konstante ]
```

E.3.6 Prozeduren

```
typname:
        void
```

E.5.3 Strukturen

```
typname:
        struct [ name ] { komponente { komponente } }
        | struct name


komponente:
        typname k-deklarator { , k-deklarator } ;


k-deklarator:
        deklarator
```

E.5.4 Bit-Felder

```
k-deklarator:
        [ deklarator ] : konstante
```

E.5.5 Varianten

```
typname:
        union [ name ] { komponente { komponente } }
        | union name
```

E.6.2 Operanden

```
operand:
        name
        | konstante
        | zeichenkette
        | ( ausdruck )
        | operand ( [ argumentliste ] )
        | operand [ ausdruck ]
        | operand . name
        | operand -> name


argumentliste:
        zuweisung { , zuweisung }
```

E.6.3 Unitäre Operatoren

```
unitaer:                                von rechts
        operand
        | operand ++
        | operand --
        | * unitaer
        | & unitaer
        | - unitaer
        | ! unitaer
        | ~ unitaer
        | ++ unitaer
        | -- unitaer
        | ( typangabe ) unitaer         Vorrang
        | sizeof unitaer
        | sizeof ( typangabe )
```

E.6.4 Binäre Operatoren

```
binaer:                                 von links
        unitaer
        | binaer || binaer
        | binaer && binaer              Vorrang
        | binaer | binaer               Vorrang
        | binaer ∧ binaer               Vorrang
        | binaer & binaer               Vorrang
        | binaer == binaer              Vorrang
        | binaer != binaer
        | binaer < binaer               Vorrang
        | binaer <= binaer
        | binaer > binaer
        | binaer >= binaer
```

```
        | binaer << binaer          Vorrang
        | binaer >> binaer
        | binaer + binaer          Vorrang
        | binaer - binaer
        | binaer * binaer          Vorrang
        | binaer / binaer
        | binaer % binaer
```

E.6.5 Auswahl

```
    auswahl:                            von rechts
            binaer
            | binaer ? auswahl : auswahl
```

E.6.6 Zuweisungen

```
    zuweisung:                          von rechts
            auswahl
            | unitaer = zuweisung
            | unitaer | = zuweisung
            | unitaer ∧ = zuweisung
            | unitaer & = zuweisung
            | unitaer << = zuweisung
            | unitaer >> = zuweisung
            | unitaer + = zuweisung
            | unitaer - = zuweisung
            | unitaer * = zuweisung
            | unitaer / = zuweisung
            | unitaer % = zuweisung
```

E.6.7 Liste

```
    ausdruck:
            zuweisung { , zuweisung }
```

E.7 Anweisungen

```
    anweisung:
            praefix anweisung
            | [ ausdruck ] ;
            | break ;
            | continue ;
            | return [ ausdruck ] ;
            | goto name ;
            | block
            | if ( ausdruck ) anweisung
            | if ( ausdruck ) anweisung else anweisung
            | do anweisung while ( ausdruck ) ;
```

```
praefix:
        name :
        | while ( ausdruck )
        | for ( [ ausdruck ] ; [ ausdruck ] ; [ ausdruck ] )
        | switch ( ausdruck )
        | case konstante :
        | default :


block:
        { { lokal } { anweisung } }
```

E.8 Vereinbarungen

```
quelldatei:
        { global }

global:
        funktion
        | definition ;
        | deklaration ;
        | typdeklaration ;

lokal:
        lokale-definition ;
        | deklaration ;
        | typdeklaration ;
```

E.8.2 Speicherklassen

```
speicherklasse:
        auto
        | static
        | register

e-typname:
        extern [ typname ]
        | typname extern

k-typname:
        speicherklasse [ typname ]
        | typname [ speicherklasse ]

r-typname:
        register [ typname ]
        | typname [ register ]
```

```
s-typname:
        static [ typname ]
        | typname [ static ]


t-typname:
        typedef [ typname ]
        | typname typedef
```

E.8.3 Daten

```
definition:
        [ s-typname ] i-deklaratoren


lokale-definition:
        k-typname i-deklaratoren


deklaration:
        e-typname deklaratoren
```

E.8.4 Typen

```
typdeklaration:
        t-typname deklaratoren
        | typname


typname:
        name
```

E.8.5 Funktionen

```
funktion:
        [ s-typname ] kopf block
        | e-typname kopf block


kopf:
        { * } objekt parameter


parameter:
        ( [ namen ] ) { parameterdeklaration }


namen:
        name { , name }


parameterdeklaration:
        r-typname deklaratoren ;
        | typdeklaration ;
```

E.8.7 Deklaratoren

```
i-deklaratoren:
      deklarator [ = init ] { , deklarator [ = init ] }

deklaratoren:
      deklarator { , deklarator }

deklarator:
      { * } objekt

objekt:
      name
      | ( deklarator )
      | objekt ( )
      | objekt [ [ konstante ] ]
```

E.8.8 Typangaben

```
typangabe
      typname [ anonym ]

anonym:
      * [ anonym ]
      | anonym-objekt

anonym-objekt:
      ( anonym )
      | anonym-objekt ( )
      | [ anonym-objekt ] [ [ konstante ] ]
```

E.8.9 Initialisierung

```
init:
      zuweisung
      | { init { , init } [ , ] }
```

E.11 Querverweise

Die folgende Tabelle zeigt in alphabetischer Reihenfolge, in welchen Abschnitten des Anhangs E die Syntaxbegriffe definiert werden. Gleichzeitig ist angegeben, welchen (englischen) Begriffen sie in der deutschen Übersetzung von [Ker78a] entsprechen, und in welchen Abschnitten im Anhang A diese Begriffe dort definiert werden.

E.8.8	anonym	abstract-declarator	8.7
E.8.8	anonym-objekt	abstract-object-declarator	8.7
E.7	anweisung	statement	9
E.6.2	argumentliste	argument-list	7.1

Die nächste Tabelle zeigt, in welchen Abschnitten im Text des vorliegenden Buches Beispiele und Erklärungen zu den Abschnitten dieser Sprachbeschreibung gefunden werden können.

E.1.1	4.3, 4.5
E.1.3	4.5, 7.2.1
E.2.1	4.12.2, 5.16.4, 5.17, 7.4.2
E.2.2	5.3, 5.6, 7.4.2
E.2.3	6.3.5, 7.4.2
E.3.1	4.9.1, 5.17
E.3.2	7.1
E.3.3	4.4, 4.9.2, 5.4
E.3.4	6.5.4
E.3.6	4.6.3
E.3.7	5.10, 5.17, 5.18, 6.5.3, 6.7
E.4.1	5.7, 5.11
E.4.3	6.5.4
E.4.4	5.1, 5.17, 6.4, 7.2.2, 7.3.2
E.4.5	4.8, 4.12.4, 5.13, 5.15, 5.18, 6.5.3
E.5.1	4.12.1, 5.1, 5.4, 5.10, 5.15, 5.16, 5.18, 6.7, 7.3.2
E.5.2	4.3, 5.4, 5.10, 5.15, 5.16, 5.18
E.5.3	7.1, 7.2.1, 7.3.2, 7.3.3, 7.4.2
E.5.4	7.1, 7.2.3
E.5.5	7.1, 7.2.4, 7.4.2
E.6.1	4.2
E.6.2	4.11, 4.12.1, 7.2.2
E.6.3	4.8, 4.12.6, 5.8, 5.11, 5.14, 5.15, 5.17, 6.5.2, 7.1, 7.2.2
E.6.4	4.9, 4.9.4, 4.10, 5.3, 5.9, 5.14, 5.15, 5.17, 6.4.1, 7.1, 7.4.6
E.6.5	5.16.2, 7.3.3
E.6.6	4.9, 4.10, 5.8, 7.1
E.6.7	4.10, 5.15
E.6.8	5.16.3
E.7.1	4.3, 4.9.3, 4.9.4, 4.11, 4.12.3, 5.16.2, 7.4.3
E.7.2	4.9, 4.9.4, 5.16.2, 7.4.7
E.7.3	4.9, 4.9.4, 4.12.3, 5.3, 5.8
E.8	4.5, 6, 6.3, 7.4.2
E.8.1	4.6.1
E.8.2	4.6.1, 5.5, 6.5.2
E.8.3	4.9.1, 4.12.1, 7.2.1
E.8.4	6.5.1
E.8.5	4.3, 4.6.2, 4.11, 7.4.5, 7.4.7
E.8.6	4.6.1, 4.9, 4.11, 5.5, 6, 6.3, 7.4.2
E.8.7	4.12.1, 5.2, 7.2.1
E.8.8	5.17

E.8.9	4.12.5, 5.10, 5.18, 7.2.1, 7.3.3
E.9.1	7.2.3
E.9.3	7.2.3

Die letzte Tabelle zeigt, welche Abschnitte der Sprachbeschreibung die in den Abschnitten im Text informell eingeführten Konzepte näher erläutern.

4.2	E.6.1
4.3	E.1.1, E.5.2, E.7.1, E.8.5
4.4	E.3.3
4.5	E.1.1, E.1.3, E.8
4.6.1	E.8.1, E.8.2, E.8.6
4.6.2	E.8.5
4.6.3	E.3.6
4.8	E.4.5, E.6.3
4.9	E.6.4, E.6.6, E.7.2, E.7.3, E.8.6
4.9.1	E.3.1, E.8.3
4.9.2	E.3.3
4.9.3	E.7.1
4.9.4	E.6.4, E.7.1, E.7.2, E.7.3
4.1	E.6.4, E.6.6, E.6.7
4.11	E.6.2, E.7.1, E.8.5, E.8.6
4.12.1	E.5.1, E.6.2, E.8.3, E.8.7
4.12.2	E.2.1
4.12.3	E.7.1, E.7.3
4.12.4	E.4.5
4.12.5	E.8.9
4.12.6	E.6.3
5.1	E.4.4, E.5.1
5.2	E.8.7
5.3	E.2.2, E.6.4, E.7.3
5.4	E.3.3, E.5.1, E.5.2
5.5	E.8.2, E.8.6
5.6	E.2.2
5.7	E.4.1
5.8	E.6.3, E.6.6, E.7.3
5.9	E.6.4
5.1	E.3.7, E.5.1, E.5.2, E.8.9
5.11	E.4.1, E.6.3
5.13	E.4.5
5.14	E.6.3, E.6.4
5.15	E.4.5, E.5.1, E.5.2, E.6.3, E.6.4, E.6.7
5.16	E.5.1, E.5.2
5.16.2	E.6.5, E.7.1, E.7.2
5.16.3	E.6.8

5.16.4	E.2.1
5.17	E.2.1, E.3.1, E.3.7, E.4.4, E.6.3, E.6.4, E.8.8
5.18	E.3.7, E.4.5, E.5.1, E.5.2, E.8.9
6	E.8, E.8.6
6.3	E.8, E.8.6
6.3.5	E.2.3
6.4	E.4.4
6.4.1	E.6.4
6.5.1	E.8.4
6.5.2	E.6.3, E.8.2
6.5.3	E.3.7, E.4.5
6.5.4	E.3.4, E.4.3
6.7	E.3.7, E.5.1
7.1	E.3.2, E.5.3, E.5.4, E.5.5, E.6.3, E.6.4, E.6.6
7.2.1	E.1.3, E.5.3, E.8.3, E.8.7, E.8.9
7.2.2	E.4.4, E.6.2, E.6.3
7.2.3	E.5.4, E.9.1, E.9.3
7.2.4	E.5.5
7.3.2	E.4.4, E.5.1, E.5.3
7.3.3	E.5.3, E.6.5, E.8.9
7.4.2	E.2.1, E.2.2, E.2.3, E.5.3, E.5.5, E.8, E.8.6
7.4.3	E.7.1
7.4.5	E.8.5
7.4.6	E.6.4
7.4.7	E.7.2, E.8.5

Bemerkungen zur Literatur

1. Assembler-Programmierung

Es gibt eine Reihe von Büchern über Assembler-Programmierung; im konkreten Fall kommt man jedoch nicht ohne die speziellen Unterlagen des Rechnerherstellers (CPU- und Assembler-Beschreibung) aus. In der CPU-Beschreibung findet man Details zur Architektur des Rechners, Adressiertechniken, Registerbenutzung, Befehlstypen und Format der Maschinenbefehle, Interrupts, Befehle für Eingabe und Ausgabe, usw. In der Assembler-Beschreibung findet man Details zur Benutzung symbolischer Adressen, Definition von Speicherflächen, Aufspaltung von Programmen in einzelne Module, usw. Assembler verfügen im allgemeinen über eingebaute Makroprozessoren; auch deren Benutzung ist von Fall zu Fall ziemlich verschieden.

2. Makroprozessoren

In den Büchern von Kernighan und Plauger [Ker76a, Ker81a] gibt es jeweils ein Kapitel über die Konstruktion eines allgemein verwendbaren Makroprozessors. Dieser Makroprozessor gleicht dem C Preprozessor, und dem hier vorgestellten *m4* Makroprozessor, könnte aber prinzipiell auch einem Assembler vorgeschaltet werden.

Wesentlich aufwendigere Makroprozessoren existieren innerhalb der kommerziell verwendeten Assembler; Details zu ihrer Benutzung muß man deshalb im Einzelfall der jeweiligen Assembler-Beschreibung entnehmen.

3. C Lehrbücher

Das Buch von Kernighan und Ritchie [Ker78a] ist sehr zu empfehlen. Es führt in die Details der Programmierung in C ein, und es enthält Beschreibungen der Standard-E/A-Bücherei und der wichtigeren UNIX Systemaufrufe. Eine deutsche Übersetzung ist 1983 erschienen.

Zusätzlich empfehlenswert ist das Buch von Feuer [Feu82a], in dem das Verständnis der einzelnen Sprachelemente von C dadurch gefördert wird, daß zunächst eine Reihe von *Puzzles* – relativ obskure C Programme – mit ihrer jeweiligen Ausgabe gezeigt werden. Für jedes Puzzle existiert dann eine detaillierte Analyse, in der die Ausgabe exakt aus der C Sprachbeschreibung abgeleitet wird. Dieses Buch wird 1984 in deutscher Sprache erscheinen.

Weniger empfehlenswert sind eine Reihe anderer Bücher, zum Beispiel: [Han82a] – eine einführende Darstellung, die jedoch zum Beispiel Strukturen fast und Varianten (bis auf den 'Anhang der Auslassungen') ganz ignoriert; [Plu83a] – eine einführende Darstellung, die Computer sehr primitiv und Strukturen kaum behandelt und C und die Büchereien nur in knappen Tabellen zusammenfaßt; [Pur83a] – eine einführende Darstellung, die versucht, sich vor allem auf Microcomputer-Implementierungen zu konzentrieren, und deren deutsche Übersetzung ernste technische Fehler aufweist;

[Zah79a] – eine sehr kompakte Sprachbeschreibung, die sich aber im Büchereiteil nicht auf die heute allgemein übliche Standard-E/A-Bücherei bezieht. [Plu83a] enthält jedoch ein großes Programmbeispiel für ein *blackjack* Programm!

4. C Sprachbeschreibungen

Ritchie's ursprüngliche Definition [Rit78a] ist ein Anhang zum C Buch von Kernighan und Ritchie [Ker78a]. Sie ist außerdem immer in den UNIX Systemunterlagen enthalten. Obgleich verbindlich, so ist diese C Sprachbeschreibung doch ebenso schwierig zu lesen, wie noch zu wenig präzise formuliert. Fitzhorn und Johnson [Fit82a] machten einen Versuch, die C Grammatik einwandfrei zu formulieren; dieser Versuch war aber nicht von Erfolg gekrönt. Die deutsche Übersetzung von [Ker78a] enthält eine konfliktfreie Grammatik für C sowie eine Darstellung in Syntaxgraphen.

Es gibt eine Reihe von weniger formalen Artikeln über C, zum Beispiel von Ritchie und anderen [Rit78b], von Johnson und Kernighan [Joh83a] und von Vorstädt [Vor84a]. Einige der neuen Bücher über UNIX wie [Ban82a] und insbesondere [Bou83a] enthalten ebenfalls mehr oder minder kurze Beschreibungen.

5. UNIX

Über UNIX erschien eine Sonderausgabe des Bell System Technical Journal [Bel78a] mit Artikeln zu allen Aspekten von UNIX. Im Oktober 1984 soll wiederum eine Ausgabe speziell über UNIX erscheinen. Als Übersicht über Einsatzgebiete und wesentliche Komponenten des Systems ist dieses Heft allen anderen Quellen vorzuziehen.

Die UNIX Systembeschreibung [Rit75a, Bel82a, Bel82b] ist ebenso kurz wie präzise. Darin liegt gleichzeitig ihre Stärke und Schwäche: wenn man einmal eine Übersicht gewonnen hat, sind Details infolge der Kürze der Beschreibungen sehr leicht aufzufinden. Am Anfang ist es jedoch verhältnismäßig schwierig, eben diese Übersicht zu gewinnen.

Es gibt inzwischen eine Reihe von Büchern über UNIX. Empfehlenswert ist die Einführung von Lomuto und Lomuto [Lom83a], die vom ersten Kampf mit dem Terminal bis zu recht ernster Textverarbeitung reicht. Ebenso empfehlenswert ist das außerordentlich umfassend aber sehr knapp gehaltene Buch von Bourne [Bou83a], das kurze Beschreibungen der wichtigen Kommandos, Büchereifunktionen, Systemaufrufe und Anweisungen der wichtigsten Dienstprogramme (*adb*, *ed*, *-ms*, *sh*, *troff*, *vi*) enthält. Weniger anspruchsvoll ist zum Beispiel das Buch von Banahan und Rutter [Ban82a], das auch ein Kapitel über Systempflege aufweist; in der deutschen Übersetzung wurden dabei eine Vielzahl von Fehlern im Original korrigiert.

Ein hervorragendes Buch über Programmierung unter Einsatz der in UNIX vorhandenen Dienstprogramme ist [Ker83a]. In diesem Buch wird insbesondere die Integration verschiedener Systemkomponenten zu einer neuen Problemlösung betont und vorgeführt. Dieses Buch soll 1984 in deutscher Sprache erscheinen.

Zur Zeit erscheinen praktisch in jedem Monat weitere Bücher über UNIX. Die beiden ältesten [Gau81a, Tho82a], von denen das zweite auch als erstes in deutscher Sprache vorgelegt wurde, kann man weniger empfehlen. Sie sind zwar auch für Anfänger gedacht, enthalten jedoch viele Wiederholungen und auch Fehler. Weitere Beispiele wechselnder Qualität sind [Bar83a], [Chr83a], [Lud83a], [McG83a], [Mil84a], [Sil83a] und [Wai83a]. Ein sehr lesenswertes Buch über die Implementierung von Betriebssystemen, in dem als Fallstudie auch UNIX vorkommt, ist [Hol83a]; nachdem Lions´ detaillierter Kommentar [Lio77a] nur Lizenzinhabern zugänglich ist, kann man in [Hol83a] einen gewissen Einblick in die Theorie der Vorgänge im Kern gewinnen.

Quellen

[Ban82a]   M. F. Banahan, A. Rutter *UNIX – the Book* Wiley, 1982.

[Bar83a]   D. W. Barron, M. J. Rees *Text Processing with UNIX* Addison-Wesley, 1983.

[Bel78a]   Bell Laboratories "Special Issue on the UNIX System" *Bell System Technical Journal* Juli-August 1978.

[Bel82a]   Bell Laboratories *UNIX Programmer's Manual* Vol. 1, Holt, Rinehart and Winston, 1982.

[Bel82b]   Bell Laboratories *UNIX Programmer's Manual* Vol. 2, Holt, Rinehart and Winston, 1982.

[Bou83a]   S. R. Bourne *The UNIX System* Addison-Wesley, 1983.

[Chr83a]   K. Christian *The UNIX Operating System* Wiley, 1983.

[Fel79a]   S. I. Feldman "MAKE – a program for maintaining computer programs" *Software – Practice & Experience* April 1979 (auch in [Bel82b]).

[Feu82a]   A. R. Feuer *The C Puzzle Book* Prentice-Hall, 1982.

[Fit82a]   P. A. Fitzhorn, G. R. Johnson "C: Toward a Concise Syntactic Description" *SIGPLAN Notices* Dezember 1981 und Januar 1982.

[Fri]   H. G. Friedman, Jr., A. T. Schreiner *Introduction to Compiler Construction* (in Vorbereitung).

[Gau81a]   R. Gauthier *Using the UNIX System* Reston, 1981.

[Hal75a]   A. D. Hall "The M6 Macro Processor" (in [Rit75a]).

[Han82a]   L. Hancock, M. Krieger *The C Primer* McGraw-Hill, 1982.

[Hoa61a]   C. A. R. Hoare Quicksort *CACM* (Collected Algorithms Nr. 63, 64) 7, 1961.

[Hol83a]   R. C. Holt *Concurrent Euclid, UNIX, and Tunis* Addison-Wesley, 1983.

[Joh83a]   S. C. Johnson, B. W. Kernighan "The C Language and Models for Systems Programming" *Byte* August 1983.

[Ker76a]   B. W. Kernighan, P. J. Plauger *Software Tools* Addison-Wesley, 1976.

[Ker77a]   B. W. Kernighan, D. M. Ritchie "The M4 Macro Processor" (in [Bel82b]).

[Ker78a]   B. W. Kernighan, D. M. Ritchie *The C Programming Language* Prentice-Hall, 1978.

[Ker81a]   B. W. Kernighan, P. J. Plauger *Software Tools in Pascal* Addison-Wesley, 1981.

[Ker83a]   B. W. Kernighan, R. Pike *The UNIX Programming Environment* Prentice-Hall, 1983.

[Knu68a]   D. E. Knuth *The Art of Computer Programming* Vol. 1, Addison-Wesley, 1968.

[Lio77a]   J. Lions *A Commentary on the UNIX System* (Version 6) Bell Laboratories, 1977.

[Lom83a]   A. N. Lomuto, N. Lomuto, *A UNIX Primer* Prentice-Hall, 1983.

[Lud83a]   H. Ludwigs, J. Poppensieker-Pyka, Z. Surowiecki *UNIX für Einsteiger und Umsteiger* Müller, 1983.

[McG83a]   H. McGilton, R. Morgan *Introducing the UNIX System* McGraw-Hill, 1983.

[Mil84a]   C. D. F. Miller, R. D. Boyle *UNIX for Users* Blackwell, 1984.

[Org72a]   E. I. Organick *The MULTICS System* M.I.T. Press, 1972.

[Par72a]   D. L. Parnas "On the Criteria To Be Used in Decomposing Systems into Modules" *CACM* 12, 1972.

[Plu83a]   T. Plum *Learning to Program in C* Prentice-Hall, 1983.

[Pur83a]   J. Purdum *C Programming Guide* Que Corporation, 1983.

[Ric69a]   M. Richards "BCPL: A Tool for Compiler Writing and Systems Programming" *Proc. AFIPS SJCC* **34** 1969.

[Rit75a]   D. M. Ritchie, K. Thompson *Unix Programmer's Manual* 6th edition, Bell Laboratories, 1975.

[Rit78a]   D. M. Ritchie "The C Programming Language – Reference Manual" (in [Bel82b]).

[Rit78b]   D. M. Ritchie, S. C. Johnson, M. E. Lesk, B. W. Kernighan "UNIX Time-Sharing System: The C Programming Language" (in [Bel78a]).

[Sil83a]   P. P. Silvester *The UNIX System Guidebook* Springer, 1983.

[Tho82a]   R. Thomas J. Yates *A User's Guide to the UNIX System* McGraw-Hill, 1982.

[Vor84a]   N. Vorstädt "Einführung in die Sprache C" *Markt und Technik* **13, 14, 17** 1984.

[Wai83a]   M. Waite *UNIX Primer Plus* Sams, 1983.

[Wul73a]   W. A. Wulf, M. Shaw "Global variable considered harmful" *SIGPLAN Notices* 2, 1973.

[Zah79a]   C. T. Zahn *C Notes – A Guide to the C Programming Language* Yourdon Press, 1979.

Sachregister

Berichte des German Chapter of the ACM

Band 1: Wippermann, PASCAL 2. Tagung in Kaiserslautern

Hrsg. von Prof. Dr. H.-W. Wippermann, Universität Kaiserslautern
Tagung I/1979 am 16./17. 2. 1979 in Kaiserslautern. 204 Seiten, DM 32,–

Band 2: Niedereichholz, Datenbanktechnologie
Einsatz großer, verteilter und intelligenter Datenbanken
Hrsg. von Prof. Dr. J. Niedereichholz, Universität Frankfurt
Tagung II/1979 am 21./22. 9. 1979 in Bad Nauheim. 240 Seiten, DM 36,–

Band 3: Remmele/Schecher, Microcomputing

Hrsg. von W. Remmele, Siemens AG, München, und Prof. Dr. H. Schecher,
Technische Universität München
Tagung III/1979 am 24./25. 10. 1979 in München. 280 Seiten, DM 40,–

Band 4: Schneider, Portable Software

Hrsg. von Prof. Dr. H. J. Schneider, Universität Erlangen-Nürnberg
Tagung I/1980 am 18. 1. 1980 in Erlangen. 176 Seiten, DM 34,–

Band 5: Floyd/Kopetz, Software Engineering – Entwurf und Spezifikation

Hrsg. von Prof. Dr. C. Floyd, Technische Universität Berlin, und
Prof. Dr. H. Kopetz, Technische Universität Berlin
Tagung II/1980 mit Workshop vom 12.–16. 9. 1980 in Berlin, 368 Seiten, DM 62,–

Band 6: Hauer/Seeger, Hardware für Software

Hrsg. von Dr. K.-H. Hauer, Computertechnik Müller GmbH, Konstanz, und
Dipl.-Ing. C. Seeger, Computertechnik Müller GmbH, Konstanz
Tagung III/1980 am 10./11. 10. 1980 in Konstanz. 303 Seiten, DM 52,–

Band 7: Nehmer, Implementierungssprachen für nichtsequentielle Programmsysteme

Hrsg. von Prof. Dr. J. Nehmer, Universität Kaiserslautern
Tagung I/1981 am 20. 2. 1981 in Kaiserslautern. 208 Seiten, DM 36,–

Band 8: Schlier, Personal Computing

Hrsg. von Prof. Dr. C. Schlier, Universität Freiburg i. Br.
Tagung II/1981 am 12. 10. 1981 in Freiburg i. Br. 195 Seiten, DM 38,–

Band 9: Sneed/Wiehle, Software-Qualitätssicherung

Hrsg. von H. M. Sneed (MPA), Software Engineering GmbH, München, und
Prof. Dr. H. R. Wiehle, Hochschule der Bundeswehr München
Tagung I/1982 am 25./26. 3. 1982 in Neubiberg bei München. 284 Seiten, DM 52,–

Band 10: Kulisch/Ullrich, Wissenschaftliches Rechnen und Programmiersprachen

Hrsg. von Prof. Dr. U. Kulisch, Universität Karlsruhe, und
Prof. Dr. C. Ullrich, Universität Karlsruhe
Fachseminar am 2./3. 4. 1982 in Karlsruhe. 231 Seiten, DM 52,–

B. G. Teubner Stuttgart